作って学ぶ、暗号通貨と
スマートコントラクトの理論と実践

ブロックチェーン
アプリケーション

加嵜長門、篠原 航 [著]

開発の教科書

本書のサポートサイト

本書のサンプルデータ、補足情報、訂正情報などを掲載します。適宜ご参照ください。
http://book.mynavi.jp/supportsite/detail/9784839965136.html

●本書は2018年1月段階（初版第1刷）での情報に基づいて執筆され、2018年2月段階（第2刷）の情報に更新しています。本書に登場する製品やソフトウェア、サービスのバージョン、画面、機能、URL、製品のスペックなどの情報は、すべてその原稿執筆時点でのものです。
執筆以降に変更されている可能性がありますので、ご了承ください。

●本書に記載された内容は、情報の提供のみを目的としております。
したがって、本書を用いての運用はすべてお客様自身の責任と判断において行ってください。

●本書の制作にあたっては正確な記述につとめましたが、
著者や出版社のいずれも、本書の内容に関してなんらかの保証をするものではなく、
内容に関するいかなる運用結果についてもいっさいの責任を負いません。あらかじめご了承ください。

●本書中の会社名や商品名は、該当する各社の商標または登録商標です。
本書中ではTMおよびRマークは省略させていただいております。

はじめに

　本書は、ブロックチェーン技術を正しく理解し、よりよい社会に貢献するためにブロックチェーン技術を活用する実践力を養うことを目的とした書籍です。

　執筆陣がブロックチェーン技術に関心を寄せたのは、NEMやイーサリアムなどに代表される、ビットコイン以降のブロックチェーン活用の構想を知り、通貨やフィンテック以外のさまざまな分野に応用できる可能性を見出したからです。例えば、ダイヤモンドや高級車などの高額資産の管理台帳としての応用、シェアリングエコノミーでのスマートキーや自動支払への応用、電子カルテの共有や金融取引の履歴共有など、枚挙に暇がありません。誰もが自由に低コストで実現できる環境が整いつつあります。

　しかし、現時点ではブロックチェーン技術は具体的なプロダクトもまだまだ少なく、近年話題となっている人工知能やIoT、AR/VRなどの技術に比べて、残念ながら分野的にも地味な技術です。また、ブロックチェーン技術への過大な評価があるなか、暗号通貨の投機的な価格変動や犯罪への悪用などで、ネガティブで偏見もある残念な状況です。インターネットで入手できる情報も不正確なものが散乱しており、根幹の理解を妨げる要因にもなっています。

　そこで、本書ではめまぐるしく変化するブロックチェーン界隈の最新情報はもちろん、理解の前提となる暗号学や分散コンピューティングに加え、フレームワーク紹介や実践的なサンプルなどを盛り込み、さらに必要となる経済やビジネスの話題にも深く踏み込んで解説します。

　本書を通じて、理論と実践によるブロックチェーン技術に対する本質的な理解を深め、具体的な未来像を据えて、目指す未来展望を抱き、理想を具現化するための実践力を養う一助となれば幸いです。

2018年1月

加嵜 長門、篠原 航

本書の構成

　本書の構成は、ブロックチェーン技術を正しく理解し、アプリケーション開発を実践するスキルを学ぶため、Chapter 1～5で理論的背景や現在の動向を解説し、Chapter 6～11でサンプルコードを交えて、開発の具体例や考え方を実践する2部構成となっています。

　本書のChapter 1～3では、ブロックチェーン技術の特徴や歴史から、暗号通貨システムを支えるブロックチェーンの要素技術、スマートコントラクトとイーサリアムを解説します。

　Chapter 4～5では、暗号通貨や暗号通貨以外の具体的な事例を紹介することで、ブロックチェーン技術を活用して提供できるサービスの可能性を考察します。

　Chapter 6～8では、ブロックチェーン開発の環境構築からイーサリアムのブロック構造やトランザクション構造などに加え、Solidityの言語仕様を解説した上で、スマートコントラクト開発を具体例に説明します。また、Truffleフレームワークを使ったアプリケーションの開発手法も解説します。

　Chapter 9～10では、ブロックチェーンでの制約や注意点として、セキュリティやストレージの利用方法などを解説し、発展段階であるブロックチェーン技術が抱える主要な課題と現時点における解決策や事例を紹介します。

　そして、Chapter 11では、暗号通貨やブロックチェーン技術が今後どのような変化を社会にもたらすかを検討します。

　本書を読み進める際に把握すべき、ブロックチェーン技術に関連する用語を解説します。特に日常的に使われる意味とは異なる用語は、必ず確認しましょう。

用語解説

■ ビットコイン（Bitcoin）

　ビットコインとは、2008年にサトシ・ナカモトが提案したデジタル通貨システムの1つです。従来のデジタル通貨とは異なり、特定の管理者が不在でも自律的に動作する分散システムであり、2009年の稼働以来、2018年現在に至るまで無停止で動作し続けています。

　システムとしてのビットコインは大文字で始まる「Bitcoin」、通貨としては小文字で始まる「bitcoin」、または、通貨コードの「BTC」で呼ばれることもあります。

■ 暗号通貨（仮想通貨）

　ビットコインの実装にはデジタル署名やハッシュチェーンなど暗号学に基づく技術が多く使われているため、暗号通貨（Cryptocurrency）と呼ばれることもあります。

　また、ビットコインの技術を応用したその他のデジタル通貨も同様に暗号通貨と呼ばれます。国内では2017年4月に施行された改正資金決済法で「仮想通貨」の用語が定義され、暗号通貨とほぼ同じ意味で用いられています。

■ フィアット（フィアット通貨）

　暗号通貨や仮想通貨に対して、それまで通貨と呼ばれていた日本円や米ドルなどを指す言葉として、フィアット（フィアット通貨）の呼称が一般化しつつあります。日本語で法定通貨と呼ばれることもあります。

■ ブロックチェーン

　ブロックチェーンは、管理者不在でも自律的に動作するビットコインの特性を可能にした技術の総称です。通貨の取引履歴をブロックと呼ばれる単位でまとめ、そのブロックのハッシュ

値を別のブロックに含めることで、ブロックの連鎖（チェーン）を作るところが特徴です。

　ビットコインの登場以降、ブロックチェーン技術をさまざまな分野に応用する研究が盛り上がり、一部には管理者が存在するシステムやブロックを使用しないシステムも存在します。日本ブロックチェーン協会（JBA）では、ビットコインオリジナルのブロックチェーンを狭義のブロックチェーン、それ以降のさまざまな形態を広義のブロックチェーンと定義しています。

■ マイニング（採掘）／マイナー（採掘者）

　ビットコインのブロックチェーンは、新しいブロックの生成に誰もが参加でき、相互にシステムの監視や運用を担う仕組みです。新しいブロックを生成すると、報酬としてBTCを獲得できるため、この行為を金の採掘になぞらえてマイニングと呼び、マイニングを行う参加者をマイナー（採掘者）と呼びます。

■ Proof of Work（PoW）

　不特定多数の参加者が相互に運用するシステムでは、悪意を持つ参加者が存在しても、システムが正常に動作することが保証される必要があります。その保証を大量の計算リソースを担保とすることで実現するアイデアが、Proof of Workと呼ばれるプロトコルです。ビットコインではマイニングの際に活用されています。

　なお、Proof of Work以外にProof of StakeやProof of Existenceなど、さまざまな「Proof of ～」と名付けられている用語があります。いずれも技術的な用語や観念的な用語などさまざまな場面で使われているため、それぞれの意味を正しく確認することが必要です。

■ アドレス

　暗号通貨におけるアドレスとは、通貨の受け取りや送金するための単位となるランダムな文字列です。アドレスの仕組みには公開鍵暗号技術が応用されています。秘密鍵を元にアドレスを作成することで、秘密鍵の所有者・プログラムだけが、該当の通貨を利用できる仕組みです。

■ ウォレット（財布）

　暗号通貨でのウォレットとは、その名の通り通貨を保存する財布の役割を果たします。

　ただし、ウォレットに通貨が保存されるわけではなく、通貨のデータはすべてブロックチェーン上に共有されて保存されています。暗号通貨でのウォレットは、その通貨を操作する秘密鍵を保存する機能を持ちます。

■ ハッシュ値（ダイジェスト）

　ハッシュ値とは、あるデータを代表する比較的小さなデータを指します。元データからハッシュ値を計算する関数をハッシュ関数と呼び、特にハッシュ値から元データが推測困難なハッシュ関数を、暗号学的ハッシュ関数と呼びます。

　暗号通貨では、ブロックの生成やアドレスの計算など、暗号学的ハッシュ関数を用いたハッシュ値が至るところで活用されています。

■ コイン／トークン

　暗号通貨を実装したシステムには、システム利用者が独自に通貨を発行できる機能を実装しているものも多くあります。システムにあらかじめ実装されている通貨を基軸通貨やコインと呼び、システム利用者が独自に発行する通貨をトークンと呼び分けることがあります。

■ アセット（資産）

　ブロックチェーン技術の活用として、コインやトークンなどの通貨の管理だけではなく、ダイヤモンドや高級車など、現実世界での資産の

用語解説

所有権をデジタル化されたアセット（資産）として、ブロックチェーン上で管理するアイデアも実証実験が進められています。

■ トランザクション（取引）

暗号通貨システムでのトランザクション（取引）は、コインやトークン、アセットの所有権の移動などを行うデータを指します。

一般的にトランザクションには作成者の電子署名が付与され、トランザクションの発行証明や、その後の改竄がないことを保証します。

■ ブロック

ブロックとは複数のトランザクションをまとめる単位です。トランザクションがブロックに含まれる際に、そのトランザクションの正当性が検証され、二重支払などが抑制されます。

■ ブロック高

ブロックを生成するには、既に存在するブロックのハッシュ値を含めることが定められています。トランザクションやブロックのタイムスタンプは、作成者が自由に設定できますが、既存ブロックのハッシュ値をブロックに含めることで、データの前後関係をタイムスタンプに依存せずに定義可能となります。

最初に生成されたブロックをジェネシスブロックと呼び、それ以降いくつブロックが連鎖しているか、その数をブロック高と呼びます。

■ コンセンサス（合意）

分散システムでは、参加者全員が1つの値に対し意見が一致し、その結果が覆らないと確定することをコンセンサスと表現します。

ブロックチェーンではこのコンセンサスの定義を緩め、ブロック高が大きくなるほど結果が覆る確率が減少する、確率的合意の概念を導入

することで、管理者不在の分散システムを実現しています。

■ 承認（Confirmation）

トランザクションがブロックに取り込まれることを承認と呼びます。ただし、ブロックチェーンでは確率的合意を採用しているため、一度承認されたトランザクションでも巻き戻される可能性があります。

あるトランザクションを含むブロックに連鎖しているブロック数を承認数と表現し、値が大きくなるほど、トランザクションの結果が覆りにくくなる指標として用いられます。

■ イーサリアム（Ethereum）

イーサリアムは、ブロックチェーン技術を用いるアプリケーションを実装・運用するためのプラットフォームとして開発されているブロックチェーン基盤です。

従来のブロックチェーン基盤とは異なり、チューリング完全なプログラミング言語で記述したアプリケーションの動作が可能で、ビットコインとは大きく異なる構造を有しています。

■ Gas（燃料）

誰もが参加可能なブロックチェーン基盤上でチューリング完全なプログラムを動作させる場合、悪意のあるプログラムの実行をどのように防ぐかが課題となります。

イーサリアムでは、プログラムを実行するためにGasと呼ばれる手数料を支払う仕組みとすることで、無限ループなどの不正なプログラムの実行を阻止しています。また、Gasによる手数料は、イーサリアムの仕組みを支えるマイナーへの報酬としても利用されます。

■ スマートコントラクト

スマートコントラクトとは、IT技術を用いて自動化された契約行為を指します。例えば、電子マネーの残高が一定額以下になると、クレジットカードから自動的にチャージされる契約も、スマートコントラクトの一種です。

ブロックチェーンの文脈では、特にイーサリアム上で実装されたプログラムのことを指す場合もあります。

■ DApps

DApps (Decentralized Application) とは、特定の管理者が存在しなくとも動作し続けるアプリケーションを指し、非中央集権アプリケーションや自律分散型アプリケーションなどとも呼ばれます。

イーサリアム上にデプロイされたスマートコントラクトは、多くの場合自律分散的に動作し続けるため、DAppsとして機能します。

■ ブロックチェーンアプリケーション

ブロックチェーンアプリケーションとは、スマートコントラクトによる暗号通貨やアセットの自動操作をはじめ、DAppsによる非中央集権的なアプリケーションなどの概念を内包した、ブロックチェーン技術で実現されるアプリケーションの総称です。

■ メインネット・テストネット

メインネットとは、暗号通貨の安定バージョンのプログラムがリリース・運用される本番ネットワークです。ブロックチェーンアプリケーション開発時にメインネットを利用すると、手数料が必要であったり、デプロイしたプログラムを削除できないなどの問題があるため、開発用のテストネットが提供されています。

代表的なイーサリアムのテストネットには、Ropsten (Proof of Work) やKovan、Rinkeby (Proof of Authority) があります。

テストネット上の通貨をマイニングするとコストが掛かるため、配布サイトやコミュニティからの入手を推奨します。

なお、ローカル環境などに独自のブロックチェーンネットワークを構築して、開発に利用することも可能です（プライベートネット）。

■ ERC20

ERC20は、イーサリアム上で利用される標準的なトークンを定めた技術仕様です。

ERC (Ethereum Request for Comments) はイーサリアムの技術仕様の取り決めで、インターネットのプロトコルやファイルフォーマットなどを定義するRFC (Request for Comments) のイーサリアム版といえます。

ERC20はERCの20番目の仕様を意味し、トークンの名前やティッカーシンボル、総供給量やトークン送付のメソッドなどが定義されています。ERC20準拠のトークンを作成すると、ERC20準拠のウォレットなど各種アプリケーションで利用可能になります。

■ タイムスタンプ

タイムスタンプとは、日付や時刻を表す文字列です。一般的には可読性のため年月日が明示されていますが、プログラムではUNIX時間で保存されることが多いです。

ブロックチェーンの場合、トランザクション発行の実時刻とトランザクションがブロックに取り込まれて正式なものになる時刻が合致するとは限らないため、注意する必要があります。

CONTENTS

Chapter 1 　ブロックチェーンとは？　　1

1　インターネット以来の発明　　2
　　1　インターネットが変えた社会　　3
　　2　インターネットが変えた価値観　　5

2　インターネットとブロックチェーン　　7
　　1　クライアントサーバ方式とP2P方式　　8
　　2　ブロックチェーンが社会に与える衝撃　　9

3　ブロックチェーン技術の歴史　　11
　　1　ビットコイン登場以前　　11
　　2　ビットコインの登場から普及まで　　14
　　3　ブロックチェーン技術の応用と盛り上がり　　16

Chapter 2 　ブロックチェーン技術の理解　　19

1　タイムスタンプサーバ - まったく新しい「時計」の発明　　20
　　1　物理的タイムスタンプ　　20
　　2　コンピュータ上のタイムスタンプ　　21
　　3　中央集権的タイムスタンプ　　22
　　4　非中央集権的タイムスタンプ　　23
　　5　ハッシュチェーンタイムスタンプ　　24
　　6　ハッシュチェーンからブロックチェーン　　27

2　Proof of Work - 暗号理論による不正の防止　　31
　　1　Proof of Workにおける作業　　31
　　2　ビットコインにおけるProof of Work　　32

3　UTXO - 口座を持たないお金の表現　　37
　　1　アカウントベースの残高記録方式　　37
　　2　コイン識別方式　　38
　　3　UTXO　　41

4　暗号通貨の価値　　45
　　1　お金の分類　　45
　　2　貨幣の価値　　47
　　3　暗号通貨の価値の根拠　　49

VIII

4	暗号通貨の意義	53
5	新しい経済システム	54
6	暗号通貨が与える衝撃	55

Chapter 3　ブロックチェーンアプリケーションの理解　　57

1	**スマートコントラクトとは**	**58**
1	広義のスマートコントラクト	58
2	狭義のスマートコントラクト	59
3	スマートコントラクトの実例	60
2	**イーサリアム**	**64**
1	イーサリアムとは	64
2	イーサリアムの発祥	65
3	イーサリアム＝ワールドコンピュータ	65
4	イーサリアムの歴史とロードマップ	65
3	**ビットコインとイーサリアムの相違**	**67**
1	イーサリアムの内部通貨	67
2	トランザクション手数料であるGas	68
3	アカウント構造	68
4	残高参照	70
5	ブロック生成速度	71
6	重いチェーンの採用	72
7	Proof of Work	73
8	Ethereum Virtual Machine（EVM）	74
9	トランザクション	74

Chapter 4　ブロックチェーンプロダクトの比較　　75

1	**ビットコインとオルトコイン**	**76**
1	ビットコインから派生したプロダクト	76
2	ビットコイン 2.0 プロダクト	77
3	オルトコイン	79
4	オルトチェーン	82

CONTENTS

2 スマートコントラクトプラットフォーム — 85

1 イーサリアムとスマートコントラクトプラットフォーム — 85

2 ビットコイン上のスマートコントラクトプラットフォーム — 87

3 その他のスマートコントラクトプラットフォーム — 88

4 スマートコントラクト開発支援ツール — 90

3 エンタープライズプラットフォーム — 91

1 パーミッションドブロックチェーン — 92

2 Hyperledgerプロジェクト — 92

3 Corda — 94

4 Mijin — 94

5 ブロックチェーンのためのクラウドサービス — 95

Chapter 5 ビジネスへの応用 — 97

1 ブロックチェーンサービスのアーキテクチャ — 98

1 アーキテクチャ — 98

2 新たなビジネスモデル — 100

3 オープンソースとブロックチェーン技術 — 101

4 クラウドファンディングとICO — 104

2 ブロックチェーンアプリケーションの利用 — 108

1 暗号通貨の利用 — 108

2 実店舗における決済手段としての利用 — 109

3 オンライン送金手段としての利用 — 111

4 暗号通貨プラットフォームへの貢献 — 114

5 暗号通貨以外での活用 — 116

3 ブロックチェーンアプリケーションを利用するサービス — 119

1 仮想通貨取引所 — 119

2 分散型仮想通貨取引所 — 121

3 ウォレット — 121

4 暗号通貨決済・送金サービス — 125

5 広告の代替 — 128

4 新しいブロックチェーンアプリケーションの提供 — 129

1 パブリックなブロックチェーン基盤 — 129

	2 パーミッションドなブロックチェーン基盤	131

Chapter 6　アプリケーション開発の基礎知識　133

1　アプリケーション開発の環境構築	**134**
1　イーサリアムクライアント	134
2　ネットワークの種類	134
3　Go Ethereum (Geth) のインストール	135
4　プライベートネットでの実行 (Geth)	138
5　Gethコンソールのコマンド	141
2　ブロック構造とトランザクション	**150**
1　ブロック構造	150
2　トランザクションの実行	158

Chapter 7　Solidityによるアプリケーション開発　161

1　はじめてのスマートコントラクト開発	**162**
1　開発環境	162
2　Remixでのスマートコントラクト開発	163
3　RemixとGethの接続	169
2　型・演算子・型変換	**172**
1　値型	172
2　参照型	179
3　mapping型	185
4　左辺を含む演算子 (代入演算子)	186
5　削除演算子	187
6　型の変換	188
3　予約単位、グローバル変数・関数	**189**
1　Etherの単位	189
2　時刻の単位	190
3　ブロックおよびトランザクションのプロパティ	190
4　エラーハンドリング	191
5　数学関数と暗号関数	192

6 アドレスの関数	192
7 コントラクトの関数	193

4 式・構文・制御構造 — 194

1 入力パラメータと出力パラメータ	194
2 制御構造	196

5 コントラクト — 204

1 状態変数及び関数の可視性	204
2 関数の修飾子	204
3 定数	205
4 view修飾子	206
5 pure修飾子	206
6 fallback関数	207
7 event修飾子	207
8 継承	208

Chapter 8　アプリケーション開発のフレームワーク — 209

1 Truffleフレームワークの活用 — 210

1 環境構築	210
2 プロジェクトの作成	212
3 イーサリアムクライアントの選択	212
4 コントラクトのコンパイル	214
5 マイグレーション	216
6 公式サンプルMetaCoin	217
7 テストコード	223

2 ERC20準拠のトークン作成 — 228

1 Truffleプロジェクトの作成	228
2 OpenZeppelinのインストール	229
3 トークンコントラクトの作成	229
2 テストコードの作成	231

3 ネットワークへのデプロイ — 234

1 プライベートネットへのデプロイ	235
2 テストネットへのデプロイ	237

Chapter 9　アプリケーション設計の注意点　249

1　スマートコントラクトへの攻撃手法と対策　250
    1　リエントラント（再入可能）　250
    2　トランザクションオーダー依存（TOD）　254
    3　タイムスタンプ依存　256
    4　整数オーバーフロー　256
    5　予期しないrevert　257
    6　ブロックのGas Limit　258
    7　強制的な送金　258

2　セキュリティを高めるための手法　260
    1　OpenZeppelin　260
    2　Mythril　263

3　ストレージの課題　264
    1　データ保存の注意点　264
    2　ユーザーのローカルストレージ　265
    3　サービス提供者のデータベース　265
    4　分散ファイルストレージ　265

4　オラクルの利用　267
    1　BlockOne IQ　267
    2　Chain Link　268
    3　Oraclize　268

Chapter 10　技術的課題と解決案　269

1　ファイナリティ　270
    1　暗号通貨決済の不可逆性　270
    2　分散システムにおける合意形成　270
    3　ブロックチェーンにおける合意　271
    4　ビザンチン将軍問題　272
    5　ビザンチン将軍問題の解　273
    6　オープンなブロックチェーン基盤の制約条件　276
    7　Proof of Workとナカモトコンセンサスによる現実解　277

8 ファイナリティの追求	279

2 Proof of Workプロトコルの拡張 280

1 Proof of Workの課題	280
2 Proof of Workアルゴリズムの拡張	281
3 Proof of Stake	283
4 Proof of Stakeのコイン流動性	285
5 Nothing at Stake問題	286
6 Proof of Stakeの改竄リスク	286

3 ブロックチェーンのパフォーマンス課題 287

1 求められるパフォーマンス	287
2 データ構造の最適化によるパフォーマンス向上	289
3 オフチェーン技術によるパフォーマンス向上	291
4 スケーラビリティソリューション	294

Chapter 11 ブロックチェーン技術の未来 297

1 歴史から考える未来 298

1 電子マネーと暗号通貨の歴史的相違	298
2 キーテクノロジー登場による変革	302

2 ブロックチェーンで実現される未来 305

1 ブロックチェーン技術で登場した概念	305
2 ブロックチェーン技術で増幅される変革	307
3 ブロックチェーン技術に対する批判	308
4 エンジニアとしての責務	310

REFERENCES	311
索引	314
謝辞・プロフィール	321

Chapter 1

ブロックチェーンとは？

ブロックチェーンアプリケーションの前提となる、
ブロックチェーン技術を解説します。
"インターネット以来の発明"と言われるほど関心が高まっている、
ブロックチェーン技術をインターネットの特徴や歴史と対比しながら
具体的に解説します。

Chapter 1 | ブロックチェーンとは？

1-1

インターネット以来の発明

　本書のテーマである「ブロックチェーン」とは、2009年に登場したインターネット上の通貨である ビットコインと呼ばれる暗号通貨システムを支えるために発明された技術です。重要なのは、ブロック チェーンと呼ばれる技術が、本来想定されていた暗号通貨システムの枠組みを超え、私たちの社会や日 常生活を大きく変えていくかもしれない、その期待と不安が一部の業界で高まっている事実です。

　ビットコインなどの暗号通貨システムが登場した当初は、国家や銀行が危機感を持って暗号通貨の研 究を進めていました。銀行や国家の管轄である預金や送金、通貨の発行などの機能が、暗号通貨を用いて、 銀行や国家なしに実現できる可能性が現実味を帯びてきたからです。さらに、ブロックチェーン技術が 暗号通貨以外の分野、例えば、医療や物流、映画や音楽などの娯楽サービス、シェアリングエコノミー など、広範囲な分野で応用される可能性が高まり、ブロックチェーン技術に対する期待と不安は、金融 業界以外にも広がっています。そのため、暗号通貨システム以外のシステムに応用されたブロックチェー ンを、ブロックチェーン2.0と呼ぶこともあります。

　本当にブロックチェーン技術は、今後の社会や生活を大きく変えていくのでしょうか？

図1.1.1.1：ブロックチェーン技術に対する期待や不安の高まり

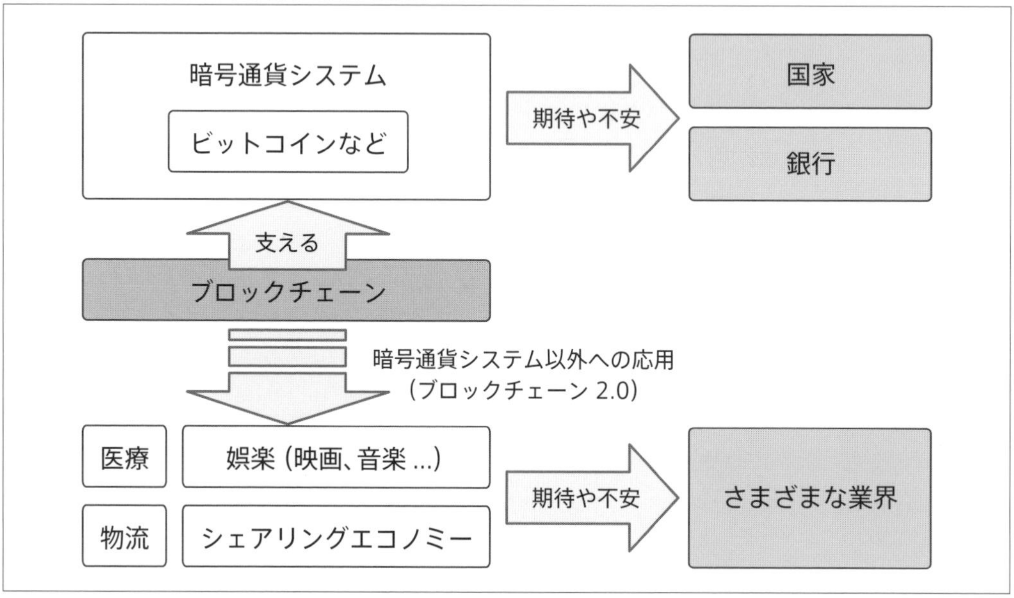

2

もちろん、未来のことは誰にも分かりません。本章では、インターネットが私たちの社会や生活を大きく変えた歴史を振り返りながら、ブロックチェーン技術の可能性を検討します。対比する対象としてインターネットを取り上げるのは、インターネットは技術的発明が社会の変化を大きく促した直近の事例であり、インターネットとブロックチェーンの間には、技術的に深い関連性があるためです。

1-1-1 インターネットが変えた社会

本書の読者の皆さんは、常日頃からIT技術などに興味や関心を持ち、コンピュータやスマートフォンなどを使いこなしている方がほとんどでしょう。インターネットが登場して30年ほど[1]が経過した現在、社会は大きく変わりました。今やインターネットが存在していなかった頃の生活がどのようなものであったか想像するのは難しくなってきているのではないでしょうか。

ここで、なぜインターネットが社会を大きく変えたのかを考えてみましょう。仮に、インターネットの存在を知らない30年前の人たちに、インターネットが30年後の世界を大きく変えることを納得してもらうためには、どのように説明したら良いのでしょうか？（この問いは、現在に生きる私たちが、30年後の世界がどう変わるかを予測するためにも重要な思考です）

多くの人は「インターネットが便利だから」と答えるのではないでしょうか。確かに、インターネットが存在する現在の社会では、日用品や生活必需品の購入、ゲームや映画などの娯楽、書籍はもちろん、人とのコミュニケーション、そして、お金を得るための仕事など、日常生活のあらゆることがインターネットで実現可能となっています。

しかし、ここであげた事柄は、よく考えればインターネット登場以前でも技術的には可能だったはずです。テレビショッピングで気に入った商品は、電話で注文すれば家にいながら買い物できます。テレビや電話があれば、娯楽や人とのコミュニケーションにも困りません。これは、インターネット登場以前に暮らす30年前の人たちにとっても同様であり、上記の回答は「インターネットがなくても実現できるのでは？」と思われかねません。

新たに登場したサービスがどのように便利なのかは、実際に利用してみなければ分からないことが多々あります。例えば、Twitter[2]やLINE[3]などのSNS（ソーシャルネットワーキングサービス）が登場した頃、多くの人は「電子メールで良いじゃないか」と感じていたことでしょう。もちろん、SNSより電子メールが適している場面もありますが、家族や友人との日常的なコミュニケーションは、一度SNSを利用してしまうと、電子メールでのやり取りが煩雑と感じてしまうはずです。

1　日本では1986年1月に初めて海外とのネットワーク接続が成功し、Windows 95が発売された1995年頃から、ISP急増に伴う料金の低廉化も相まって、インターネット普及に弾みが付いたと言われています。参照：「インターネット歴史年表」https://www.nic.ad.jp/timeline/
2　Twitter, Inc.: https://twitter.com
3　LINE Corporation: https://line.me

同様のことが、暗号通貨やその他のブロックチェーンアプリケーションにも言えます。実際に利用して身をもって経験しないと、日本円や電子マネー、これまでのアプリケーションと何が違うのかを理解することは難しいでしょう。

改めて、何故インターネットが社会を大きく変えることができたのかを考えてみましょう。ここで社会を変えたのは誰なのでしょうか。インターネットは飽くまでも技術や仕組みの名前に過ぎず、技術だけで社会が変わることはあり得ません。社会を変えていくのは人の力であり、それを後押しするのが技術の力です。こう考えると、インターネットと呼ばれる技術が、社会を変えたいと願う人を効率的に後押しする技術であったからと言えるかもしれません。

インターネットの中核となる技術は、「TCP/IP」と呼ばれる通信プロトコルです。通信プロトコルとは離れた2者が通話するための取り決めです。TCP/IPが登場するまで、メジャーな通信プロトコルは回線交換方式によって成立していました。

回線交換方式は電話回線などで使われ、通信する2者の通信経路を回線交換機が確保し、通信中は経路を維持し続ける方式です。電話中の相手に対して電話を架けても通話中になるのは、回線交換方式を利用しているためです。通信相手との経路を専有できるため、効率は良いのですが、同時に複数の相手と通信することはできません。また、交換機の設置や通信経路の維持に膨大なコストを要します。

一方、TCP/IPでは、通信するデータを細かいパケットに分割して、パケットごとに送りたい相手のアドレスを付与して送り出す方式です。相手との通信経路をあらかじめ確保しないため、必ず相手にデータが届く保証はありませんが、もしデータが届かなければ、届くまで何度でも送り直します。見方次第では「いい加減な」方式であるため、安定した通信が可能かと懐疑的でしたが、現代ではTCP/IPで高品質な通信を担保できることを疑う人はいないでしょう。

TCP/IPが画期的だったのは、ネットワーク構築に膨大なコストを投入することなく、誰もが利用できるオープンな通信環境を実現したところです。そのオープンな通信環境こそがインターネットです。低コストで誰もが利用できることは、新しいアイデアやビジネスモデルを持つ人にとって参入障壁が低いことを意味します。

例えば、新しい通信販売のビジネスを始める場合、テレビショッピングとネットショッピングとで、どれほどの差があるか考えてみましょう。テレビショッピングでは、放送枠を確保するためにテレビ局と交渉したり、放送枠の購入資金を調達する必要があります。ネットショッピングの場合は、インターネット上でWebサイトを公開するだけであれば、誰の許可を得る必要もありません。また、テレビの放送枠の購入より、遙かに安価なコストでビジネスをスタートできるはずです。

参入障壁が低いことは、同様のアイデアを持つ人々が続々と参入することにも繋がります。同種のサービスが複数立ち上がれば、利用者はより安くより高い品質のサービスを選択でき、そこに競争が始まります。より多くの顧客を得るためにサービスの向上や価格の下落などといった改善に繋がります。参入障壁が下がり、改善が繰り返されることで、インターネット上のサービスがより「便利」になり、結果的に私たちの生活や社会に影響を与えるほどの変化をもたらしたのです。

また、インターネット上のサービスの特徴の1つに、多くのものが「電子化」されて公開されていることがあります。代表的な例として、サービスを構成するプログラムのソースコードが挙げられます。Webサイトのソースコードは、Webブラウザで表示するため、誰もが閲覧できる状態で公開されています。もちろん、サービスの裏側で動いている業務ロジック部分は、必ずしも外部には公開されませんが、最近では「オープンソース」としてシステムのソースコードを公開し、世界中の人と共有しながらシステムを改善していくケースも増えてきています。

情報が電子化されて公開されていることは、その情報を加工して再利用することも容易であることを意味します。つまり、新たに参入する人は、ゼロからサービスを構築する必要はなく、既に作られたサービスを「コピー」して、そこに自分にしか提供できない価値を加えるだけで、新しいサービスとして提供できます。これは、プログラムのソースコードだけではなく、音楽や動画、文章など電子化されたあらゆる情報に当てはまります。こうした電子化の特徴も参入障壁を下げる大きな要因です。

1-1-2 インターネットが変えた価値観

インターネットの登場と以降の社会の変化は、生活が便利になっただけでなく、私たちの価値観に対しても変化を与えています。前項で触れたオープンソースの考え方も、インターネットの登場以降の新しい価値観といえます。オープンソースの考え方が普及する前であれば、ビジネスを行っている企業が、自社が開発したシステムのソースコードを競合他社にまで公開することはあり得ませんでした。

従来の企業は、自分たちの強みである情報は機密情報として外部に漏らさないように管理し、新しいアイデアは特許などの知的財産として他者が自由に利用できないよう保護してきました。しかし、情報を広く公開し同じ業界で課題を共有して解決策を模索したり、他者が既に実現している機能を自分たちでもう一度作る、いわば「車輪の再発明」を止めて開発を効率化することなどで、より高品質のサービスが提供できることが分かると、積極的に情報を公開する方向に重きを置く価値観に変わってきました。

また、インターネットのおかげで遠く離れた人たちが効率的にマッチングできるようになると、相互が持っていないものを共有し合う「シェアリングエコノミー」と呼ばれる経済形態が登場しました。シェアリングエコノミーとは、誰かが所有し活用されていない資産を、必要とする人とシェアして有効活用することです。

例えば、民泊サービス「Airbnb[4]」は個人所有の利用していない部屋や一時的に空いている家などを誰かに貸し出すためのマッチングサービスです。また、ライドシェアサービス「Uber[5]」は、個人が運転する自家用車の空きシートを「資産」と考え、同じ目的地に向かう人とシェアするサービスです。利用方

---

4 Airbnb, Inc.: https://www.airbnb.com/
5 Uber Technologies Inc.: https://www.uber.com/

法はタクシーの代替と考えられがちですが、どちらかといえばヒッチハイクをインターネットで効率的に実現したサービスといえます。

その他、ご近所助け合いアプリを提供する「AnyTimes[6]」は、家事代行などさまざまな生活関連のサービスをマッチングします。サービスを提供したい人は、持っている技術や時間を提供して報酬を得る仕組みとなっており、これも個人の技術や時間を「資産」として捉えた、シェアリングエコノミーの一例といえます。

インターネットがもたらした価値観の変化を一言で表現すれば、「所有から共有へ」ともいえます。ビジネスを展開する企業は、提供するサービスのソースコードやアイデアを企業秘密や知的財産として「所有」するのではなく、広く「共有」する方向に舵を取っています。

シェアリングエコノミーでは、個人が所有する場所やモノ、時間や技術といった資産を、他の人と共有することができます。実際、自動車や住居を自分では所有せず、誰かから借りるだけで生活する人も増えてきています。企業が従業員を正社員として雇用する、従来の価値観も揺らぎつつあります。前述のAirbnbやUberでは、部屋を貸し出している人はホテル業をやっているわけではなく、Uberの運転手も誰かに雇用されている訳ではありません。AnyTimesなどのサービスでは、自分の技術や時間を誰かに直接提供して対価を得ることが可能になっています。

従来の企業では、副業や二重雇用を就業規則で禁止している企業も多く、ある意味、従業員を「所有」していた雇用形態から、個人が持つ技術や時間といった資産を社会全体で「共有」する形態での働き方も現実的になりつつあります。

図1.1.2.1: インターネットがもたらした変革

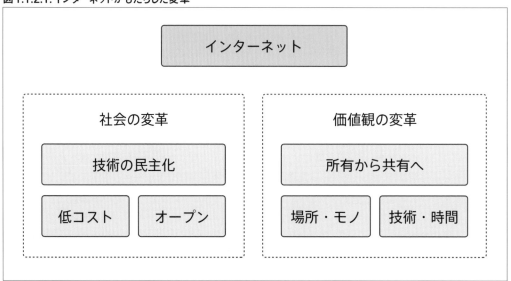

---

6 AnyTimes Inc.: https://www.any-times.com/

1-2

インターネットとブロックチェーン

　前節でインターネットの登場がもたらした社会の変革を述べたところで、ブロックチェーンとの関連を考えてみましょう。ブロックチェーンはインターネット以来の発明といわれますが、ブロックチェーンの登場は、過去30年でインターネットがもたらした変革と同じレベルのインパクトを、今後30年の社会にもたらすのでしょうか。もちろん、未来は誰にも分かりませんが、数多くの人がその可能性を信じて、ブロックチェーンに注目しています。

　ただし、ブロックチェーン技術は、インターネットによって変化してきた現代の生活をさらに覆すものではありません。インターネットによる社会や価値観の変化をさらに加速させるものになるでしょう。ブロックチェーン技術は、インターネットが今まで実現したくてもできなかった、インターネットが苦手とするいくつかの技術的課題に対して、現実的な解を与える技術だからです。

　現在、インターネットを利用したサービスで課題となる例を挙げてみましょう。例えば、インターネット上のサービスを使いたがらない人は一定数存在します。インターネットを避ける理由として多く聞くのは、「個人情報やクレジットカード番号などの情報漏洩が怖い」ということです。確かに、インターネット上のサービス提供者から個人情報漏洩のニュースが頻繁に報道されています。そのため、自分の住所や電話番号、クレジットカード番号などを、インターネット上のサービスに登録したくない人もいるでしょう。インターネット上でサービスを提供する上でのセキュリティの課題は、技術的にも完全に解決できている訳ではありません。

　また、既にインターネット上のサービスを利用している人でも、不便さを感じることがあるはずです。例えば、人気のチケットを発売日に購入したくても、サービスが混雑していて購入できなかったり、すぐに送金したいのに銀行サービスの提供時間外で翌営業日まで待たされるなど、使いたいときにサービスが使えないという課題です。一時的にサービスが使えないだけならまだしも、せっかく購入した電子書籍やオンラインゲーム上のアイテムが、提供会社の都合でサービスが終了したため、二度と使えなくなってしまうこともあり得ます。サービスの可用性もまだまだ技術的課題が残っている分野です。

　上述のセキュリティや可用性は、ブロックチェーンによって解決が期待されている課題です。ブロックチェーンアプリケーションの例として、ビットコインを考えてみましょう。ビットコインでは、オンラインでの送金に、住所や電話番号、クレジットカード番号などの情報は必要ありません。したがって、個人情報をインターネット上に公開せずとも、離れた場所の相手への送金や、インターネット上のサービスを受けるための決済が可能です。また、ビットコインの取引時間にメンテナンスによる停止時間やダウンタイムはなく、24時間365日いつでも取引が可能です。ビットコインを運用する会社そものが存在しないため、どこかの企業や組織の都合でビットコインが使えなくなってしまうこともありません。

1-2-1 クライアントサーバ方式とP2P方式

　本項では、ブロックチェーン技術が解決しうるインターネットの課題を解説しましょう。現在、インターネットを用いるシステムを構築する場合、大別すると2種類の構成が考えられます。クライアントサーバ方式とP2P (Peer-to-Peer) 方式です。クライアントサーバ方式とは、サービスを提供する「サーバ」とサービスを受ける「クライアント」が明確にその役割を分けている方式です。一方、P2P方式は、すべての参加者が対等な役割で、サービスを提供する側にもサービスを受ける側にもなり得る方式です。

　クライアントサーバ方式はサービス提供者の実装やサービスの制御が容易なため、現在のインターネット上のサービスの多くが採用しています。しかし、少数のサーバに多数のクライアントが接続するこのモデルでは、サーバの処理能力の限界に達したり、サーバ側に何らかの障害が発生した場合に、サービスが利用できなくなってしまいます。そうした障害に対応するため、サービス提供者は、サーバの増強を行ったり、複数の拠点にサーバを分散することで、リスクを分散させますが、より高い耐障害性を得るには、相応のコストを要してしまいます。

　一方、P2P方式では、特定のサーバに負荷が集中することがないので、一部のサーバで障害が発生しても、サービス全体が止まってしまうことはありません。また、すべての参加者がサービス提供の機能を担うため、特定のサービス提供者が多額のコストを支払ってサービスを維持する必要もありません。しかし、P2P方式では、悪意を持ったノードがサービス提供側となり得るため、不正を防ぐことが極めて難しく、これまでP2P方式を採用しているサービスは、クライアントサーバ方式に比べ多くはありませんでした。

図1.2.1.1: インターネットにおけるクライアント-サーバ方式とP2P方式の分類

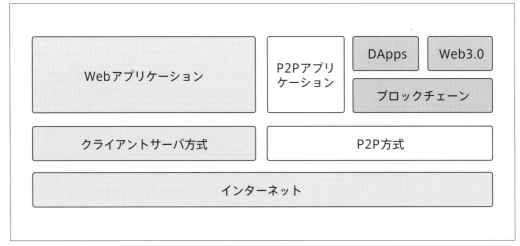

ブロックチェーン技術は、このP2P方式でセキュアかつ可用性の高いサービスを実現する技術として期待されています。ブロックチェーン技術がP2P方式の課題をどのように解決するかは、「Chapter 2 ブロックチェーン技術の理解」で詳しく説明します。

　また、ブロックチェーン技術で実現できると考えられているシステムは、サービスを提供する「中心」を排除した、自律分散型（非中央集権）アプリケーション（DApps：Decentralized Applications）と呼ばれています。その言葉通りに捉えるなら、P2P方式を採用しているアプリケーションであれば、非中央集権的ですが、「DApps」の呼称は通常、ブロックチェーン技術を用いたアプリケーションに適用されます。ビットコインは世界で初めて登場したDAppsといえます。

　なお、本書では、ブロックチェーン技術を用いて実現されるDAppsなどのアプリケーションを「ブロックチェーンアプリケーション」と呼びます。

1-2-2　ブロックチェーンが社会に与える衝撃

　前項で説明した通り、ブロックチェーンアプリケーションはインターネットにおけるP2P方式のアプリケーションの一種です。そこから、ブロックチェーンアプリケーションもインターネットが持つ特徴を備えていることが想像できるはずです。インターネットには、技術を民主化して、低コストでオープンなネットワーク環境を提供することで、社会の変革を促した側面があります。これと同様の側面が、ブロックチェーンアプリケーションにも存在します。

　ブロックチェーン技術を用いた暗号通貨システムの分野では、2009年にビットコインが暗号通貨の第1号として登場して以来、現在まで1,500種類[1]以上の暗号通貨が登場しています（執筆時2018年2月現在）。インターネット上で利用可能な通貨だけが対象なので、個人や企業などがクローズドな環境で作成した暗号通貨も含めれば、さらに膨大な数になります。一方、国家が発行して世界で流通している通貨は180種類[2]程度 です。ブロックチェーン技術により、国家など一部の機関が独占していた通貨の発行機能を民主化して、誰でも自由に独自の通貨を発行可能となっています。

　日本国内で生活するには日本円を使わざるを得ない状況ですが、日本円だけでなくビットコインやその他の暗号通貨も選択肢として増え、個人がどの通貨を使用するか選択可能になりつつあります。将来的には、国家が発行する通貨も個人が発行する通貨も平等に、使いにくい通貨や信用のない通貨は淘汰され、よりよい通貨システムが発展していく世界となるかもしれません。

　さらに、インターネットがもたらした価値観の変化である「所有から共有へ」も、ブロックチェーン技術と相性のよい流れです。ブロックチェーン技術が活躍すると最も注目されている領域では、ブロックチェーン技術を利用することで、デジタル化された資産や物理的な資産の所有権を、任意の相手にイ

1　All Cryptocurrencies (CoinMarketCap): https://coinmarketcap.com/all/views/all/
2　ISO 4217 Maintenance Agency（ISO Currency）: https://www.currency-iso.org

Chapter 1 | ブロックチェーンとは？

ンターネットを通じて送ることが可能です。これは暗号通貨での送金機能を実現するために、電子化された通貨の所有権を送るために実現されたものです。この機能を通貨以外の資産に応用して、個人が所有している空き部屋や自家用車など資産の利用権を、インターネットを通じて売買したり、一時的に貸し出すことが可能になります。シェアリングエコノミーで実現されつつある経済を強力に後押しする技術となり得ます。

　一方、ブロックチェーン技術の破壊的側面についても検討してみましょう。ブロックチェーン技術自体はインターネットと対立する技術ではありませんが、現在のインターネットで広く用いられている「クライアントサーバ方式」とは対立する「P2P方式」に属する技術です。ブロックチェーン技術の登場により、P2P方式のアプリケーションが広く活用されるようになれば、クライアントサーバ方式で成立していたビジネスモデルが破綻する可能性は十分にあり得ます。

　ブロックチェーンを用いた分散型ファイルストレージサービスである「Storj[3]」は、誰もが自分の所有しているストレージを他者に提供し、その対価として報酬を得ることができるP2P方式のアプリケーションです。
　ストレージの利用ユーザーは、保存するデータを暗号化した上で細切れにして、複数のストレージ提供者のディスク上に保存します。暗号化されて細切れになったデータは、盗難や改竄の危険はなく、どこかのノードでデータが消えても、複数の場所に冗長化されて保存されているので、データ消失の危険性も低いです。さらに、Storjのサービスを維持するサーバを管理する必要もなく維持コストが低いため、Dropboxなどに代表される中央集権的なストレージサービスと比較して、利用者のコストも安価に抑えられると期待できます。
　また、AirbnbやUberなどシェアリングエコノミーを実現するサービスも、仕組み上はクライアントサーバ方式を採用しています。基本的にユーザー同士のマッチングサービスですが、マッチングサービスの維持やユーザー間のトラブルへの対応などのために、企業が仲介者としています。ブロックチェーン技術でこれらのサービスを完全なP2P方式で実現できれば、特定の企業が介在することなく、自律分散型Airbnbや自律分散型Uberなどのサービスも可能になります。

　さらに、「所有から共有へ」と変革する価値観が、企業や団体の運用形態にも影響を及ぼすでしょう。同業種の企業や団体をブロックチェーン技術を用いたP2Pネットワークで接続し、必要な情報を共有する「コンソーシアム型ブロックチェーン」の研究も盛り上がっています。
　例えば、複数の病院間で患者のカルテを安全に共有したり、人材派遣会社で応募者の履歴書の正当性を保証し合うなどの応用が考えられます。逆に言えば、組織内で情報を抱え込む従来の価値観から抜け出せない組織は、インターネット登場以来最大といえる価値観の転換で取り残される危険があります。

3　Storj - Decentralized Cloud Storage（Storj Labs Inc）: https://storj.io/

1-3

ブロックチェーン技術の歴史

　ブロックチェーンの歴史に関する記述の多くは、2008年11月にサトシ・ナカモトが投稿したビットコインのデザインペーパーに始まります。確かにこのデザインペーパーからビットコインの歴史が始まるのですが、何もないところから突然ビットコインが生まれた訳ではなく、それ以前の暗号学やデジタル通貨の研究成果が積み重なった上での暗号通貨の発明です。

　本節では、ビットコインやブロックチェーン技術の土台となった取り組みや技術まで遡り、現代に至るまでのブロックチェーン技術の歴史を振り返ります。

1-3-1 ビットコイン登場以前

　本項では、ビットコイン登場以前である、暗号技術の発展から、インターネット登場とデジタル通貨の模索に至るまで、その流れを振り返ります。

暗号技術の発展

　ビットコインの技術的基盤となる暗号技術は1970年代に確立されています。それまでの暗号は、データの暗号化と元データに戻す復号化で、共通の鍵を用いる「共通鍵暗号方式」であったため、暗号通信では共通鍵の受け渡しが問題となっていました。1976年に「公開鍵暗号方式」が提案され、翌1977年に公開鍵暗号方式の実装である、RSA暗号が実現されたことで鍵の交換問題が解決されました。

　公開鍵暗号方式は、暗号化の鍵と復号の鍵を分離し、暗号化の鍵を「公開鍵」として共有し、復号する鍵を持つ人だけが復号できる方式です。また、公開鍵暗号方式の応用として、データ作成者や未改竄を保証するデジタル署名が実現されて、現在の電子取引では欠かせない技術となっています。

　1979年には、1つの鍵を用いて複数のデータにデジタル署名を付与するためにハッシュ木が、1981年には、1つの鍵から複数のワンタイムパスワードを生成するためにハッシュチェーンが提案されています。ハッシュ木やハッシュチェーンは、ブロックチェーンの基本的なデータ構造にも応用されています。ブロックチェーンでどのように活用されているかは、「Chapter 2 ブロックチェーン技術の理解」を参照してください。

インターネットの登場

　暗号技術の発展により不特定多数の第三者を経由しても、通信内容を傍受されることなく安全に情報を送受信することが可能になりました。この暗号技術を支えの1つとして、1980年代から2000年代にかけて、インターネットが全世界的に普及していきます。

　インターネット技術の中核であるTCP/IPは、1983年にインターネットの起源であるARPANETで標準プロトコルとして採用され、現代のインターネットでも用いられているプロトコルの方向性が決定づけられました。インターネットは当初、大学機関の情報共有などの利用に限定されていましたが、インターネットの商用利用への関心は高く、1980年代末からインターネットサービスプロバイダ企業が数多く創業し、一般利用のための基盤が整い始めました。

　1991年に世界初のWebサイトが誕生し、1995年に発売されたWindows 95やインターネットサービスプロバイダの低価格化などにより、インターネットの普及が急速に進み、1990年代末期から2000年代初頭、インターネット関連会社の株価が異常に高騰する、「インターネットバブル」と呼ばれる現象が発生しました。
　インターネットの歴史における、技術研究から商用利用の開始、バブル景気といった流れは、現在の暗号通貨技術が辿る歴史と多くの点で符合しています。

デジタル通貨の模索

　インターネットバブルでのIT技術への期待感は、遠隔地の消費者と企業をダイレクトに接続し、オンラインで決済できるeコマースの可能性が現実化してきたことが背景にあります。そのため、インターネット技術の発展と共に、インターネットでの送金や決済のため、デジタル通貨の模索も始まります。

　初期のデジタル通貨のアイデアは、暗号技術の発展にも支えられたものでした。データの中身を知らないまま署名する手法として、1983年に提案されたブラインド署名[1]は、デジタルキャッシュにも応用されて、1990年にDigiCash社として商業化されています。
　1990年代には、暗号学的ハッシュ関数を用いて大量の計算を実行することでデジタル通貨を発行する、ハッシュキャッシュ[2]と呼ばれるアイデアがAdam Backにより提唱され、ハッシュキャッシュの欠点を改良したビットゴールド[3]やbマネー[4]と呼ばれるデジタル通貨が、Nick SzaboやWei Daiにより考案されています。

1　Chaum D. (1983) Blind Signatures for Untraceable Payments. In: Chaum D., Rivest R.L., Sherman A.T. (eds) Advances in Cryptology. Springer, Boston, MA
2　Adam Back (May. 1997): hash cash postage implementation (http://www.hashcash.org/papers/announce.txt)
3　Nick Szabo (Dec. 2005): Bit Gold - Unenumerated (http://unenumerated.blogspot.jp/2005/12/bit-gold.html)
4　Wei Dai (Nov. 1998): b-money (http://www.weidai.com/bmoney.txt)

ちなみに、ハッシュキャッシュでの大量のハッシュ計算は、のちのProof of Workと呼ばれる不正防止プロトコルの原型であり、ブロックチェーン技術の根幹技術ともなっています。Proof of Workに関しては、「2-3-7 Proof of Work」を参照してください。

1990年代におけるデジタル通貨の取り組みは、技術的問題やガバナンス的な課題が多く残されており、広く普及することはありませんでした。特に、特定の管理者がいない状態で、通貨の二重支払を如何に防ぐか、その問題を解決できていませんでした。

インターネット上の商取引を支えたのは、PayPal社に代表される個人間送金やサービスへの支払を電子的に提供するサービスをはじめ、クレジットカード会社や銀行など、特定企業が管理・提供する送金・決済サービスでした。

インターネット上のサービスには、大別するとクライアントサーバ方式とP2P方式がありますが、広く普及したのはクライアントサーバ方式のサービスで、P2P方式は1990年代末にNapsterなどファイル共有ソフトが流行した以外は、限定的なものです。これは、P2P方式がすべての参加者が対等にサービス提供機能を持つため、悪意を持つ参加者の影響をどのように抑制するかを、技術的かつガバナンス的にも解決が困難であったためです。

ビットコイン登場以降の暗号通貨技術は、悪意を持つ参加者が存在しうるP2Pネットワークで、信頼性の高いサービスを提供可能となった、初めての技術と位置付けられます。なお、下表には、ビットコイン登場以降の各分野のトピックを紹介しましょう。

表1.3.1.1: ビットコイン登場以前のトピック

年月	ジャンル	トピック
1976年	暗号学	公開鍵暗号方式の提案
1977年	暗号学	RSA暗号の実現
1979年	暗号学	マークルツリー(ハッシュ木)の提案
1981年	暗号学	ハッシュチェーンの提案
1983年	インターネット	ARPANETでTCP/IPが標準プロトコルとして採用、IPv4アドレスが使われる
1983年	デジタル通貨	ブラインド署名の提案とデジタルキャッシュへの応用
1991年	インターネット	世界初のWebサイト誕生(CERN)
1995年	インターネット	Windows 95の発売 インターネットの普及
1997年	デジタル通貨	Proof of Workの原型であるハッシュキャッシュによるデジタル通貨の提案
1998年	デジタル通貨	ビットゴールド、bマネーなどのデジタル通貨の提案
1998年	デジタル通貨	オンライン決済・送金サービスのPayPal社設立
1999年	インターネット	NapsterなどP2P方式を採用したソフトウェアの流行
2000年	インターネット	インターネットバブル
2004年	デジタル通貨	外国為替・送金ネットワークであるRippleの開発開始

Chapter 1 | ブロックチェーンとは？

1-3-2 ビットコインの登場から普及まで

　ビットコインのアイデアは、サトシ・ナカモトを名乗る人物によって、2008年10月31日にメーリングリスト「Cryptography」(暗号学) に投稿されたものです[5]。論文調で記述されたビットコインのデザインペーパーは9ページにおよび、ハッシュキャッシュやbマネーなど過去のデジタル通貨研究の成果を取り込みつつ、管理者不在の通貨システムとして、二重支払の課題を解決する独自のシステムが提案されていました。

プロトタイプの運用開始

　このデザインペーパーに対する当初の反応はほとんどが懐疑的で、まずは動作するシステムを実装して運用するところから始まります。2009年1月から、同氏によって実装されたビットコインのプロトタイプシステムの運用が始まりました。ビットコインではハッシュキャッシュと同様、コンピュータによる大量の計算によって、少しずつ「BTC」と呼ばれる単位の通貨が発行されきます（この通貨の発行作業をマイニングと呼びます）。

　また、ビットコインのシステム上で、問題なくBTCが送金できることが確認されます。しかし、この段階では、ビットコインはサーバ上に記録された単なるデータであり、何らかの価値を持つ通貨とは呼べません。

　ビットコインに価値を持たせるには、ビットコインを購入できるサービスが必要です。2009年10月に、ビットコインの取引サイトとしてNew Liberty Standardが登場します。当時のビットコインの価格は、ビットコインのマイニングに要する電気代から算出され、1ドルあたり1,000BTC前後で取引が開始されました[6]。

　ビットコインによって初めて決済が行われたのは2010年5月22日です。当時、ビットコインのマイニングを続けていたエンジニアの1人、ラースロー・ハネツが大量にマイニングしたビットコインと引き換えに、自宅まで食事を届けてもらいたいと提案し、別の男性がその申し出に応じています。ラースローは男性に10,000 BTCを支払い、その男性はラースローの自宅にピザ2枚を届けてもらうよう注文しています。これがビットコインによる初めての支払です。

取引所の登場

　ビットコインの取り組みは、しばらくの間は少人数のコミュニティが中心でしたが、ビットコインのバージョン0.3に関するリリース記事が、2010年7月11日に技術系のニュースサイトSlashdotに掲

5　Satoshi Nakamoto (Oct. 2008) Bitcoin P2P e-cash paper
　http://www.metzdowd.com/pipermail/cryptography/2008-October/014810.html
6　2009 Exchange Rate (New Liberty Standard)
　http://newlibertystandard.wikifoundry.com/page/2009+Exchange+Rate

載され[7]、急激にマイニング参加者が増加します。

　ビットコインのシステムでは、マイニングに参加する全コンピュータの計算能力に応じて、自動的にマイニング難易度が調整される仕組みが取り入れられています。マイニング参加者が急増したことで、マイニングでの新たなビットコインの入手が困難になり、手軽な購入手段が求められます。そのため、Slashdotの掲載から1週間後の7月18日に、マウントゴックス取引所が登場します。

　マウントゴックスでは、従来型の証券口座と同様に、取引所の口座にドルで入金し、その口座の範囲内でドルとビットコインを自由に交換できました。それまで存在していた販売所よりはるかに簡単で、年中無休で利用できる取引所の登場により、ビットコインの取引がさらに加速していきます。

　2010年後半から2011年にかけて、技術者以外の一般向けメディアでもビットコインが取り上げられ、ビットコインへの関心がさらに高まりました。

　2010年11月に、WikiLeaks[8]でアメリカの外交機密文書が流通したことに対し、政治家から大手クレジットカード会社やPayPal社などに対して、WikiLeaksへの寄付を受け付けないよう圧力がかかった疑惑が浮上します。現在の金融機関が、権力者の意向で恣意的に特定の集団を封鎖できる状況に対して、誰も送金を止めることができないビットコインの有用性を指摘する論調が高まり、PCワールド誌[9]やタイム誌[10]などで取り上げられます。

　一方、2011年6月に、ビットコインを用いて違法薬物を売買していたWebサイト（Silk Road）に対して、ビットコインをマネーロンダリングに悪用しているとの糾弾もされましたが[11]、逆にビットコインへの関心が高まる結果となり、6月12日には1BTCが30ドル（約1,400円）を超える価格が付きます。2011年に入ってから50倍の値上がりであり、最初のビットコインバブルといわれますが、直後の6月19日、マウントゴックスがハッキングされ、連鎖的に多くの取引所からビットコインの盗難が行われた結果、ビットコイン価格は暴落します。この通り、ビットコインへの関心の高まりに伴い、ビットコインのさまざまな課題が露呈しました。

マイニング競争

　ビットコインの価格上昇に伴い、2012年の後半からマイニング専用チップの開発競争が始まります。ビットコインのマイニングに参加する全コンピュータの計算能力は、1秒間に何回のハッシュ計算が可能か、ハッシュレートで表現されます。2012年のハッシュレートは、10TH/s（秒間10×10^{12}回=10兆回）から20TH/s程度で推移していましたが、2013年2月頃から専用チップ（ASIC）によるマ

7　Shashdot（Jul. 2010）Bitcoin Releases Version 0.3
　　https://news.slashdot.org/story/10/07/11/1747245/bitcoin-releases-version-03
8　WikiLeaks: https://wikileaks.org/
9　Keir Thomas (Dec. 2010) Could the Wikileaks Scandal Lead to New Virtual Currency? - PCWorld
　　https://www.pcworld.com/article/213230/could_wikileaks_scandal_lead_to_new_virtual_currency.html
10 Jerry Brito（Apr. 2011）Online Cash Bitcoin Could Challenge Governments, Banks - Time
　　http://techland.time.com/2011/04/16/online-cash-bitcoin-could-challenge-governments/
11 Schumer Pushes to Shut Down Online Drug Marketplace - NBC New York (Jun. 2011)
　　https://www.nbcnewyork.com/news/local/Schumer-Calls-on-Feds-to-Shut-Down-Online-Drug-Marketplace-123187958.html

Chapter 1 | ブロックチェーンとは？

イニングが始まり、3月には40 TH/sを突破するなど急激なマイニング競争が始まりました。

ASICによるマイニングの始まりは、新規マイニング参加へのハードル上昇、急激な計算リソース投入による不正行為の可能性、特定集団へのハッシュレートの偏りが生じる懸念、膨大な電力の消費など、さまざまな課題を呼び起こしました。

ブロックチェーン技術への注目

ビットコインの価格が乱高下するボラティリティの高さも、決済手段としてのビットコインの有用性を阻害します。2013年10月にビットコインで違法薬物を取引していたSilk Roadが閉鎖されると、ビットコインの価格も暴落します。また、2014年2月には当時ビットコイン取引の70%を占めていたマウントゴックスが、長年発覚しなかった窃盗で、顧客から預かっていたビットコインのほとんどを損失し破産すると、ビットコインの価格も暴落します。

これらの課題の露呈により、ビットコインに対する不信感や不安が広まりましたが、ビットコイン技術の可能性を信じる人々は、水面下でビットコインの課題を克服するさまざまな解決策の研究、ビットコインの中核技術であるブロックチェーンの他分野への適用、ビジネスへの応用など模索を続けます。

表1.3.2.1: ビットコインの登場から普及までのトピック

年月	トピック
2008年11月	ビットコインのデザインペーパーが投稿される
2009年1月~	サトシ・ナカモトによるビットコインの実装が公開
2009年10月	ビットコインと法定通貨の交換が行われる
2010年5月	実際の店舗でビットコイン決済が行われる
2010年7月	Slashdotにビットコインの記事が掲載
2010年11月	WikiLeaksの外交機密文書流出事件からビットコインへの関心が高まる
2011年6月	シルクロードにおけるビットコインを用いた違法薬物取引がニュースに取り上げられる
2013年2月	ビットコイン価格の上昇に伴い、専用チップによるマイニングが始まる
2013年10月	シルクロード閉鎖
2014年2月	ビットコイン最大の取引所マウントゴックスが閉鎖

1-3-3 ブロックチェーン技術の応用と盛り上がり

ビットコインの登場は、これまで不可能とされていたP2Pネットワーク上での管理者不在の通貨システムを実現していますが、実用化には多くの課題も残されています。一方、ビットコインの中核アイデアであるブロックチェーン技術を用いて、デジタル通貨以外のシステムをP2P方式のシステムとして実現できる可能性が開かれます。

ビットコインの課題解決や通貨以外へのブロックチェーン技術の応用のため、2011年頃からライトコインやネームコインなど、ビットコインをベースにする新たな暗号通貨システムが登場します。また、2013年頃からは、ビットコインのネットワークを用いて、ビットコイン取引以外の応用を行うためのプラットフォームとして、Mastercoin（現Omni）やCounterpartyなどが登場し、多くのアプリケーションが実現可能となります。

イーサリアムの登場

　ブロックチェーン技術活用の大きな転換点となったのが、2015年のイーサリアムの登場です。イーサリアムは、誰でも自由にブロックチェーンにプログラムをデプロイし、新しいブロックチェーンアプリケーションを実装できるプラットフォームです。イーサリアムの登場で、ブロックチェーンアプリケーション開発の障壁が大きく下がり、現在でも多くの新たなサービスがイーサリアム上でリリースされています。

　イーサリアムは、リリースに先立ってイーサリアム上で利用できるETHと呼ばれる通貨を2014年7月に先行販売し、開発資金として約1,500万ドルを調達します。発行前の通貨を事前に販売して資金を調達する手法はICO（Initial Coin Offering）と呼ばれ、Mastercoinで初めて実施されたといわれています。ICOで巨額の資金を瞬時に調達できる可能性が開かれ、2017年半ばには、ICOによる資金調達額がベンチャーキャピタルの投資額を上回るなど、新規ビジネスを起こしたい起業家や投資家にとっても大きな魅力となりました。

ビジネスへの応用

　2015年頃以降は、ブロックチェーン技術をビジネスに応用する動きが本格化します。ビットコインやイーサリアムなどの、誰でも参加可能なブロックチェーンプラットフォームは、参加者を制限したり、システムパフォーマンスが求められるケースでは、必ずしも有効ではありません。そのため、さまざまなビジネス用途でブロックチェーン技術を活用するためのフレームワークの共同開発が進められます。

　2015年9月には、金融業界でブロックチェーン技術を応用した分散台帳プラットフォームを実現するためにR3コンソーシアムが発足します。また、2015年12月には、ブロックチェーンベースのオープンソースプロダクトを開発するHyperledger ProjectがLinux Foundationによって開始されました。

　2017年はブロックチェーンにおける課題を解決する技術研究が大きく進展し、暗号通貨市場も大きく躍進した年です。ブロックチェーンの課題の1つとして、管理者のいないシステムを誰もが支える仕組みのため、一旦動き始めたシステムの仕様を変更することが極めて難しいことがあげられます。

　もし、新たなシステム仕様に関して参加者の合意が得られなければ、本来は1つの歴史しか選択されないブロックチェーンが、互換性がない複数のブロックチェーンに分岐（ハードフォーク）してしまう可能性があります。2017年夏頃には、ビットコインのブロックチェーンが分岐するのではないかという懸念が高まり、ビットコインの動向に注目が集まりました。

Chapter 1 | ブロックチェーンとは?

　結果的に2017年8月には、ビットコインとは異なる仕様のビットコインキャッシュが分裂し、2つのビットコインが登場します。これにより、元々ビットコインを保持していた人は、ビットコインとビットコインキャッシュの2つの通貨を手に入れ、それぞれが価値を持つことになりました。

　ビットコインキャッシュの事例を皮切りに、ビットコインから新たな仕様の通貨をハードフォークする計画が次々と発表されました。ビットコインのハードフォークが行われると、ビットコインの所持者には新通貨の残高も自動的に付与されるため、ビットコインの需要がさらに高まり、価格が高騰します。

　2017年はじめは10万円ほどの価格だったビットコインは、ハードフォークの計画が次々と発表された11月頃には100万円を突破します。さらに、ビットコインの先物取引が開始された12月には、一時は200万円を突破するほどの高騰が起こります。

　また、2017年後半には、異なるブロックチェーン間でコインを交換する「アトミックスワップ」の実証や、高速で低コストな支払を実現する「ライトニングネットワーク」の検証完了など、技術的な躍進もあり、暗号通貨全般への期待感が高まったことも暗号通貨バブルの背景にあります。

　2017年12月末の暗号通貨の市場規模は、1位のビットコインが約25兆円、2位のリップルが約9兆円、3位のイーサリアムが約8兆円と、暗号通貨全体の市場規模が60兆円を突破しました[12]。2017年は仮想通貨元年とも呼ばれ、暗号通貨の市場が無視できないほど成長してきた年です。

表1.3.3.1: ブロックチェーン技術の応用と関心の高まり

年月	トピック
2011年頃	ライトコイン、ネームコインなどのビットコイン以外の暗号通貨(オルトコインが登場する)
2013年8月	Mastercoin(現Omni)が初のICOで約50万ドルを集める
2014年1月	Counterpartyプラットフォームのリリース
2014年7月	イーサリアムがICOにより約1500万ドルを集める
2015年7月	イーサリアム初期バージョン(Frontier)リリース
2015年9月	R3コンソーシアム発足
2015年12月	Hyperledger Project発足
2017年8月	ICOによる資金調達がVCによる投資額を上回る
2017年8月	ビットコインキャッシュの分岐
2017年9月	異なるブロックチェーンでコインを交換するアトミックスワップに成功
2017年12月	ライトニングネットワークがビットコインのメインネットで検証完了
2017年12月	ビットコイン価格が一時18,000ドル(200万円)を突破

---

12 Historical Snapshot - December 31, 2017(CoinMarketCap)
　https://coinmarketcap.com/historical/20171231/

Chapter 2

ブロックチェーン
技術の理解

最初に登場した暗号通貨であるビットコインの事例を中心に、
暗号通貨システムを支えるブロックチェーンの要素技術を解説します。
ブロックチェーンの基本アイデアとなるタイムスタンプサーバの概念とProof of Work、
暗号通貨をブロックチェーンで実現するためのデータ構造を解説します。
また、ブロックチェーン上に構築されたデジタルなデータが、
なぜ通貨として価値を持つことになるのかも考察します。

Chapter 2 | ブロックチェーン技術の理解

2-1

タイムスタンプサーバ - まったく新しい「時計」の発明

　暗号通貨を支える革新的な技術である「ブロックチェーン」のアイデアは、ビットコインのデザインペーパー[1]で提唱されましたが、そこではまだ「ブロックチェーン」の用語は登場していません。ブロックチェーンに相当する概念は、同ペーパーの「タイムスタンプサーバ」章で解説されています。このことから、ブロックチェーンとタイムスタンプには深い関係があることがうかがえます。

　ここで、「タイムスタンプ」の概念を改めて考えてみましょう。一般的にタイムスタンプといえば、「2017-10-17 18:00:00」などの形式で表される、日付や時刻を記した文字列を思い浮かべることがほとんどです。物理的には、郵便物に発送日時を記録するための証印（いわゆる消印）、電車の切符に乗車時刻を記録するための印、契約書に日付とともに捺印することなども、タイムスタンプの一種です。これらのタイムスタンプの役割は、ある出来事が起こった日付や時刻を記録して、事実の存在を証明したり、前後関係を保証することです。

2-1-1 物理的タイムスタンプ

　物理的なタイムスタンプは、すべての人が同じ時間軸を共有していること、時間が不可逆であることの2つを前提にしています。厳密にいえば、現代物理学では時間の流れは一定ではなく、各人の時間軸は微妙にずれていると考えられていますが、日常生活でその誤差を考える必要はありません。

　また、世界規模で考えれば地域ごとに時差が存在しますが、標準時刻や現地時刻などの標準化によって、全員の時間軸を共有を図っています。また、時間を過去に遡る可能性も今のところ考える必要がありません。もし、タイムマシンが発明されて過去の改変が可能になってしまうと、現代の社会システムの大部分は大きく見直す必要が出てくるでしょう。

　物理世界で現金を用いて支払う場合を例に考えてみましょう。この場合、物理的な現金を渡す行為が発生しますが、その行為が発生した時刻はただ1つに定まります。また、支払った事実を過去に遡ってなかったことにすることもできません。

　ただし、お金を受け取った事実を否認することはできるので、起こった事実をどこかに記録しておく

1　Satoshi Nakamoto. Bitcoin: A Peer-to-peer Electronic Cash System. https://bitcoin.org/bitcoin.pdf, Oct 2008.

必要はあります。そのための領収書や契約書の発行が、現実世界におけるタイムスタンプの役割を果たしています。

図2.1.1.1: 現実世界における現金による支払モデル

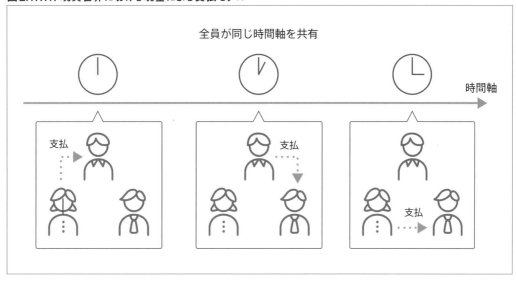

2-1-2 コンピュータ上のタイムスタンプ

　一方、コンピュータの世界では、現実世界の時刻とコンピュータの時刻が必ずしも同期されるわけではなく、それぞれの環境によって異なる時刻を参照する可能性があります。各人が参照する時刻が異なっていると、ある支払を行った事実が、いつ起こったのかについて合意が得られず、事実の証明をすることが難しくなります。

　電子的に表現されたタイムスタンプは、悪意を持って簡単に変更できてしまうため、さまざまな困難を伴うことがあります。例えば、スマートフォンでプレイできるソーシャルゲームを考えてみましょう。ソーシャルゲームには、ゲーム内の「イベント」と呼ばれる概念があり、特定の時間に限定アイテムを貰えるクエストが発生したり、その時間帯でしか得られない特典を提供しています。

　この「イベント」の時刻ですが、ソーシャルゲームが登場し始めたころは、スマートフォンなどデバイスのローカル時間を確認して、イベントの有無を判定しているアプリケーションも存在しました。このような実装では、ユーザーが手元のデバイスの時刻を勝手に変更して、未来にあるイベントの情報を事前に確認したり、過去のイベントを何度もプレイするなど、不正なプレイが簡単にできてしまいます。

したがって、デバイスのローカル時刻を操作する不正を防止するため、最近のアプリケーションやシステムでは、ほとんどがサービスを提供しているサーバ側の時刻を確認して、イベント有無などの判定を行っています。

図2.1.2.1: コンピュータの世界における電子通貨による支払モデル

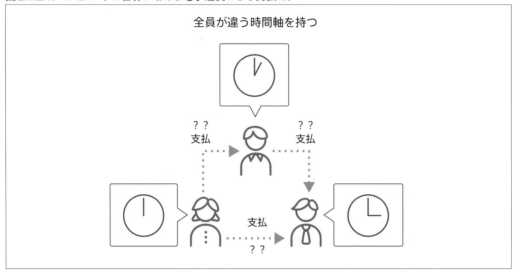

2-1-3 中央集権的タイムスタンプ

一般的に、インターネット上のサービスなど、不特定多数の登場人物が関わるサービスでは、どこか1つの「中心」を決めて、その中心の時刻を基準にして、サービスの整合性を保っています。

例えば、AさんからBさんへお金を振り込むときにも、実際には、ある銀行にAさんとBさんの口座を開設して、その口座内の残高を移行しているだけです。この場合、中央となる時刻は銀行のサービス内の時刻となります。

上記の例にあげた「中央集権的」なシステムには、いくつかの問題があります。まず、「中央」に負荷が集中しやすく、中央が停止するとサービス全体が利用できなくなってしまうことです。例えば、前項で説明したソーシャルゲームの例では、イベント開始と同時に大量のユーザーがゲームをプレイし始め、中央のサーバに負荷が掛かり、システムがダウンしてしまうケースが頻発します。そのために、中央のサーバを冗長化したり、パフォーマンスを向上させるなどの対策を行いますが、その対策には大きなコストを要する上に、必ずしも万全の対策を打てる訳ではありません。

インターネットが始まって以来、インターネットそのものがダウンした事例はありませんが、インターネット上のサービスが頻繁に利用できなくなるのは、このような「中央」に依存する構造であるためです。

また、中央集権的なシステムでは、中央のサービス提供者が意図的にサービスを停止したり、何らかの不正を働くことを防ぐ方法がありません。ビットコインのモチベーションは、「誰にも止められない送金の仕組みを作りたい」でしたが、この「誰にも止められない」ことを実現するためには、本項で説明する中央集権的な仕組みでは難しく、中央を持たないP2P型の仕組みを考えることが必要でした。

図2.1.3.1: 中央集権的サービスによる共通の時間軸の参照モデル

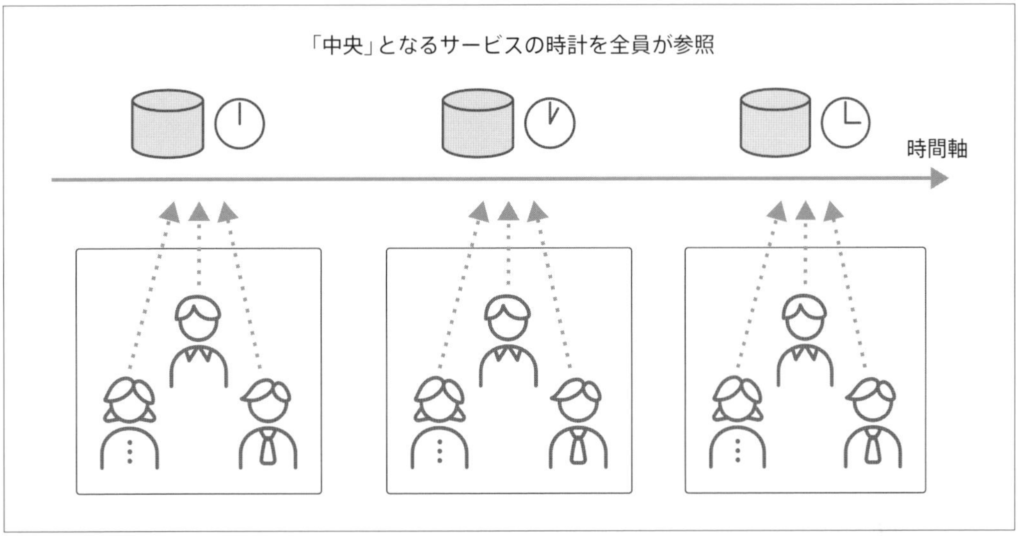

2-1-4 非中央集権的タイムスタンプ

P2P型のシステムで中央の時刻に依存しないまま、送金操作などタイムスタンプを必要とするデータを扱うため、新しいタイムスタンプの仕組みが必要でした。もちろん、ビットコイン以前にもP2P技術を用いたサービスは存在し、ファイル共有サービスの「Winny」や「BitTorrent」、初期の「Skype」などが有名です。これらのサービスは必ずしもタイムスタンプを必要としないものですが、タイムスタンプを必要とするサービスをP2Pで実現するには、中央の時刻に全体が同期する仕組みでは不可能でした。そこで新たに発明されたのが、後にブロックチェーンと呼ばれるまったく新しいタイムスタンプの概念です。

ブロックチェーンが画期的なのは、時間が不可逆的なものであることと、1つの時間軸を全員が共有して、その時間軸の中で前後関係を定義できる物理的な時間の特徴を、暗号学にもとづくデータ構造を用いて再実装していることです。次項以降では、ブロックチェーンの根本的なデータ構造を解説します。

図2.1.4.1：非中央集権的なP2Pネットワークにおける共通の時計の参照モデル

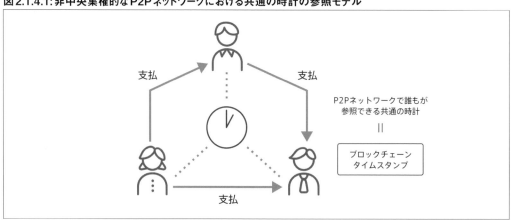

2-1-5 ハッシュチェーンタイムスタンプ

　物理的な時刻との同期が必ずしも取れない分散システムにおいて、すべての参加者が一つの時間軸を共有するには、どのようにすればよいでしょうか？

　1つのアイデアは、ある出来事が起きた「絶対時刻」を厳密に求めるのではなく、前後関係が存在する2つの出来事に対して、その順序が特定できる「相対時刻」として時間軸を定義する方法です。つまり、ある出来事AとBが発生したとき、AとBが起きた厳密な時刻が分からなくても、「AのあとにBが起きた」

図2.1.5.1：論理タイムスタンプによる支払モデル

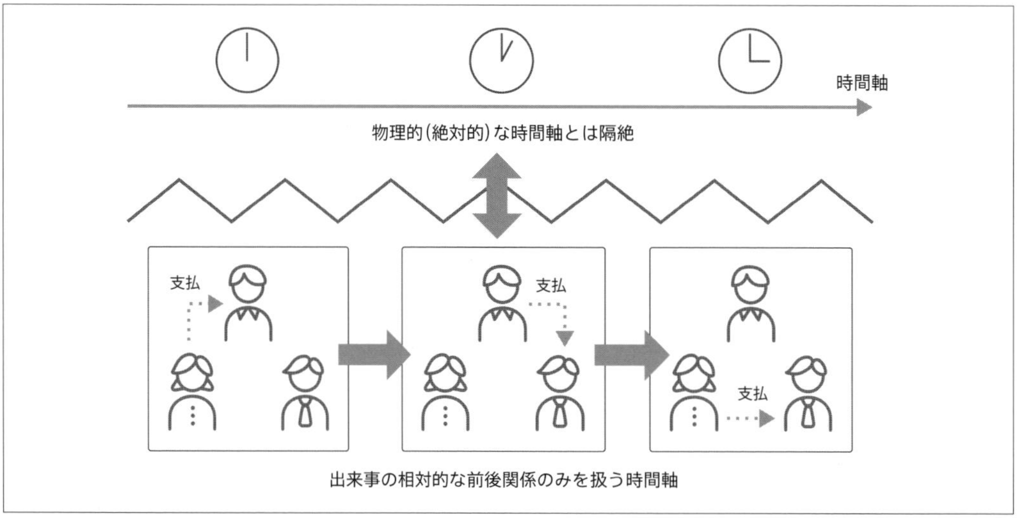

という相対的な前後関係のみを扱う考え方です。この考え方は、分散システムにおける論理タイムスタンプとして、ランポートにより提唱されました[2]。

ブロックチェーンでは、暗号学的ハッシュ関数を用いて、あるデータが存在する前に別のデータが存在していたという前後関係を、論理的に否定できない形で定義しています。ここで登場する暗号学的ハッシュ関数とは、任意のデータを入力して、入力データを代表する比較的小さな値（ハッシュ値やダイジェストと呼ばれます）を返すハッシュ関数の中で、事前にそのハッシュ値の予測や、ハッシュ値から元データの推定が困難である関数のことを意味します（代表的な暗号学的ハッシュ関数には、ビットコインでも利用されているSHA-256などがあります）。SHA-256の入力と出力の例を下図に示します。

図2.1.5.2: SHA-256の入出力例

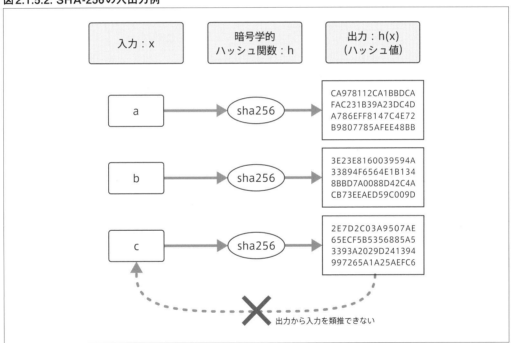

ここで、あるデータaに対して暗号学的ハッシュ関数を用いて得られたハッシュ値をh(a)とします。このとき、h(a)からaを求めることは困難であることが分かっているので、値h(a)が存在していることは、その前にデータaが存在していることが論理的に正しいと考えられます。

さらに、b = h(a)としてh(b)を計算すると、h(b)が存在する前にh(a)が存在していたといえます。このように、同じデータに対して再帰的に暗号学的ハッシュ関数を適用する技術が「ハッシュチェーン」です。ハッシュチェーン自体は、ワンタイムパスワードによる認証システムの実装などに使用されます。

2　Lamport, L. (1978). "Time, clocks, and the ordering of events in a distributed system". Communications of the ACM . 21 (7): 558-565. http://lamport.azurewebsites.net/pubs/time-clocks.pdf

図2.1.5.3: 単純なハッシュチェーン

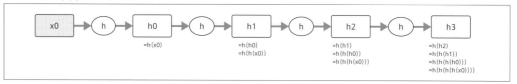

上図2.1.5.3の単純なハッシュチェーンを拡張して、ハッシュ関数への入力に任意のデータを埋め込むことを考えます。下図2.1.5.4のx0〜x3は任意のデータを表し、h0〜h3は暗号学的ハッシュ関数のハッシュ値を表します。

図2.1.5.4: 拡張されたハッシュチェーン

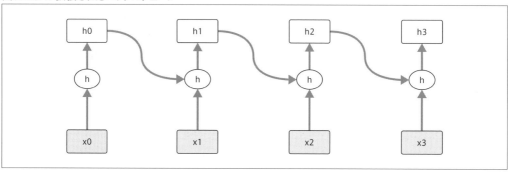

単純なハッシュチェーンでは、あるデータx0に対して再帰的に暗号学的ハッシュ関数を適用して、ハッシュ値h0、h1、h2、…を求めますが、元データはx0のみです。それに対して、拡張されたハッシュチェーンでは、再帰的にハッシュ値を求める際に入力として任意のデータx0、x1、x2、…を加えています。この拡張により、h3を計算するためには前提としてh2とx3が存在している必要があり、h2を計算するためにはh1とx2が存在している必要がある、という再帰的な関係が成り立ちます。これにより、x0 < x1 < x2 < …とデータが存在する前後関係を、任意のデータに対して論理的に定義できます。

さて、ここでハッシュ値h1、h2、h3、…の添字としていた1、2、3、…の数字をタイムスタンプの一種とみなして、「ハッシュチェーンタイムスタンプ」と呼びましょう。連続した整数をタイムスタンプと呼ぶには違和感があるかもしれませんが、コンピュータ上で時刻を扱うときによく使われるUNIXタイムスタンプも、1970年1月1日の午前0時0分0秒からの経過時間をカウントしているものなので、同じ発想だと考えれば納得しやすいでしょう。

ログ2.1.5.1: UNIXタイムスタンプによる時刻表示例

```
| data | created_at(unix_timestamp) | created_at(utc)     |
+------+----------------------------+---------------------+
| x0   |                          0 | 1970-01-01 00:00:00 |
| x1   |                          1 | 1970-01-01 00:00:01 |
```

```
| x2 |                          2 | 1970-01-01 00:00:02 |
| x3 |                          3 | 1970-01-01 00:00:03 |
```

ログ2.1.5.2: ハッシュチェーンタイムスタンプの表示例

```
| data | created_at(hash_chain_timestamp) |
+------+----------------------------------+
| x0  |                                0 |
| x1  |                                1 |
| x2  |                                2 |
| x3  |                                3 |
```

　UNIXタイムスタンプとハッシュチェーンタイムスタンプの表記がほとんど同じであることが分かります。両者の違いは、UNIXタイムスタンプが物理的な時間の流れに応じて、1秒ごとにカウントアップされるのに対して、ハッシュチェーンタイムスタンプは、新しいデータが追加されるごとに追加されるところです。

2-1-6 ハッシュチェーンからブロックチェーン

　前項までに説明した通り、ハッシュチェーンを使用することで、任意のデータの存在証明や前後関係の定義が可能です。しかし、これを実用的なP2P型システムで活用するためには、いくつかの課題を解決しなければなりません。主な課題を下記にあげます。

　1. 複数ノードが参加するP2Pネットワークで、全ノードが常に最新タイムスタンプを参照できるか？
　2. あるノードが過去のデータを改竄した場合に、改竄の検知や改竄データを拒否できるか？

　単純なハッシュチェーンを用いたタイムスタンプでは上記の課題を解決できませんが、これらの課題を、完全ではないにしろ実用的なレベルまで解決する手段が「ブロックチェーン」です。
　ブロックチェーンでは、上記の1つ目の課題に対処するために、すべてのデータを常に全ノードで共有するのではなく、複数のデータをまとめた「ブロック」単位で共有します。このブロックの作成に利用されている技術が「マークルツリー」です。

マークルツリーとは

　マークルツリー（マークル木）とは、1979年にラルフ・マークルによって発明された木構造のハッシュチェーンで、ハッシュツリー（ハッシュ木）とも呼ばれます。

マークルツリーの構造は、一般的に二分木の木構造になっています（図2.1.6.1参照）。マークルツリーを作成するには、まずデータの断片を2個のペアに分け、2つの断片を結合したデータのハッシュ値を計算します。このとき、断片の数が奇数であれば、余った1つの断片に関しては自分と同じデータをコピーして、その2つのデータに対するハッシュ値を計算します。算出されたハッシュ値をさらに2個のペアに分け、同様にハッシュ値を計算します。この操作を最終的にハッシュ値が1つになるまで繰り返します。最後の1つになったハッシュ値は、マークルルートもしくはトップハッシュと呼ばれます。

図2.1.6.1: マークルツリー

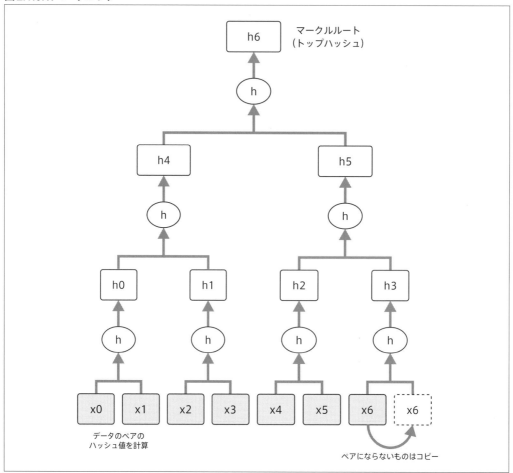

マークルツリーが考案された当初は、1つの鍵から複数のワンタイムパスワードを生成するためのデータ構造として用いられました。その後、P2Pネットワークなどで巨大なファイルを受信する際に、データの破損や改竄の有無を検証したり、破損データの再受信を効率的に行うことにも応用されました。

データの破損や改竄の検証だけであれば、データ送信元が計算したデータのハッシュ値と、受信データのハッシュ値を比較することで可能です。しかし、データサイズが巨大になると、途中でデータの破損が発生する確率は上昇し、仮にデータが破損していた場合、もう一度巨大なデータをゼロから再受信する必要があります。マークルツリーを応用すると、巨大なデータを小さな断片に分割し、断片ごとのハッシュ値で検証が可能です。

マークルツリーを用いてデータを検証する場合、まずはデータからマークルルートを計算し、元のマークルルートと比較します。もし、マークルルートの値が異なっていた場合は、マークルルートを計算するために用いた2つのハッシュ値を元のハッシュ値と比較します。この操作を繰り返すことで、ハッシュ値が異なるデータの断片を効率的に発見でき、データ再受信の際も、破損データのみを再受信すれば良いことになります。

マークルツリーによるブロックの作成

マークルツリーの構造を応用することで、ハッシュチェーンタイムスタンプをブロック単位でカウントアップすることが可能です。前述のマークルツリーでは1つのデータを断片に分割して、断片ごとのハッシュ値を計算していますが、今回は任意のデータのリストに対してマークルツリーを作成します。

下図に、任意のデータをそのままハッシュチェーンに埋め込む場合と、マークルツリーを用いたブロック単位でデータを埋め込む場合の例を示します（図2.1.6.2参照）。前者は新しいデータが作成されるたびにハッシュチェーンのカウントがインクリメントされますが、後者は複数のデータをブロックにまとめて、ブロック単位でカウントがインクリメントされるのが分かります。

図2.1.6.2: マークルツリーを用いたハッシュチェーンへのデータの埋め込み

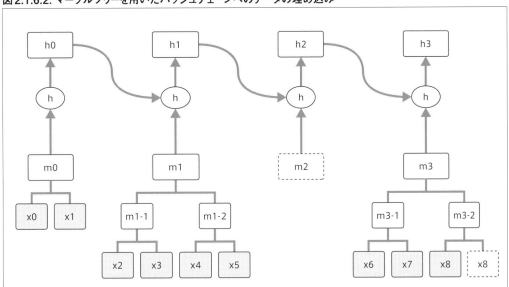

Chapter 2 | ブロックチェーン技術の理解

　ブロック単位でインクリメントされたハッシュ値のカウントを、もう一度タイムスタンプとみなして
みましょう。下記のログは、任意のデータx0〜x8と、対応するブロック番号、ブロック番号に一致す
るハッシュチェーンタイムスタンプを示したものです。

　ハッシュチェーンにそのままデータを埋め込んだときは、データごとにタイムスタンプがインクリメン
トされますが、今回は同じタイムスタンプに複数のデータが紐付いています。このタイムスタンプで
は、タイムスタンプが0となっているx0とx1のデータは「同時」に作成されたデータと解釈されます。
UNIXタイムスタンプでも、異なるデータの作成時刻が同じタイムスタンプとなり得るのと同様です。

　また、タイムスタンプが2となるデータが存在していませんが、これはデータの作成とタイムスタン
プのインクリメントがブロックを導入することで独立したためです。データが作成されなくてもタイム
スタンプが進んでいく点でも、UNIXタイムスタンプと同様、一般的な時刻表記と近い表現が可能になっ
ています。

ログ2.1.6.3: ブロックチェーンのブロック番号とハッシュチェーンタイムスタンプの表示例

```
| data | block | created_at(hash_chain_timestamp) |
+------+-------+----------------------------------+
|   x0 |     0 |                                0 |
|   x1 |     0 |                                0 |
|   x2 |     1 |                                1 |
|   x3 |     1 |                                1 |
|   x4 |     1 |                                1 |
|   x5 |     1 |                                1 |
|   x6 |     3 |                                3 |
|   x7 |     3 |                                3 |
|   x8 |     3 |                                3 |
```

　しかし、このブロックの概念を導入しただけでは、前述の課題「複数ノードが参加するP2Pネットワー
ク で、全ノードが常に最新タイムスタンプを参照できるか？」には完全には応えられません。この課題
を解決するには、最新のブロック情報がすべてのノードに行き渡るまで、次のブロックが作成されない
ようにする必要があります。この課題の現実的な解が、次節で紹介する「Proof of Work」の応用です。

2-2

Proof of Work - 暗号理論による不正の防止

　本節で解説するProof of Workは、ビットコインをはじめとするブロックチェーンアプリケーションにおけるコンセンサスアルゴリズムとして紹介されるケースが多々あります。しかし、元々は1999年にMarkus JakobssonとAri Juelsが提唱した、サービスの不正利用を抑制するプロトコルです[1]。

　まずは、Proof of Work本来の意味を解説しましょう。

2-2-1 Proof of Workにおける作業

　Proof of Workは、サービス提供者が特定の作業を利用者に要求し、その作業を完了した利用者のみがサービスを利用できるプロトコルです。

　サービス提供者が利用者から送られてきた解答を検証する必要があります。しかし、検証に時間を要してしまうのでは本末転倒であるため、検証そのものは比較的容易である必要があります。それでは、「作業」完了の「検証」が作業そのものよりも比較的容易である例を考えてみましょう。

　この特徴をイメージしやすいのは、数独[2]と呼ばれる、9×9のマスに1～9の数字を埋めていくパズルです。数独では、縦列はもちろん横列に同一の数字が重複することは許されず、また、3×3のブロック内でも同一の数字が重複することも許されません。

　このパズルを解くためには、数字を埋めていく試行錯誤が必要であり、相応の作業量を要しますが、パズルの解答が正しいかを検証することは比較的容易です。この数独を解く作業と解答の検証、こうした特徴を持つ作業をProof of Workの「作業」として利用します。

　Proof of Workのプロトコルは、善良な利用者にとってはそれほど影響がなく、不正な利用者には大きなデメリットとなるため、不正利用の抑制に貢献すると考えられました。ここでの不正利用とは、一般的な利用方法に比べて、遥かに多大なリソースをシステムに要求する利用です。

　例えば、不特定多数のアドレスに大量にスパムメールを送信する行為や、サービスに対して大量のリクエストを送りつけてサービスの提供を妨害するDoS攻撃などです。仮にProof of Workの作業に1秒を要すると仮定すると、通常の利用である1通のメール送信は1秒間待たされるだけですが、100万通のスパムメールの送信には100万秒が掛かることになり、現実的ではありません。DoS攻撃の場合も同様に、1リクエストに1秒の作業を要求するプロトコルにすれば、大量のリクエストを要求してサー

1　Jakobsson, Markus; Juels, Ari (1999). "Proofs of Work and Bread Pudding Protocols". Communications and Multimedia Security. Kluwer Academic Publishers: 258-272.
2　数独のルールと解き方（Webニコリ）：http://www.nikoli.co.jp/ja/iphone/sd_tutorial/

Chapter 2 ｜ ブロックチェーン技術の理解

図2.2.1.1: 数独の例題と答え

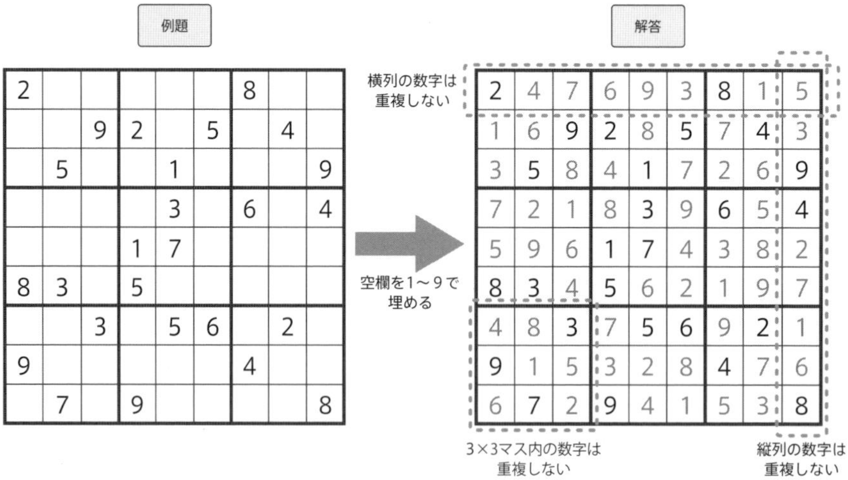

ビスをダウンさせることは難しくなるでしょう。

　ただし、Proof of Workを用いたシステムは、メールやWebサービスの分野ではあまり普及しません
でした。その理由として、Proof of Workに用いる作業が、想定ほど公平な難易度にならなかったこと
があげられます。

　例えば、数独の例では、得意な人ほど解くスピードは上がります。コンピュータ上で扱いやすい
Proof of Workの作業はいくつか提案されていますが、多くの作業はコンピュータの計算リソースを大
量に投入すれば、それだけ早く解を得ることができます。さきほどは「仮にProof of Workの作業に1
秒を要する」と仮定しましたが、個々のユーザーの持つ計算リソースがまちまちである以上、この仮定
自体が成立しないことになります。それに対して、ビットコインの仕組みとして提案されたブロック
チェーンは、Proof of Workの欠点を解消し、効果的に活用しています。

2-2-2 ビットコインにおけるProof of Work

　ビットコインで採用されているProof of Workの作業を説明しましょう。ビットコインでは、「暗号学
的ハッシュ関数の出力が、ある値以下になる入力を見付ける」作業を、Proof of Workの作業としてい
ます。

　例えば、出力が0～9,999の1万通り存在する暗号学的ハッシュ関数を考えます。ハッシュ関数の出
力が99以下となる入力「x」を見付けるとなると、出力から入力を逆算できないのが暗号学的ハッシュ

32

関数の特徴であるため、入力を適当に変化させながら総当たりで「x」を見付け出すしか方法がないことになります。xの値を見付けるには膨大な計算が必要ですが、xの値が見付かりさえすれば、その検証は1回の計算で済みます。こうした作業は、Proof of Workの作業として適した作業です。

ビットコインの実装では、Proof of Workの作業としてSHA-256と呼ばれる暗号学的ハッシュ関数を2回適用する、Double SHA-256を用いています。この関数は出力として256ビットの値を返し、出力のパターン数は10の78乗通りと膨大な数となります。

Proof of Workを導入する上でビットコインの仕組みが画期的であったのは、ビットコインの仕組みに参加するすべてのノードで同じ作業を一斉に解く仕組みとなっている点です。

具体的には、ブロックチェーンにおけるブロックのハッシュ値が、ある値以下のハッシュ値になるブロックを一斉に探します。ここで、ブロックのハッシュ値の上限となる値をtargetと呼びます。

また、前項までは、ブロックチェーンにおけるブロックのハッシュ値の入力は、直前のブロックのハッシュ値と任意のデータのマークルルートでしたが、それに加えてnonceと呼ばれるワンタイムパスワードを加えます。このワンタイムパスワードを何度も変更してブロックのハッシュ値を計算し、ハッシュ値がtarget以下になるnonceを見付けることが、ビットコインにおけるProof of Workの作業です（下図参照）。

この条件に従って新しいブロックを見付けることを、ビットコインでは「マイニング」と呼び、マイニングするノードを「マイナー」と呼びます。

図2.2.2.1: Proof of Workを導入したブロックチェーン

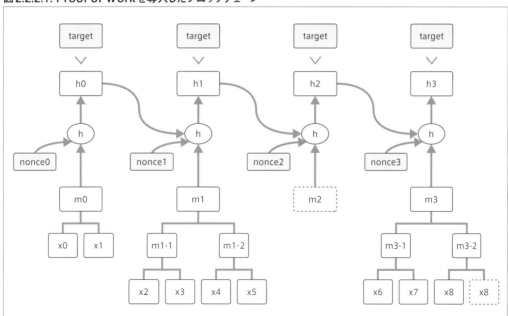

ビットコインでは、すべてのマイナーが一斉にマイニングを行い、平均して10分に1回で新しいブロックが生成されるようにtargetの値を調整しています。この間隔を「ブロック間隔」と呼びます。また、1つのブロックの上限を1MBとしています。これは、「1MBのデータがP2Pネットワークを通じて世界中のマイナーで共有されるのに、おおよそ10分あれば良いだろう」との仮定に基づいています。

　すなわち、ビットコインでは10分に1回、「ブロック」という時計の針が進み、その人工的な時計に基づいて事象の存在証明や前後関係を定義することで、中央の時計を参照することなく、非中央集権的なP2Pネットワークでお金の取引を実現しています。

　もちろん、ブロック間隔の10分やブロックサイズの1MBの制約は、ネットワークの状況やビットコインの利用頻度に応じて動的に変わっていくべきものであり、実際にブロック間隔を調整した新しい暗号通貨が登場したり、ビットコインのブロックサイズを変更する動きがあります。

ブロックタイムスタンプとネットワーク調整時刻

　ところで、物理的な時間とは異なるハッシュチェーンに基づくタイムスタンプを導入したブロックチェーンでは、「10分に1回」ブロックが生成されることと物理的な時間との同期をどのように実現しているのでしょうか。ビットコインの場合は、「ブロックタイムスタンプ」と「ネットワーク調整時刻」（Network-adjusted Time）の2つの時刻を用いて、物理的な時刻とブロックチェーンの同期を図って

図2.2.2.2: ブロックタイムスタンプを導入したブロックチェーン

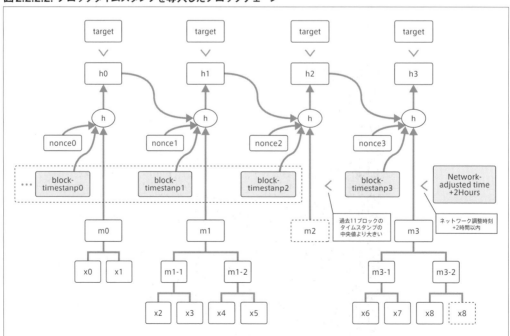

います[3]。

　ブロックタイムスタンプとは、その名の通りブロックに紐付くUNIXタイムスタンプです。ブロックタイムスタンプも、ブロックのハッシュ値を計算する際の入力となります。ブロックタイムスタンプは、ブロックを生成したマイナーが勝手に設定できてしまうため、いくつかの制約が設けられています。

　まず、「過去11ブロックのブロックタイムスタンプの中央値」より未来の値である必要があります。また、「ネットワーク調整時刻」より2時間以上未来の値ではダメです。ネットワーク調整時刻とは、P2Pネットワークで自身が接続している全ノードが返すUNIXタイムスタンプの中央値です。

　このブロックタイムスタンプの定義から、厳密にブロックタイムスタンプが現実の時刻と同期できている訳ではないことが分かります。ブロックタイムスタンプは現実の時刻と1〜2時間ずれる可能性がありますし、前後2つのブロックで、タイムスタンプの順序が逆になっている可能性すらあります。それでも、俯瞰的にみればブロックタイムスタンプと現実の時刻が緩やかに同期できており、実用上の問題はある程度クリアされています。

　ビットコインでは、上述のブロックタイムスタンプに基づき、targetの値を定期的に調整し、平均して10分に1回ブロックが生成される仕組みとなっています。具体的には2,016ブロックごとにtargetを見直し、直近の2,016ブロックの生成に要した時間が2,016×10分に満たなければ、targetをより難しく変更し、逆に2,016×10分より多く要していればtargetをより易しくします。ただし、急激なtargetの変動を防ぐため、変動幅は1/4〜4倍までの間に抑えられています。

　Proof of Workの仕組みのおかげでブロックの生成間隔は平均的に10分に保たれるため、多くの場合はネットワーク全体で最新のブロック情報が共有されます。しかし、運悪く最新のブロック情報が到達する前に、新しいブロックが生成されることもあります。つまり、同じブロック番号で内容の異なるブロックが2つ以上存在する状態です。

　直感的には、ブロックタイムスタンプを確認して先に生成されたブロックを採用すれば良さそうですが、前述の通り、ブロックタイムスタンプの値は現実の時刻と厳密には同期していないため、時系列的な前後関係を判定できません。そこで、ブロックチェーンでは、ブロックの連鎖がより長く続いた分岐を正しいものとみなします。この合意を「ナカモトコンセンサス」と呼びます。

ナカモトコンセンサス

　ナカモトコンセンサスでは、片方のブロックが破棄されてしまった場合でも、そのブロックに含まれていたデータが消失するわけではありません。もう片方のブロックでは、まだブロックに取り込まれていないデータと見なされるため、その後のブロックに取り込まれることが期待されます。ただし、分岐したブロックの中で矛盾するデータがあれば、ブロック番号が若いブロックに取り込まれたデータのみが正しいと見なされます。矛盾するデータとは、例えば、保有しているコインを同時に2名のアカウントに送金する「二重送金」などのデータです。

3　Block timestamp（Bitcoin Wiki）：https://en.bitcoin.it/wiki/Block_timestamp

図2.2.2.3: ブロックの分岐

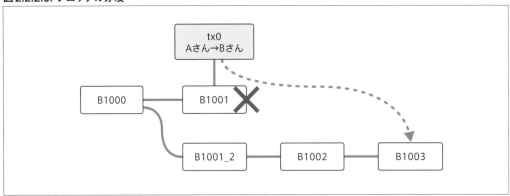

　具体的な例で挙動を説明しましょう。上図に示す通り、あるブロック[B1000]が最新のブロックであったときに、AさんからBさんにコインを送金するトランザクションtx0が発生したとします。
　このトランザクションが、[B1001]に取り込まれたとしても、同じブロック番号を持つ新たなブロック[B1001_2]が生成され、そのブロックにはトランザクションtx0が取り込まれていないことが起こりえます。その後、[B1001_2]の後続にブロック[B1002]が生成された場合、[B1001_2]の分岐が優先され、[B1001]のブロックは無視されます。
　しかし、[B1001]が無視されたとしても、[B1000]→[B1001_2]→[B1002]の歴史とトランザクションtx0に矛盾がなければ、tx0のデータはいずれ後続のブロックに取り込まれることになります。

　Proof of Workを用いたコンセンサスアルゴリズムは、P2Pネットワーク上で非中央集権的なシステムを実現するための現実的な解を与えてくれます。実際、2009年に登場したビットコインは、ブロックチェーンを用いた世界初の非中央集権的システムとして、2018年現在に至るまで止まることなく稼働しています。ただし、「現実的」と断りを入れている通り、完全な解を与えてくれるものではなく、さまざまな状況やニーズに応えるためには、解決すべき課題がいくつか残されています。技術的課題に関する考察は、後述の「Chapter 10 技術的課題と解決策」を参照してください。

2-3
UTXO - 口座を持たないお金の表現

　前節では、ブロックチェーンを用いて任意のデータの前後関係や存在証明を非中央集権的に実現する方法を紹介しました。本節では、具体的なアプリケーションとして、ビットコインに代表される送金システムをブロックチェーンで実現するためのデータ構造を紹介します。

2-3-1 アカウントベースの残高記録方式

　コンピュータ上で送金システムを実現する場合、多くの場合は利用者それぞれのアカウントを作成し、アカウントに紐付く残高を表現するのではないでしょうか。例えば、銀行の預金口座の表現がこのアカウントベースのデータ構造になっています。

　アカウントベースの残高記録方式は、データ構造としてはシンプルですが、送金機能を実現するためには、複数のアカウントの残高を同時に更新するトランザクションを実装する必要があります。

　例えば、下図に示す通り、アリスの残高が100コイン、ボブの残高が200コインのとき、アリスからボブに50コイン送金することを考えてみましょう。

図 2.3.1.1: アカウントベースの残高記録方式における送金機能

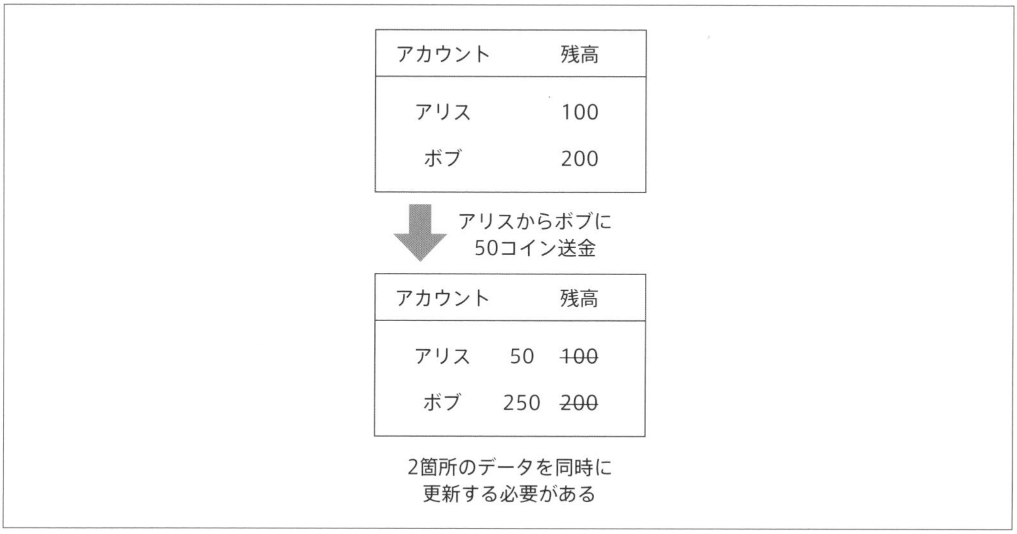

送金機能を実現するために必要な処理として、まずはアリスの残高が50コイン以上であることを確認する必要があります。アリスの残高が50コイン以上であれば、アリスの残高から50を引いて、ボブの残高に50を足せば、送金の処理は完了します。

ただし、何らかの障害によって残高が正しく更新できないケースも起こり得ます。そのとき、残高の更新は必ず両者が実行されるか、どちらも実行されないかの二択である必要があります。仮にアリスの残高のみ50コインを引かれて、ボブの残高が更新されなければ、50コインは行方不明のまま消えてしまうことになります。

2-3-2 コイン識別方式

現実世界でのお金の取引は抽象的な数字の操作ではなく、物理的な紙幣や硬貨の移動で実現されます。ある財布の中に入っているお金の総額は、財布に入っている千円札や100円玉硬貨をすべて数え上げて足し合わせた額です。

お金を支払う場合は、紙幣や硬貨の組み合わせで必要な額を寄せ集めて、相手に渡すことで支払が可能です。もし、手持ちの紙幣や硬貨の組み合わせでちょうど必要な額が表現できない場合は、相手からお釣りをもらいます。現金の側から支払行為を見ると、ある紙幣や硬貨はそれぞれの持ち主が決まっており、取引に応じてその所有者が移り変わっていく形です。

前項と同様に、アリスの残高が100コイン、ボブの残高が200コインのとき、アリスからボブに50コインを送金することを、上記の現金による支払に近いモデルを用いて、コンピュータ上で実現することを考えてみましょう。

まず、1つあたり50コインの価値を持つ「硬貨」を6個発行し、それらを識別するIDを1〜6と設定します。アリスの残高が100コイン、ボブの残高が200コインの状況を表現するために、ID1と2のコインの所有者をアリスに、ID3〜6のコインの所有者をボブとして設定します（図2.3.2.1参照）。

アリスからボブに50コインを送金するには、アリスが所有しているコインのどちらかを、ボブに譲渡すればよいことになります。図ではID2のコインの所有者をアリスからボブに変更します。もし、この処理が何らかの障害で失敗しても、ID2のコインがアリスのもののままになるだけで、どこかにコインが消えてしまうことは起こり得ません。コイン識別方式は、残高を確認するために所有しているコインの総額を数え上げる手間はありますが、送金機能は非常にシンプルに表現できます。

しかし、図2.3.2.1の状況では、50コイン単位以外での送金ができなかったり、大量のコインを送金するために、大量のデータを更新する必要があるなどの問題があります。現実世界で、さまざまな額面の紙幣や硬貨を両替できるのと同様に、上図の仮想コインも両替可能なモデルにしてみましょう。

初期状態として、100コイン札が3枚発行され、アリスが1枚、ボブが2枚所有している状態を仮定します（図2.3.2.2参照）。ここで、アリスからボブに50コインを送金しますが、アリスは100コイン

図2.3.2.1: コイン識別方式における送金機能の実現

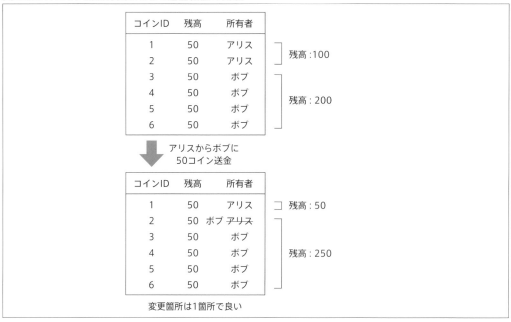

札しか持っていないため、そのままでは送金できません。そこで、100コイン札1枚を50コイン硬貨2枚に「両替」して、1枚をボブに送り、もう1枚をお釣りとして自分に送ります。物理的な紙幣や硬貨とは異なり、両替後の額は切りが良い数字でなくとも構わず、利用者が自由に設定できます。

図2.3.2.2: コインを「両替」してお釣りをもらう送金方法

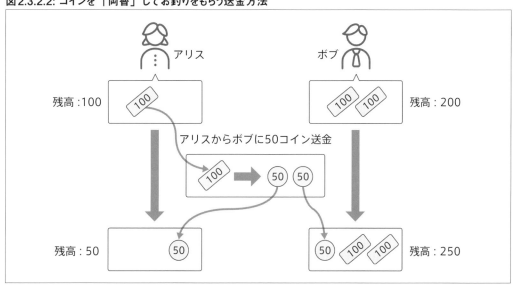

さらに、この状態からボブがアリスに180コインを送金することを考えてみましょう。ボブが所有しているのは100コイン札2枚と50コイン硬貨1枚なので、100コイン札2枚を使って、180コイン札と20コイン硬貨に「両替」し、180コイン札をアリスに渡し、20コイン硬貨をお釣りとして受け取ります（図2.3.2.3参照）。

図2.3.2.3: 複数のコインを両替してお釣りをもらう送金方法

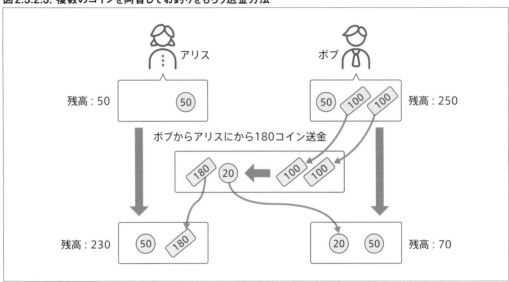

この通り、複数の仮想コインを入力として、任意の額の仮想コインを発行し、お釣りとして受け取るデータ構造とすることで、任意の額の送金を効率的に実現できます。

コイン識別方式の利点を、アカウント残高方式の場合と比較してみましょう。「2-3-1 アカウントベースの残高記録方式」で説明した通り、アカウント残高方式では、取引を行う二者の残高更新を同時に行う必要があります。さらに、この更新処理は、複数の取引が同時に発生した場合でも、1つずつ順番に処理する必要があります。

仮に、残高100のアカウントに対して、別の2人が同時に50コインずつ送金を試みたとします。このとき、受け取り側の残高を150に更新する処理が同時に実行されてしまうと、最終的なアカウントの残高が150となり、片方の50コインが消失してしまいます。このような問題を回避するため、アカウント残高方式では、送金取引を1つずつ処理して、残高を100→150→200と逐次的に更新する必要があります。これは分散システムで並列で取引を処理するには適していません。

一方、コイン識別方式では、50コインを送金する2つの取引は、どちらが先に実行されても結果に影響はなく、個別に並列処理することも可能です。分散システムで送金機能を実現する上で効率的なデー

タ構造だといえます。コイン識別方式の考え方をベースにして実装したコインの表現方法が、ビットコインなどの暗号通貨で用いられる「UTXO」(Unspent Transaction Output) です。

図2.3.2.4: アカウント残高方式とコイン識別方式の比較

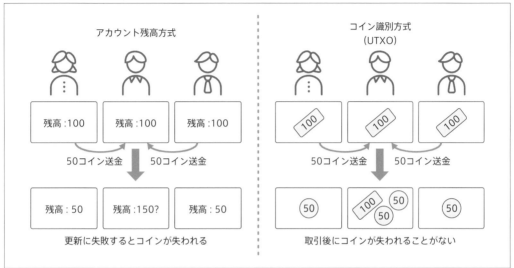

2-3-3 UTXO

本項では、ビットコインの送金機能に用いられているUTXO (Unspent Transaction Output) のデータ構造を詳しく解説します。UTXOとは、自分宛てに送られたコイン (取引の出力：Transaction Output) のうち、まだ誰にも送金していない (未使用な：Unspent) コインの合計が、自分のコイン残高となるデータ構造を意味します。

まず、「自分宛てにコインが送られる」ことの意味を説明しましょう。ビットコインの送金取引は、取引が行われた事実を保証するために、ブロックチェーン上に記録されます。厳密には複数の取引のハッシュ値を元にマークルツリーを構成し、そのマークルルートをブロックのハッシュ計算に用います。そのおかげで、ブロックが生成された時点より前に、その取引データが存在していたことが保証されます。

ブロックチェーン上に記録される取引データは誰でも自由に閲覧可能であるため、送金されたコインが自分以外は利用できなくする仕組みが必要です。ビットコインでは、公開鍵暗号の技術を応用して実現しています。

公開鍵暗号の応用

公開鍵暗号とは、暗号化に用いる鍵と復号化に用いる鍵が異なる暗号化方式です。暗号化と復号化の2つの鍵ペアの一方を公開鍵として広く公開し、もう一方を秘密鍵として自分だけが保持することで、通信をセキュアに暗号化したり、あるデータの作成者が自分であることを証明する電子署名が可能です。

この公開鍵暗号を用いることで、あるコインの利用権利を自分の公開鍵を用いて「ロック」してもらい、自分の秘密鍵でのみそのコインのアンロックが可能とすることができます。ビットコインでは、ビットコインスクリプトと呼ばれる簡易なプログラミング言語を用いて、このロックやアンロックなどの機能を実現しています。

図2.3.3.1: 公開鍵によるコインのロックと秘密鍵によるアンロック

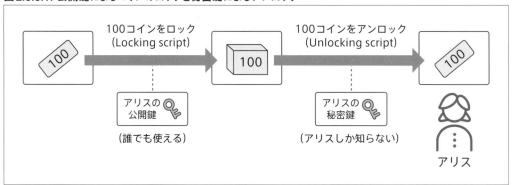

前項で説明した、アリスからボブへ50コインを送金する取引を、UTXOのデータ構造に合わせて解説します（図2.3.3.2参照）。

まず、アリスに誰かから事前に100コインが送金されている状態を仮定します。アリス宛に100コインが送金されたトランザクションが「トランザクション10」です。このとき、アリスは自分の公開鍵と一対一で対応するアドレスに対して100コインを送金してもらいます。アリスのアドレス宛に100コインを送金すると、その100コインはロック状態になり、アリスの秘密鍵でしかアンロックできなくなります。

続いて、トランザクション11で、アリスが自分宛に送られたトランザクション10の100コインをアンロックし、ボブに50コインを送金し、残りの50コインを再び自分のアドレスにお釣りとして送金します。送金とはつまり、ボブのアドレスを用いて50コインをロックし、残りの50コインを自分のアドレスでロックすることです。

上記の手順でロックされたコインで、まだ一度もアンロックされずに未使用のまま残っているコインがUTXOと呼ばれます。トランザクション10のアリス宛の100コインは、既にトランザクション11でアンロックされて使用されているため、UTXOではなく再び使用することはできません。

図2.3.3.2: UTXOのトランザクションを用いた送金機能

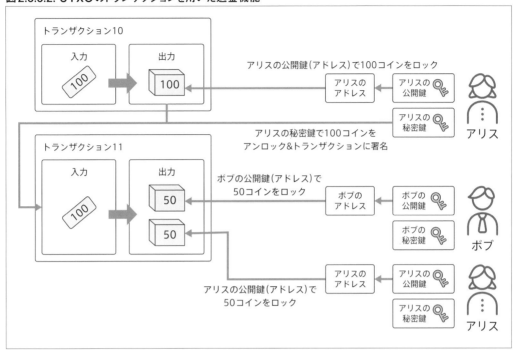

　また、トランザクション11の取引内容に対して、アリスの秘密鍵を用いて電子署名を行います。これにより、トランザクション11が確かにアリスによって作成された取引であることが保証されます。

コインベースとマイニング

　UTXO型のデータ構造が、過去の送金トランザクションの出力を次のトランザクションの入力に利用するものと分かれば、その履歴を過去に辿った大本の出力はどこから来たのか疑問に思うはずです。
　ビットコインの場合、最初のコインが発行されるトランザクションは、入力部分が空であり、出力だけがある特別なトランザクションとなります。このトランザクションは「コインベース」と呼ばれ、マイニングによって新しいブロックを生成した人への報酬として、コインベースを自分宛に発行する権利が与えられます。

　また、マイニングで新しいブロックを生成した人は、各トランザクションの出力でロックされているコインと、入力でアンロックされているコインの差額を「手数料」として徴収する権利も得られます。
　例えば、前述のアリスが100コインをアンロックしたときの例では、ボブに50コインを送金し、自分宛に40コインしか送金しなかった場合、残りの10コインを手数料としてマイナーが徴収できます。

この手数料が高く設定されたトランザクションは、マイナーが積極的にブロックに取り込もうとするため、トランザクションが成立するまでの時間が短くなります。手数料をまったく指定しなくても、いずれブロックに取り込まれることが期待されますが、ブロックの生成スピードに対して大量のトランザクションが発行された場合は、ブロックに取り込まれる時間が極端に遅くなる懸念があります。

この通り、UTXO型のトランザクション履歴をブロックチェーン上に記録することで、特定の管理者が存在せずとも、ビットコインなどの暗号通貨の発行や送金が実現できます。ただし、UTXOが暗号通貨の唯一のデータ構造であることを意味するわけではなく、本節で紹介したアカウントベースの口座管理をブロックチェーンで行うことも可能です。ビットコインなど多くの暗号通貨はUTXOベースのデータ構造ですが、「Chapter 3 ブロックチェーンアプリケーションの理解」で紹介するイーサリアムは、送金以外の機能を実現するためアカウントベースのデータ構造を持っています。

2-4
暗号通貨の価値

　暗号通貨の概念にはじめて触れると、実際に暗号通貨が本当に通貨として流通するのか不安に感じるかもしれません。しかし、私たち現代人にとって、お金は当たり前の存在となっており、そもそも「お金とは何か」と問われて即答できる人も少ないのではないでしょうか。本節では、暗号通貨技術を用いて新しいコインやトークンを作る前提知識として、お金が価値を持つ意味を考えてみましょう。

2-4-1 お金の分類

　私たちの身の回りにはさまざまな種類のお金が溢れています。お金と聞いて思い浮かべるのは、日本円をあらわす紙幣や硬貨、ドルやユーロなどの外貨などでしょう。銀行の口座に預金されている日本円や外貨預金などもお金と呼ぶことに違和感はないでしょう。それでは、図書カードや商品券、プリペイドカードなどもお金と呼べるのでしょうか。これらは支払手段として利用できますが、お金と呼ぶには違和感があるかもしれません。本項では、お金に関わる用語と分類を解説します。

図2.4.1.1: 貨幣や通貨の分類と具体例

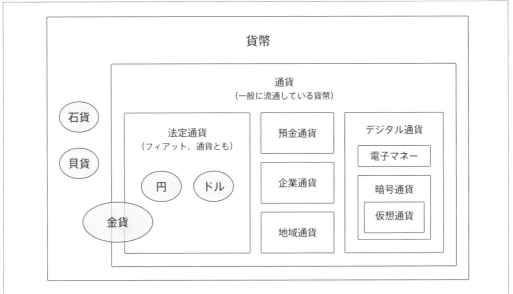

通貨と貨幣

　一般的にお金を正式に表現すれば、「通貨」または「貨幣」を指します。現在の経済学では、価値尺度と流通手段、そして価値貯蔵の機能を持つものを「通貨」や「貨幣」と定義しています。特に、「通貨」は流通している貨幣の意味を持ちます。例えば、江戸時代の小判は「貨幣」としての機能を有していますが、現代の日本では一般的に流通していないので、「通貨」とは呼ばれません。

通貨と法定通貨

　「通貨」は「法定通貨」の略語として用いられることもあります。法定通貨とは、国家が法律で決済手段として保証している貨幣のことです。日本の法定通貨は、日本銀行券（紙幣）と硬貨です。法定通貨として保証されている通貨は、その国の法律の下で支払手段として利用する権利があります。

　例えば、日本国内の商店で何か商品を購入するときに、店舗側が「うちの店舗では日本円は使えない」といっても、強制的に日本円で支払えることが保証されています。

　反対に、法定通貨ではない貨幣として、金や銀などでの支払を求めても、お店はその支払を拒否できます。銀行口座の預金は「預金通貨」、企業の発行するポイントカードは「企業通貨」として、通貨の一部と扱われます。クレジットカードによる決済は、この預金通貨を担保として支払うものです。

　預金通貨や企業通貨は法定通貨ではないので、店舗ではクレジットカードやポイントカードによる支払を拒否できます。その他、法定通貨ではない通貨として、特定の地域やコミュニティ内で流通する「地域通貨」もあります。

　私たちが日常生活で「お金」と表現する実態に最も近いのは法定通貨でしょう。なお、暗号通貨の登場により、日常的なお金の概念に暗号通貨が含まれるようになってからは、暗号通貨と区別するために、法定通貨を「フィアット通貨」（fiat money）と表現することも増えてきました。

デジタル通貨

　「デジタル通貨」の用語定義は諸説ありますが、本書では物理的な実態を持たない電子データとして表現される通貨として考えます。「電子マネー」と「暗号通貨」＝「仮想通貨」は、このデジタル通貨に含まれるものとして定義します。

　「電子マネー」は法定通貨による決済を電子的に代替する手段として発達した通貨です。代表的な例として、Suicaや楽天EdyなどのICカードに紐付く電子マネー、WebMoneyやiTunes Cardなどのオンラインサービスでの決済に特化した電子マネーなどあります。

　「暗号通貨」は暗号学の技術を応用して、特定の管理主体を持たない通貨の実現を目指して開発された通貨です。「実現を目指して」と表現されている通り、現在はまだ研究段階の技術であり、通貨としての安定性が確立されているわけではありません。

「仮想通貨」は日本の資金決済法にて定義された表現で、「電子的な方法で記録・移転できるもので、不特定多数の相手に対して購入や売却が可能な財産」を意味し、ほぼ暗号通貨と同じ対象を指します。

ただし、法定通貨を電子化して送金可能にしたものは「仮想通貨」には含まれません。したがって、前述の電子マネーは仮想通貨には含まれず、三菱UFJフィナンシャル・グループが検討している「MUFGコイン」などは、日本円と等価な価値を持つとされるため、ブロックチェーン等の暗号技術を用いている点では暗号通貨と呼べますが、法律上は仮想通貨には含まれないと考えられます。

2-4-2 貨幣の価値

暗号通貨は新しい通貨の概念であるため、どのように価値が保証されるのか不思議かもしれません。本項では、暗号通貨の価値の根拠を知るために、まずは暗号通貨以外の通貨がどのような形で価値を生み出しているか考えてみましょう。

塩、米などの必需品

通貨の価値を最も想像しやすいのは、塩や米などの生活必需品が貨幣として流通している場合です。塩や米は多くの人にとって生活に必要不可欠なものであり、貨幣そのものに利用価値があります。したがって、塩や米を支払手段として肉や野菜を購入したり、労働力として人を雇ったりできます。

また、塩や米は細かい粒度で分割して計量できるので、価値の尺度としても活用できます。例えば、りんご1つが塩100g、みかん1つが塩50gで交換できるとすれば、りんご1つはみかん2つ分の価値を持つと解釈できます。

ただし、塩や米などの必需品は生活のために消費してしまうので、価値の貯蔵機能は弱くなります。また、技術の発達で塩や米の生産力が向上すれば、塩や米の流通量が増え、相対的に価値が下がってしまう点でも、価値の貯蔵手段としては不向きです。

金、銀などの貴金属

価値の貯蔵手段として優れている貨幣は、金や銀などの貴金属です。貴金属は前述の塩や米とは違い消費するものではないため、貯蔵目的には適した貨幣です。価値の尺度としても利用でき、金や銀の重さに換算して価値を測ることが可能です。

もちろん、生活必需品ではない金や銀などの貴金属を、すべての人が欲しがるのかという疑問があります。しかし、金や銀を通貨として流通させるために、すべての人が金や銀そのものを欲しがる必要はありません。自分が仮に金を必要としなくても、世界に金を欲しがる人が一定数存在し、その人に金を

支払うことで、自分が欲しいと思うものと交換できると信じることができれば、自分が金を受け取ることに価値があると考えれらます。

金や銀などの貴金属を所有したいと考える人が一定数存在すると考える根拠は、貴金属の希少性にあります。貴金属は埋蔵量が限られており、貴金属の所有は一種のステータスとなるからです。

一方、金や銀などの貴金属が価値の貯蔵や尺度として有用であっても、交換の手段としてはいくつか課題があります。まず、金や銀に他の金属を混ぜて不正を行われる危険があります。また、多額の決済には金や銀を物理的に移動するコストも嵩みます。

貴金属の交換手段としての課題を克服するために、金や銀と交換できることを保証した「兌換紙幣」が発明されました。兌換紙幣を用いれば、決済に重たい貴金属を持ち運ぶ必要もなく、貴金属に混ぜものをされる危険もありません。ただし、兌換紙幣と貴金属を交換する機関の信頼性が重要です。多くの場合は、兌換紙幣と貴金属との交換は国家が保証していたので、兌換紙幣の利用者は、国家への信頼を価値の根拠としていたといえます。

不換紙幣

前述の兌換紙幣は、貴金属との交換を保証することで価値を保っていましたが、現在私たちが使用している紙幣は、貴金属との交換ができない不換紙幣です。なぜ兌換紙幣が廃れ、不換紙幣が主流となっているのでしょうか。

一言で表現すれば、兌換紙幣を含め貴金属を用いた通貨は、価値の貯蔵には適しているが、価値を生み出すことには不向きだからです。人間は、私たちの社会を維持するためにさまざまな財やサービスを生み出しています。例えば、人が生きていくために必要な農作物や工業製品、娯楽サービスなどです。

それらの財やサービスを社会で取引するために、金を通貨として利用したとします。金の埋蔵量は地球上で固定であるため、その量を100とします。つまり、人々が生み出す価値が金換算で100であることを意味します。その後、人々は新技術の発明や改良を重ね、財やサービスをそれまでの2倍生産することに成功したとします。このとき、人々が生み出す価値はいくつになるでしょうか。

直感的に考えれば、生産力が2倍になれば価値も2倍になって欲しいものです。しかし、地球上に存在する金の総量が固定であり、金で価値を換算している限り、その総額は100のままです。具体的に表現すれば、自動車の生産量を2倍にした結果、自動車1台あたりの価値が半額になってしまうことを意味します。これは市場に流通する通貨の量が一定であるために起こる問題です。

実際には、兌換紙幣は基本的に国家単位で発行されるので、国の経済発展に見合うだけの金を、他国から購入することで対処は可能です。しかし、地球上の金の総量が決まっている以上、多くの国が互いに経済発展を進めれば、金の奪い合いに繋がる結果となります。このような問題に対処するため、国の経済規模に見合っただけの通貨が市場に流通できるように、兌換紙幣から不換紙幣へと移行しました。不換紙幣を通貨として流通させるためには、前述の法定通貨として国家が通貨としての強制力を保証する必要があります。

過去に流通していたり、現在でも流通している貨幣の価値に関する根拠について、本項で述べた内容を次表にまとめます（表2.4.2.1）。塩や米などの必需品は、多くの人にとって生きていくために不可欠である「有用性」が価値の根拠です。金や銀などの貴金属は、地球上の埋蔵量が限られていることの「希少性」が価値の根拠となっており、貴金属を欲しがる人が存在していることを信用している限り、通貨としての価値を持ちます。国家が発行する不換紙幣に関しては、その国が通貨としての価値を保証し、将来に渡って安定して存在している、国家への「信用」が価値の根拠となっています。

表2.4.2.1: 貨幣の種類と価値の根拠

貨幣の種類	具体例	価値の根拠
必需品	塩、米など	多くの人にとって不可欠であることの有用性
貴金属	金、銀など	地球上の埋蔵量が限られていることの希少性
不換紙幣	円、ドルなど	通貨を保証している国家への信用

2-4-3 暗号通貨の価値の根拠

新たに登場した暗号通貨はどのような価値の根拠があるのでしょうか。実は暗号通貨といってもその種類は多様で、それぞれ価値の根拠は異なります。下図に暗号通貨の市場規模ランキング[1]を示すほか、代表的な暗号通貨であるビットコイン（BTC）、リップル（XRP）、イーサリアム（ETH）を解説します。

図2.4.3.1: 暗号通貨市場規模ランキング（2018年2月執筆時）

Market Cap ▾ Trade Volume ▾ Trending ▾ Tools ▾ Search Currencies

All ▾ Coins ▾ Tokens ▾ USD ▾ Next 100 → View All

#	Name	Market Cap	Price	Volume (24h)	Circulating Supply	Change (24h)	Price Graph (7d)
1	Bitcoin	$148,170,104,628	$8,788.08	$6,018,190,000	16,860,350 BTC	5.36%	
2	Ethereum	$84,732,305,132	$868.43	$2,225,900,000	97,569,303 ETH	3.61%	
3	Ripple	$42,352,695,728	$1.09	$2,141,250,000	39,009,215,838 XRP *	3.72%	
4	Bitcoin Cash	$21,786,642,590	$1,284.32	$439,292,000	16,963,563 BCH	2.19%	
5	Cardano	$10,008,393,696	$0.386021	$244,292,000	25,927,070,538 ADA *	1.41%	
6	Litecoin	$8,864,159,041	$160.63	$489,180,000	55,183,708 LTC	6.19%	
7	NEO	$7,393,620,000	$113.75	$314,793,000	65,000,000 NEO *	6.65%	

1 Cryptocurrency Market Capitalizations（CoinMarketCap）：https://coinmarketcap.com/

ビットコイン（BTC）の価値

　ビットコインは、2009年に登場した最初の暗号通貨で、2017年11月現在の市場規模（時価総額）は11兆円を越えています。ビットコインの単位はbitcoin（BTC）で、デジタルな量ですが最小単位が決まっています。ビットコインの最小単位は0.00000001 BTCで、それ以下への分割はできません。この最小単位は、ビットコインの提唱者であるサトシ・ナカモトの名前から「1 satoshi」とも呼ばれます。

　通貨としてのビットコインの特徴は、金と類似しています。ビットコインにも金と同様に総量が決まっており、約2100万BTCが発行の上限になります。この2100万BTCは、マイニング（採掘）と呼ばれる特殊な作業によって少しずつ手に入れることが可能です。ビットコインがリリースされた当初は、マイニングに成功したマイナー（採掘者）は、一度に50 BTCを入手できました。このマイニング報酬は約4年に1度半減し、50 BTC→25 BTC→12.5 BTCと減っていきます。なお、マイニングの作業にはコンピュータの多大な計算リソースを投入する必要があり、多くの電力を消費します。

　ビットコインの価値を保証している根拠も、本質的には金と同様に「希少性」です。もちろん、単なる希少性だけでは価値を持ちませんが、BTCが法定通貨と交換可能になったり、実店舗で支払可能になるなどの実例が出現し始めると、少しずつ通貨として価値を見出す人が出てきました。

　また、キプロスショック[2]によって法定通貨に危機感を持った人々が、資産の退避先としてビットコ

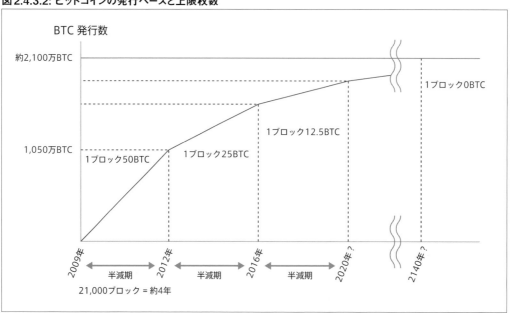

図2.4.3.2: ビットコインの発行ペースと上限枚数

---

[2] 2013年にキプロス共和国で発生した金融危機。ギリシャ危機でキプロスの金融機関に多大な不良債権が発生し、欧州連合や国際通期基金に救済を求めた一連の危機。

インを利用したことや、外貨の持ち出しを禁止されていた中国で、規制の抜け道としてビットコインに資産を移動させるなど、さまざまな社会的背景によりビットコインの価格が上昇することで、さらにビットコインを通貨と認める人々が増えていきました。通貨危機に対する退避先として選択されたり、国際的な換金の手段として利用されることも、金とよく似た特徴です。

リップル（XRP）の価値

　リップルは、暗号通貨の登場以前から構想されていたRipple Networkと呼ばれる国際送金のアイデアを、暗号通貨の技術を用いて実現したシステムです。リップルで用いられる通貨はXRPと呼ばれ、さまざまな通貨の間で送金する際のブリッジ通貨として用いられます[3]。例えば、日本円から米ドルに送金する場合は、日本円→XRP→米ドルの流れで両替されて送金されます。

　XRPの発行はBTCと同様に上限が設けられていますが、BTCとは異なりマイニングは行わず、リリースと同時にすべての通貨が発行されます。XRPの発行量は1000億XRPで、最小単位は0.000001（百万分の1）XRPです。この最小単位を「drop」と呼びます。

　全発行量の1000億XRPの中で、市場に流通しているのは約390億XRPで、残りはリップル社とその子会社が管理しています（2018年2月執筆時）。これはXRPの価格が変動しすぎて、提供するサービスの価値と乖離しないように、市場に流通する通貨量をコントロールするためです。

図2.4.3.3: リップル社によるXPRの供給量（公式サイトから引用）

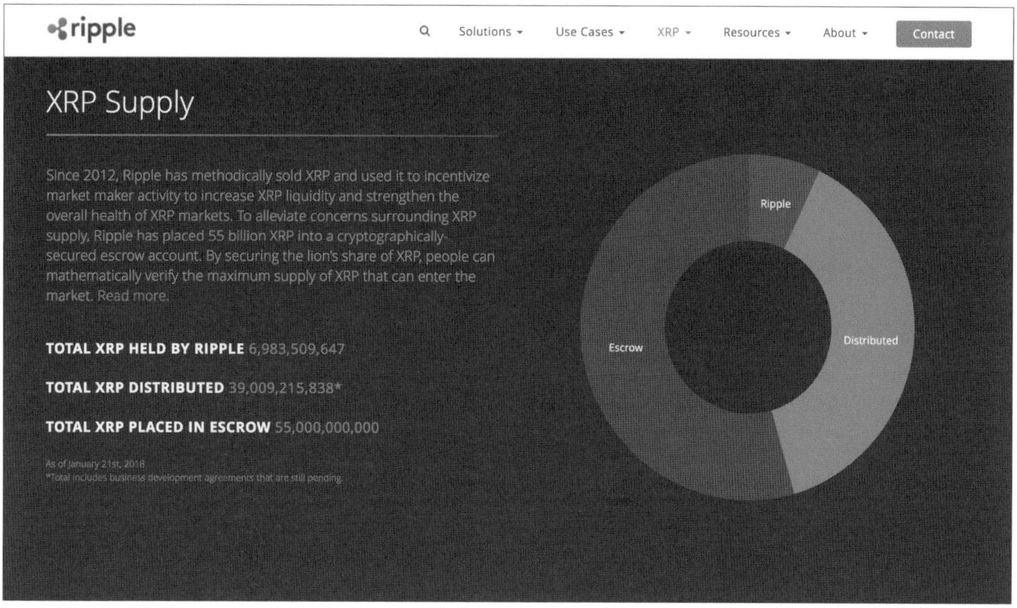

3　XRP（Ripple）: https://ripple.com/xrp/

XRPはシステムの仕組みとして発行上限は設けられているものの、市場の流通量を経済の実態に合わせてコントロールしている点で、国家が発行する不換紙幣に近い通貨です。

もっとも、特定の組織が通貨の流通量をコントロールすることに対して、暗号通貨が登場した理念である「中央集権的なコントロールを排除する」観点から否定的な意見も存在します。これに対して、リップル社はエスクローと呼ばれる通貨の預託機能を用いて、リップル社が自由にXPRを市場へ放出できないように制限して、プラットフォームとしての信頼性をアピールしています[4]。

イーサリアム(ETH)の価値

イーサリアムは、ブロックチェーン技術を用いて、世界中のコンピュータをP2Pネットワークで接続し、1つの巨大なコンピューティング基盤を構築するためのプロジェクトです。よく勘違いされますが、複数のコンピュータの計算リソースを集約して、膨大な計算を行う分散コンピューティングとは目的が異なり、デジタルで表現された資産の状態を世界規模で共有し、プログラムでの処理を可能にするための基盤です。イーサリアムの詳細は「Chapter 3 ブロックチェーンアプリケーションの理解」で後述します。

イーサリアムのプラットフォームでは、ETHと呼ばれる暗号通貨が存在しますが、ETHは送金や決済を目的としたものではなく、イーサリアムのプラットフォーム上でプログラムを実行するために用いられます。ETHは発行量に上限を持たず無限に増え続けます。通貨が無限に発行されれば、その通貨の価値は発行量に従い下がってしまいそうですが、それでもETHが価値を維持できるのは、ETHの発行スピードがプロトコル(約束)としてコントロールされていることに加え、ETH自体に「プログラムを実行するための燃料になる」利用価値があるからです。総量に上限がなく、ETHそのものに利用価値がある点では、塩や米などに近い特徴を持つ通貨です。

表2.4.3.1: 代表的な暗号通貨と既存貨幣との対比

暗号通貨の名称	価値の保証	発行上限	中央によるコントロール	実世界の貨幣との対比
BTC	暗号学的に保証された希少性	あり	なし	金、銀
XRP	流通量を保証する企業への信用	あり	あり	米ドル、日本円
ETH	プログラムを実行する燃料としての有用性	なし	なし	塩、米

---

4 https://ripple.com/insights/ripple-to-place-55-billion-xrp-in-escrow-to-ensure-certainty-into-total-xrp-supply/

2-4-4 暗号通貨の意義

　暗号通貨の意義は、これまで人類が利用してきた貨幣をデジタルなものとして誰でも自由に設計・発行可能にすることで、将来的にさまざまな貨幣の形態が登場する可能性を生み出したことです。

　これまで人類が利用してきた貨幣の多くは、自然界にたまたま存在していたものを貨幣として見なしてきたものです。例えば、金や銀などの貴金属は希少価値があり、物質としても安定していて加工しやすいなどの理由から、貨幣として加工され流通していました。これまで人類が採掘した金の量は15万トンであり、残る埋蔵量は6万トン程度と考えられていますが、この埋蔵量はたまたまそうなっていたものであり、人間がコントロールすることはできません。また、金や銀が採掘できる地域には偏りがあり、これも偶然の要素が強いものです。

　暗号通貨では、人間が自由に埋蔵量を設定し、その採掘の難易度や分配法則もプロトコル（約束）として自由に設計できます。これは、自然界に存在していた物質を「発見」して通貨として活用するのではなく、新しい通貨を「発明」できることを意味します。これにより、今後さまざまな特徴を持つ通貨が数多く発明されることが期待されます。

　新しい通貨を作りやすくする意義は、その通貨を利用する地域や用途などによって、最適な通貨を選択しやすくなることです。逆に世界中の通貨がただ1つに統一されてしまうと、一見すると取引が便利になりそうにも感じられますが、実際にはさまざまな問題が発生します。

　現に、1つの国の中でも、共通の通貨がただ1つだけある場合の弊害が発生します。例えば、日本では居住地域で土地の価格や、1時間あたりの平均労働単価などが異なる一方、全国的に同一値段で売られている商品（例えば書籍など）もあります。同じ日本に住んでいて、同じ時間だけ働いても、得られる所得に差がある場合に、商品の価格が同じであれば、平均所得が低い地域の住民にとっては実質的には割高となります。

　これが異なる国の間であれば、物価や労働単価が異なっていても、二国間の通貨の交換レートを調整したり、物価や労働単価をコントロールする金融政策を実施することで、その差を吸収可能です。しかし、1つの国で物価や労働単価が異なる場合、通貨がただ1つしかなければ、為替や金融政策による格差の吸収ができません。

　将来的に、暗号通貨の登場で1国家内でも複数通貨の流通が当たり前となれば、地域ごとの通貨や特定サービスのための通貨などが発行されることで、実質的な格差を是正できる可能性があります。

Chapter 2 | ブロックチェーン技術の理解

2-4-5 新しい経済システム

　暗号通貨は従来の通貨の延長線上にあるだけでなく、新しいプロトコルを導入した経済圏を作ることにも応用できると考えられます。現代の経済システムは資本主義が支配的ですが、資本主義にも、貧富の格差や環境破壊など、解決できていない重要な課題がいくつか残されています。

　現代の資本主義では、基本的には個人や企業が各々の利益を最大化するように行動し、全体の利益を損なう行為や利潤の追求では実現できない事業は、公権力によってコントロールされるのが一般的です。例えば、犯罪の取締や公共事業などは、それそのもので利益を生み出すことは難しいものの、社会全体として必要な活動であるため、税金という形で資本を集め、国家がそれらを運営しています。

　暗号通貨の登場により、これまでは国家が担っていた通貨の発行だけでなく、資本主義における自由経済だけでは解決できなかった課題を、非中央集権的な仕組みで解決できるのではないかとも考えられており、既にさまざまな取り組みが検討されています。

NEM

　NEM[5]は「New Economic Movement」を由来とする、新しい経済活動の構築を目的とする暗号通貨です。NEMではProof of Importanceと呼ばれる仕組みを用いて、従来の富の偏りを是正したり、不正行為が自動的に経済的に不利に働くプロトコルを導入することで不正を防止するなど、プログラム可能な通貨の特性を活かしたアイデアが盛り込まれています。

　NEMの基軸通貨はXEMと呼ばれ、登場時に約9億XEMが発行・分配されました。これ以上のXEMが発行されることはなく、希少性により価値を担保しています。同じく通貨上限が設けられているビットコインとは異なり、マイニングで報酬を得るのではなく、NEMの経済圏への重要度（貢献度）に応じて報酬が得られる仕組みとなっています。この仕組みをProof of Importanceと呼び、報酬を得る行為をハーベスティングと呼びます。

　NEMの重要度の計算は複雑ですが、直感的には、より多くの相手とたくさんの取引を行うほど、重要度が上がる計算方式となっています。資本主義では、多くの資本を持っている人ほど大規模な投資を容易で、お金持ちがよりお金持ちになりやすい仕組みといえます。逆に、NEMでは通貨を溜め込むだけではどんどん重要度が下がり、新たな通貨の入手が困難になります。この仕組みで貧富の格差が広がることを防ごうとしています。

　さらに、この重要度を不正に釣り上げることを困難にするため、さまざまな工夫が凝らされています。例えば、残高の純粋な減少量をスコアリングに考慮するため、複数のアカウントを用いて交互に送金し合うだけでは重要度は高くなりません。

5　NEM（NEM.io Foundation Ltd.）: https://nem.io/

現在の資本主義経済では、不正行為を法律による規制で抑制しますが、NEMでは不正行為が儲からない仕組みをあらかじめプロトコルとして設計しています。何をすれば儲かり、何をすれば損するのかのルールを自然法則ではなく、人工的にプログラミングできることが、暗号通貨を用いた経済圏では可能です。

NEMなどの人工的にプログラミングされた経済圏の取り組みが、多くの人にとって資本主義経済より魅力的であれば、その新しい経済圏が主流となる世界が来るかもしれません。

自然資源の持続可能な活用

貧富の格差と同様に、自然環境への回復不可能な悪影響も、資本主義への批判として大きな課題です。資本主義における自由経済では、石油や石炭などの化石燃料、海洋資源などの自然資源は、採掘や採取のコストだけが問題となり、資源そのものが枯渇する可能性は考慮されていません。

資本主義経済を維持するには継続的な経済成長が求められるので、いずれ資源が枯渇してしまうことが予測できても、資源の消費を止めて経済を停滞させる選択肢は選べません。結果として、現代の人類は、地球が再生産可能な自然資源の1.7倍の資源を消費しているともいわれています。もちろん、国家レベルでは環境税の導入や、新エネルギーへの助成金などの取り組みも実施されていますが、世界規模で足並みを揃えて環境問題に取り組めているとはいえないのが現状です。

そこで、地球が再生産可能な資源の量をあらかじめ計算し、その限られた資源の中で人々が生活できる新しい経済圏を、暗号通貨によって実現することも考えられています。

例えば、イーサリアム上の独自トークンとして実装されている「Veridium[6]」は、地球上の自然資源に対応する暗号通貨を発行し、自然資源の埋蔵量に応じて資源の利用コストを適切に算出する自然資源活用市場の実現を目指しています。自然環境に回復不可能な影響を与えてしまうほどの資源の消費には、経済的に見合わないほどのコストが自然と掛かる仕組みを整えることで、持続可能な経済活動を実現しようとする取り組みです。

2-4-6 暗号通貨が与える衝撃

暗号通貨技術の登場で、これまで人類が自然界に存在している物質を通貨として「発見」していた時代から、自分たちに都合のよい通貨を自由にデザインし「発明」できる時代となりました。

初めて登場した暗号通貨であるビットコインは埋蔵量に上限があり、時間と共に採掘できる量が減っていくという、実世界の「金」を模倣したものでした。その後、埋蔵量やその入手方法などを改善した、さまざまな暗号通貨（アルトコイン）が登場しました。金の埋蔵量はたまたま地球上に21万トン程度で、

6　Veridium（Veridium Labs）: http://veridium.io/

人類はそれを通貨として利用していたにすぎません。金が存在している地域の偏りや採掘の難易度も、たまたま自然界がそうなっているだけであり、人間が関与することはできませんでした。

しかし、暗号通貨の場合は、埋蔵量や採掘の難易度、その利用のされ方まで、人間が自由にプログラミングできます。さらに、経済の実態に合わせて流通量をコントロールできる不換紙幣に近い特徴を持つ通貨や、そのものに利用価値がある通貨なども暗号通貨として実装可能です。

新しい暗号通貨は誰もが自由に設計して実装でき、優れた通貨が多くの人に受け入れられた場合、その流通を妨げることは誰にもできません。自由にプログラミング可能な暗号通貨によって、これまで人類が実現できなかった経済の仕組みが実現される可能性があります。

暗号通貨の衝撃は、単に通貨の発行が国家から個人に民主化されただけでなく、さまざまな新しい通貨の発明から、既存の経済の仕組みを覆す新しい経済圏までもが登場する可能性があることです。次章以降は、暗号通貨を支える技術的な背景を解説します。

Chapter 3

ブロックチェーン
アプリケーションの理解

ブロックチェーンアプリケーションとは何なのか、
ブロックチェーン上で契約の自動化を実現する
スマートコントラクトを解説します。
また、スマートコントラクトを動かすプラットフォームとして
イーサリアムと呼ばれるブロックチェーンの仕組みを紹介し、
ビットコインとの相違点を説明します。

Chapter 3 | ブロックチェーンアプリケーションの理解

3-1

スマートコントラクトとは

ブロックチェーン上での通貨のやり取りは、送金や通貨の保管を自動履行する契約の総体といえます。ブロックを採掘するノードへの手数料は発生するものの、そこに中間者が入ることはありません。

ビットコイン（Bitcoin）は、当初の構想通り、通貨のやり取りとして使われてきましたが、ブロックチェーンの持つ改竄耐性などの特性に注目したユーザーは、さまざまな応用が可能と考えました。例えば、著作権や所有権などの情報をブロックチェーンに埋め込むことで、その時点で誰がその権利を持っているのかを明確に証明することが可能です。また、その権利の売買や交換に関しても、やり取りの情報をブロックに書き込んでしまえば、誰から誰に所有権が移動したのか明確になります。所有権の一連の変遷を参照することで、過去を遡って出自を確認することも可能です。

この通り、既存ビジネスのやり取りをブロックチェーン上のやり取りに置き換えできる可能性が生まれています。例えば、中間の機関や企業、人物を介す手続きとやり取りを排除できれば、時間コストはもちろん、人件費などの金銭コストも抑えることができます。また、中間手数料を排除すれば、取引ややり取りに関わるユーザーは、より効率的に価値を交換できます。

権利の証明や権利の移動、現実世界では契約と呼ばれるものをブロックチェーン上で自動的に執行する試みが発生しましたが、この自動で執行する仕組みをスマートコントラクトと呼びます。

3-1-1 広義のスマートコントラクト

スマートコントラクトの概念はビットコイン誕生前から存在しており、ビットゴールドの提唱者でもある暗号学者のNick Szaboが1997年頃に初めて提唱しました。

Szaboがはじめにスマートコントラクトを導入した例としてあげるのは、誰にも馴染みが深い自動販売機です。自動販売機は「ユーザーが必要な金額を投入する」と「購入したい商品のボタンを押す」の2つの条件が満たされたときに、「ユーザーに商品を提供する」売買契約が自動的に実行されるようにプログラムされています。契約とは書面上に記載したものではなく、取引行動そのものを指します。

また、通貨のやり取りをスマートコントラクト的に表現すると次の通りです。「アリスは日本円を100円以上持っている」と「アリスがボブに100円送金する依頼を出す」、この2つの条件が満たされたときに、「ボブはアリスから100円受け取る」ことが可能になります。

58

図3.1.1.1: 自動販売機における売買契約

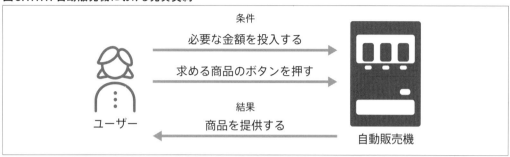

実際問題として、現実世界で日本円をやり取りする際は自動化するわけにはいきませんが、スマートコントラクトが実現したいものは、このやり取りの自動化です。

他の例をあげるとすれば、Suicaのオートチャージはスマートコントラクトといえます。あらかじめ「チャージが動作する残高」を設定し、「チャージする銀行口座」を登録しておくと、「残高を銀行口座から自動的にチャージする」契約が自動的に実行されます。

もちろん、この概念が誕生した際にブロックチェーンは存在していません。本項で説明した事例、元々のスマートコントラクトの概念を実現している例として、広義のスマートコントラクトといえます。

3-1-2 狭義のスマートコントラクト

本項では、狭義のスマートコントラクトをブロックチェーン上で動作する自動執行プログラムと定義します。現実世界の価値あるものをプログラム上で表現し、あらかじめ設定した状態になったら指定した通りに価値を移動させる、そのルールをプログラムで記述します。ルールを満たしたら、設定通りに価値を自動で移動させます。

前述の自動販売機の例では、実際に出てきた商品が自分の欲しかった正しい商品なのかは、ユーザー自身が確認する必要があります。しかし、その確認までもプログラムで検証する仕組みを導入することで、下記にあげる利点が得られます。

まず1つ目の利点として、契約相手を全面的に信用しなくても大丈夫になります。現実社会では、店舗での買い物や個人間で物品や金銭のやり取りをする際、相手を信用して契約に臨みます。相手を信用できない場合には、契約を交わそうとは思いません。しかし、そのやり取りをスマートコントラクトに任せることで、相手を信用せずとも価値の交換が自動的に行われます。ブロックチェーン自体、誰かが中央で支配しているものではなく、かつ取引情報がブロックに書き込まれ、誰でも参照可能であるからこそ不正が難しく、透明性のある取引が可能になります。

Chapter 3 | ブロックチェーンアプリケーションの理解

2つ目の利点として、仲介する第三者を挟む必要がないので、コストの削減が可能です。相手の信用を判断できない取引の場合、取引を仲介する業者や信用機関などが必要です。例えば、クレジットカードで買い物をする場合、クレジットカードを店舗に提出します。店舗側は消費者が利用したい金額をクレジットカードを発行している信販会社に問い合わせます。信販会社はその消費者が支払能力を有するかを確認し、支払能力があると見なした場合、店舗への支払を信販会社が肩代わりします。店舗はその情報を受け取り、消費者に商品を提供します。

第三者が仲介することで、万が一商品を受け取れなかった場合は信販会社が保証してくれます。店舗側も代金を受け取ることができない状態を回避できますが、そのコストとしてクレジットカード手数料を支払わなければなりません。プログラムで自動執行することで、第三者の働きを自動化すると、その手数料のコストを削減できます。

上記のクレジットカードのやり取りでは、前提条件として消費者は信販会社に対して事前に氏名、住所、現在の収入、勤務先、などさまざまな個人情報を提出し、あらかじめ審査に通っておく必要があります。店舗側も信販会社に所在地、店舗運営責任者、店舗の業種などの情報を提出する必要があり、双方共に大変な手間が掛かります。これらの審査は即座に完了するわけにはいかず、相応の期間を要しますが、プログラムに決済に必要な情報を与えておけば時間の短縮にもなります。

また、その他には、次項にあげる応用例なども考えられます。

3-1-3 スマートコントラクトの実例

本項では、スマートコントラクトで何が実現できると期待されているのか、また、実際に何が実現されているのかを解説します。もちろん、本項での説明以上の可能性があり、現在進行形で議論はもちろん、さまざまな開発が継続しています。

法律の自動執行

結婚時に離婚した際の条件をスマートコントラクトにプログラムする例を考えてみましょう。あらかじめ財産分与を法的な効力を持つ書面で締結していたとしても、実際にその通りに財産分与されるかは個々人の努力目標です。スマートコントラクト上で財産を管理し、自動的に財産分与するようにプログラムしておけば、離婚イベントが発生した際に、即座に財産分与を行うことが可能でしょう。

現代社会では、契約することと、契約を執行することが分離しています。この2つの動作を一緒にすることで、契約に強制力を持たせることができれば、遺言を巡る裁判や給与が支払われないなどの揉めごともなくなります。第三者によって契約が完全に執行されるか監視する必要もなくなり、さまざまなコストを削減できます。

図3.1.3.1: 財産分与の自動執行

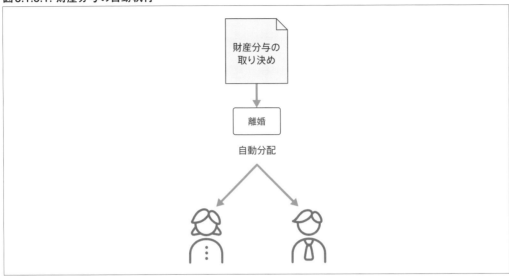

コンテンツ配信の利益自動供与

　音楽や映像のコンテンツ配信にも応用できます。現状、コンテンツ製作者はレーベル会社や映画配給会社と契約して、コンテンツ配信を担当する企業がエンドユーザーにコンテンツを届ける構造が構築されています。エンドユーザーが支払った金額は配信を担当する企業に支払われ、中間マージンが差し引かれた金額をコンテンツ製作者に還元する仕組みです。

　コンテンツ製作者とエンドユーザーを直接結び付けることで、エンドユーザーの支払った対価を直接コンテンツ製作者に自動で支払われる仕組みを構築することが可能です。

保険の自動支払

　自動車保険を契約する際に支払内容をあらかじめスマートコントラクトとして記述することで、保険事故が発生した際の発生状況がブロックチェーンに書き込まれたら、自動的に保障を執行することも可能でしょう。

　実際問題として各種の査定作業なども介在するため、一般的な交通事故での実現は困難かもしれませんが、実例として、フランス大手保険会社のAXA（アクサ）は、搭乗予定の飛行機の到着が一定時間遅延した際に、自動的に保障内容を執行する仕組みとしてスマートコントラクトを利用しています[1]。また、類似の飛行機保険のサービスではInsurETHと呼ばれるものがあります。

1　航空便遅延保険「fizzy」。フランス・米国間の直行便で運用されている。

カーシェアリング

　カーシェアリングをスマートコントラクトで実現する場合を考えてみましょう。車を貸したいユーザーは事前にどのような車を所有しているのか、どのような条件で貸し出したいのかなど、各種の情報を事前に登録します。車を借りたいユーザーは、借りたい車の車種などの条件、借りたい期間、どの地域で借りたいのかなど、要望をプログラムに送信します。

　それぞれの条件が合致した場合は即座に貸借の契約が完了し、車を借りるユーザーはその車の元へ行くと、決められた条件で車を借りることができ、決済もスマートコントラクトが自動で代行する仕組みを構築できます。現時点では、自律的な自動運転が可能な車はありませんが、近い将来、貸し借りの契約が締結されたあと、自動的に借りたユーザーの元まで自動運転で車がやってくる仕組みも実現できるかもしれません。

図 3.1.3.2: カーシェアリングの自動契約

募金した金額の寄付先への自動送付

　街角で行われている各種の募金活動は、本当に寄付先と銘打たれている場所に寄付した金額が送金されているのか、また公表された寄付金の総額は本当に正しいのか、寄付するユーザーが確かめる術はありません。

　「目標金額に達した場合にあらかじめ指定された寄付先に送付する」契約をプログラムすることで、透明性の高い募金活動が可能です。さらに寄付金の金額を誰でも閲覧可能にしておけば、外部からも募金活動の進捗が分かります。

勤怠管理システム

勤怠管理システムの構築も可能です。個別の雇用契約情報をあらかじめプログラムしておき、勤怠に対する報酬を毎月自動的に支払うスマートコントラクトを作成します。被雇用者が勤怠管理をブロックチェーン上に記録することで、透明性の高い賃金の支払が可能になります。雇用主側は過払いをすることがなくなり、被雇用者は雇用契約を遵守した賃金の取得が可能になります。また、給与を計算する事務作業をなくすこともできます。

選挙の電子投票

電子投票の実現も可能です。開票する日時をあらかじめ定めたスマートコントラクトに対して、有権者が投票する仕組みを作成します。スマートコントラクトのソースコードを公開することで、恣意的な不正ができないことを有権者は明確に理解でき、投票を集計するコストもなくすことができます。

予測市場

スマートコントラクトで報酬の分配を自動化することで、予測市場にも応用が可能です。予測を判断する条件と分配条件をあらかじめ登録しておけば、判断された後は即座に報酬を受け取ることが可能になります。

この他にも、産地証明や出自証明などトレーサビリティが必要な分野や、金融のあらゆる分野とは非常に相性が良いといえます。確実に記録を残しておきたい伝票や契約書、第三者が仲介して信頼証明をしなければならない箇所は、ほぼすべてがスマートコントラクトの適用分野といっても過言ではありません。

もちろん、スマートコントラクトはブロックチェーン上の仕組みに過ぎず、現実世界に自動で影響を与えるわけではありません。諸々で人間が動く必要もあり、すべての事象をプログラムだけで判断できるわけではありません。最終的な判断を下す人間の存在がなくなるわけではありませんが、それでもスマートコントラクトは、判断を下す人間の作業負担を軽減する仕組みには一役を買ってくれるはずです。

Chapter 3 | ブロックチェーンアプリケーションの理解

3-2

イーサリアム

　現代社会の私たちは日常的に、メールやSNS、電子決済、ECサイトなどさまざまなアプリケーションやサービスを利用して生活しています。しかしながら、その仕組みはサービス事業者である中央集権が管理を担っており、各種サービスを利用する上では、その事業者にある程度の信頼を置かないことには利用できません。サービスが停止する可能性は常に存在し続け、実際にサービスが停止することで何らかの損害を被ったケースもあるのではないでしょうか。

　例えば、クラウドストレージサービスやECサイト、SNSが停止することで、そのサービスを利用できない状態などです。また、すべての情報がサービス事業者の1箇所に集まるため、サービスが停止するまでとはいかないまでも、データ損失や漏洩するリスクもあります。最近ではソースコードのホスティングサービス「GitLab」[1]による、データロストの事故が記憶に新しいのではないでしょうか。

　また、サービス事業者に渡った情報は外部からアクセスできない場所に置かれているものの、日々企業の情報漏洩のニュースが流れています。実際に事業者に情報がどのように利用されているのか、利用規約や約款に記載されていますが、完全に信頼することは難しいのが現状です。国によってはチャットの内容が検閲されているといわれていますし、管理者に全幅の信頼を寄せることは厳しいでしょう。

　しかし、ブロックチェーンは管理者がいない仕組みです。ブロックチェーンの仕組みの上にアプリケーションを構築することで、管理者を必要としないサービスの実現が可能ではないか、その発想から生まれたのがイーサリアム（Ethereum）です。

3-2-1 イーサリアムとは

　イーサリアムは、Ethereum Foundationを中心に開発が進められている分散アプリケーションのプラットフォームです。2013年に当時19歳のVitalik Buterinが開発を始めた、ビットコインの発想に基づきブロックチェーンのネットワーク上でアプリケーションを実行できる、スクリプト言語を持つプラットフォームです。

　ETHと呼ばれる仮想通貨が用意され、ETHを媒介にアプリケーションの開発や利用が可能です。イーサリアムで動作するアプリケーションは、前提となる条件を元に動作する処理を事前に決めることで、動作するタイミングに規定通りに動作するため、一般的には前述のスマートコントラクトと呼ばれます。

1　https://gitlab.com/

64

3-2-2 イーサリアムの発祥

　Vitalik Buterinは17歳の時にビットコインに出会います（父親からの情報といわれています）。ビットコインに興味を持ったVitalik氏は、さまざまな情報をインターネットの掲示板で収集しはじめ、ビットコインに関する記事を執筆するようになります（当初は1記事を5BTCで執筆したとのこと）。

　大学在学中に週30時間以上もビットコイン関連のプロジェクトに関わっていることに気付き、大学を辞めて、プロジェクトの状況を見聞するため世界中を旅したといわれています。5ヶ月間の旅で分かったことは、暗号通貨以外の目的でブロックチェーンを使っている現実でしたが、その時点で存在したブロックチェーンプロジェクトは、アプリケーションの開発や運用が容易なものではありませんでした。

　そこでVitalik氏が構想したものは、特定アプリケーションのために開発されたブロックチェーンの代わりに、汎用的なブロックチェーンを開発し、アプリケーションのソースコードを記述するだけでブロックチェーン上で実行できる仕組みを提供することです。

　ここでアプリケーションを実行するプラットフォームとして、実験的に開発されたものがイーサリアムです。イーサリアム以前のブロックチェーンプロジェクトは、各々が特定の目的を達成するために開発されたものですが、イーサリアムはプロトコルを定めて汎用性を持たせたものといえます。

3-2-3 イーサリアム＝ワールドコンピュータ

　Vitalik氏はイーサリアムを「ワールドコンピュータ」と説明することがあります。ワールドコンピュータとは、世界そのものが1つのコンピュータであるとの意味で使われています。

　イーサリアムブロックチェーンは、世界中に存在する無数のコンピュータで構成されており、それぞれのコンピュータは故障もすれば、停電で電源が落ちることもあります。しかし、1台でも動作している限りは、分散ネットワークで構築されたブロックチェーンは停止しません。したがって、ブロックチェーン上で動作するアプリケーションは不具合さえなければ常に動き続けます。

　このイーサリアムブロックチェーンは、国家による規制も受けず、何ものにも管理されず、動作ログや状態をブロックチェーンに保存し、透明性を保ったまま動き続けます。

3-2-4 イーサリアムの歴史とロードマップ

　イーサリアムは、そのリリース当初から実験的なプラットフォームとして定義されています。段階的に4回のアップデートを繰り返して、最終的に完成形になることを想定してプロジェクトが進められています。このアップデートはハードフォークとして実施されます。

Chapter 3 | ブロックチェーンアプリケーションの理解

イーサリアムのロードマップを次表に示します（表3.2.4.1）。

本書執筆時では、次表の第3段にあるMetropolisの途中です（2018年1月現在）。Metropolisは2段階に分割されて実施される予定で、第1段階目のByzantiumが適用された状態です。プラットフォーム機能の提供、安定化と高速化、そして暗号化や匿名化の実装を経て、最終的には合意形成アルゴリズムをProof of Stakeにすることを目標としています。

表3.2.4.1: イーサリアムの歴史とロードマップ

Flontier	2015年7月30日に実施。コマンドラインインターフェース、分散アプリケーション開発の基盤、テスト、マイニングの実装。
Homestead	2016年3月14日に実施。トランザクションの高速化と安定化。
Metropolis	第1段階であるByzantiumを2017年10月17日に実施。ゼロ知識証明zk-SNARK、ブロック生成時間の安定化、Gasの返却、PoSへの移行準備。 第2段階目のConstantinopleは2018年に実施予定。
Serenity	実施日は未定。Proof of Stakeの実装を予定。

続く第4段にあるSerenityで実装予定のProof of Stakeとは、保有している暗号通貨の量に応じて、ブロック生成の報酬を受け取ることができる仕組みです。ビットコインのProof of Workでは、計算量に応じて報酬を受け取る仕組みであるため、計算量を競う競争となり、現実問題としてブロック生成報酬を得るために大量の電力を消費する事態を招いています。

Proof of Stakeは、Proof of Workが招いた資源消費コストを下げる目的があります。さらに、ビットコインは悪意があるユーザーが大量の計算力でブロックを改竄できる恐れがあります。Proof of Stakeでネットワークを攻撃することは、自らが所持する通貨の信用価値を下げてしまうことに繋がるため、攻撃するモチベーションを起こさない仕組みになっています。Proof of Stakeに関しては、「10-2 Proof of Workプロトコルの拡張」で詳しく解説します。

3-3

ビットコインとイーサリアムの相違

前章まではビットコインのブロックチェーンを中心に解説しました。本章で解説するイーサリアムもブロックチェーンを元にするプラットフォームですが、その仕組みや構造は部分的に相違点があります。具体的かつ詳細な相違に関しては、「Chapter 6 アプリケーション開発の基礎知識」で詳述しますが、本項では特筆して差異がある箇所を紹介します。

3-3-1 イーサリアムの内部通貨

ビットコインは、「誰もが邪魔されることなく素早く通貨を送金する」ために作られた、暗号通貨のプラットフォームです。反面、イーサリアムは通貨ではなく、あらゆるプログラム（スマートコントラクト）をブロックチェーン上で動作させるプラットフォームです。双方の到達目標が異なるため、仕組みや構造が異なってくるのは自明のことでしょう。

そうはいっても、イーサリアムにも内部通貨として「Ether」が存在します。Etherは通貨としての利用も可能であり、かつプログラムを実行するためのコストとしても利用可能です。イーサリアムでは、このコストのことを「Gas」と呼びます。

なお、通貨の単位としては下表にあげる単位が用意されています。すべての単位を把握する必要はありません。最小単位である「wei」と「ether」を知っていれば、開発に支障はありません。

表1：通貨の単位 (イーサリアム)

Units	Wei
wei	1
kwei、ada、babbage、femtoether	1,000
mwei、lovelace、picoether	1,000,000
gwei、shannon、nanoether、nano	1,000,000.000
szabo、microether、micro	1.000.000.000.000
finney、milliether、milli	1,000,000,000,000,000
ether	1,000,000,000,000,000,000
kether、grand	1,000,000,000,000,000,000,000
mether	1,000,000,000,000,000,000,000,000
gether	1,000,000,000,000,000,000,000,000,000
tether	1,000,000,000,000,000,000,000,000,000,000

Chapter 3 | ブロックチェーンアプリケーションの理解

3-3-2 トランザクション手数料であるGas

ビットコインでは、送金トランザクションをブロックに取り込んでもらうために手数料を支払う必要があります。イーサリアムでも手数料を必要とする点は変わりません。ただし、その手数料はプログラム実行にも使われるため、明確に計算のための燃料として「Gas」と定義されています。

イーサリアムではすべての処理がトランザクションであるため、イーサリアムには手数料の概念として、トランザクションを計算する際にこのGasが必要となります。イーサリアムでのトランザクションの実行は、イーサリアムネットワークに所属するノードに計算を実行させることに他ならないため、ノードに働いてもらうための燃料として「Gas」と呼ばれます。

トランザクション実行の際は、Gas PriceとGas Limitを設定します。price × limitが実際に支払可能と設定するGasの上限です。上限の設定に過ぎないため、設定額まですべてを使い切るわけではなく、使われなかったGasは戻ってきます。Gasが不足するとトランザクションは失敗するため、十分なGasを用意することが重要です。計算量や更新する情報量が多いと、消費されるGasも多くなります。

また、Gasは無限ループを回避する目的もあります。イーサリアムでスマートコントラクトを実現する言語はチューリング完全[1]であるため、while構文やfor構文などが実行可能です。万が一、無限に繰り返す処理を実行してしまった場合は終わりがないため、その他の処理に到達できません。

手元のパソコンで無限ループを実行したときは、プログラムを強制的に終了させる、パソコンの電源をオフにするなどの対処方法がありますが、イーサリアムネットワークにその仕組みはありません。任意での停止や電源断が可能であると、分散ネットワークの意味をなしません。そこで、実行を停止させる術としてGasが用意されています。

処理のステップ数にしたがってGasは都度消費されていきます。Gasが存在する限りプログラムは動作を続けますが、有限な設定であるGasはいつしか底をつきます。そして無限ループや終わりがない処理は停止し、トランザクションは失敗します。

3-3-3 アカウント構造

イーサリアムはビットコインと違い、通貨のやり取りだけではなく、さまざまなプログラムを動かすことができます。別の通貨アプリの実装はもちろん、じゃんけんアプリやビデオレンタルアプリ、Suicaの残高管理アプリでも構いませんが、プログラムは実行した結果としてさまざまな情報を保持する必要があります。

1　万能チューリングマシンと同じ能力を持つことです。簡単に表現すると、どのコンピュータアルゴリズムでも理論的にはシミュレートすることが可能な言語のことです。現実的な速度で動作するかは考慮されていません。

イーサリアムではプログラムはコントラクトと呼ばれますが、コントラクトもアカウントの概念で管理されています。したがってアカウントの種類は下表の2種類があります。

表 3.3.3.1: アカウントの種類

外部アカウント	イーサリアムを利用するユーザーのアカウント。アドレスと紐付く残高情報を持つ。
コントラクトアカウント	コントラクト情報を持つアカウント。アドレスと紐付くコード情報と残高を持つ。 外部アカウントから作成される。

アカウントを表すデータはState Treeに保存されています。State Treeにはイーサリアムの中で利用するEtherの残高情報が入っています。イーサリアムではブロックサイズに制限はありませんが、イーサリアムを利用するユーザー全員の残高情報をすべてブロックに入れると、ブロックサイズはとんでもなく肥大化してしまいます。そのため、State Treeはブロックの外に保持しておき、各ブロックにはState Treeのroot値のみを収納します。

State Treeはブロックに入っているトランザクションから生成できるので、nブロックのState Treeを入手するには、0からnブロックまでのトランザクションを順に計算していきます。その際に、各アカウントの状態をState Treeに入れる際に、アドレスをkeyとしてハッシュ化し、最後に1つになるまでハッシュを要約していきます。どこかで状態が不正に変更されていると、State Treeのroot値が変更されるため、改竄されていることが分かります。このデータ構造はマークルツリーと呼びます。

また、木構造に対してkeyの値をハッシュ化するとkey名が長くなるため、検索や挿入のコストが増加します。イーサリアムのState Treeでは、分岐する際の条件を文字ではなく、文字列の並びにすることで分岐を減らし、検索挿入のコストを下げることに成功しています。このデータ構造をパトリシアツリーと呼びます。State Treeはマークルツリーとパトリシアツリーを合体した構造であるため、マークルパトリシアツリーの構造といえます。

ビットコインで自らの残高を確認するには、今まで自分が受け取ってまだ使っていないやり取りを集める必要があります。State Treeに代表される、状態を表す構造がないため、その都度計算する必要があります。しかし、イーサリアムでアカウント残高を確認するには、State Treeからアカウントが現在持っている残高を取得するだけの処理で済みます。

State Treeに保存されるアカウント内部の構造は以下の通りです。

nonce

アカウントが送信したトランザクション数。トランザクションを発行するたびに1つずつ増加。

balance

アカウントが所持している残高情報をweiで表します。

図3.3.3.2: イーサリアムのブロック構造

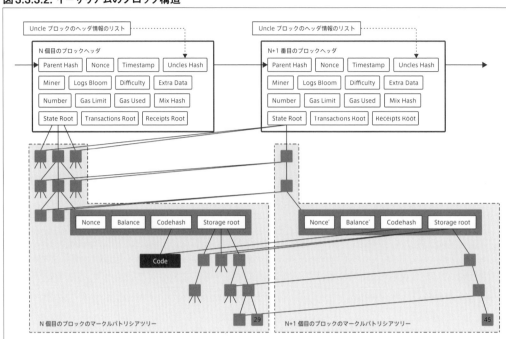

storageRoot

アカウントに紐付くStorage Treeのルートノードを表す256ビットハッシュの値です。デフォルトは空になります。Storage Treeはマークルパトリシアツリー構造で、各々のアカウントで保持されるデータ（文字列や所有権など）を持っています。コントラクトアカウントの場合は、コントラクト自身に保存される配列や文字列の情報をここに記録します。

codeHash

EVM（後述するEthereum Virtual Machine）コードのハッシュ値です。コントラクトアカウントの場合、実行コードがここに入ります。外部アカウントの場合は空文字のハッシュ値が入ります。

3-3-4　残高参照

ビットコインの場合はUTXO（Unspent Transaction Output）で残高を表現しています。UTXOとは「2-3-3 UTXO」で説明した通り、「自分が所有しているが、未使用の状態にあるトランザクション」です。トランザクションが未使用であるため、そのトランザクションの金額を所持しているといえます。

各アドレスに対して保持しているビットコインの送料がどこかに保持されているわけではありません。

一方、イーサリアムの場合は、ブロックチェーンとは別にアカウントに残高情報を持っています。送金や着金はブロックの中にトランザクションとして記録されており、トランザクションからアカウント情報を生成することで残高を表現しています。

UTXOのメリットは、並列にトランザクションを発行できることです。複数のUTXOに十分な数量があれば、送金処理を並列に発行可能です。送金処理を検証するマイナー（採掘者）も個別のトランザクションに対して処理するので、検証も並列に行うことが可能です。

UTXOのデメリットとしては、残高確認の仕組みが複雑になってしまうことです。アカウントの残高を確認するには、過去のブロックからアカウントが所有しているUTXOのトランザクションをかき集める必要があります。アカウントの状態を表すために構成する情報をすべて集める必要があるのは、煩雑な処理といえます。

一方、イーサリアムが採用するアカウント型のメリットは、データ構造が単純な点です。UTXOの煩雑な処理がなく、アカウントの残高を参照するには、アカウントが持つ残高だけを参照すれば良いので、即座に残高を確認できます。

アカウント型のデメリットは、アカウントの状態を変更するには処理をシーケンシャルかつ逐次的に行わなければならない点です。マルチスレッドプログラミングでも発生することですが、1つしかない状態を複数の処理で同時に操作してしまうことで、期待していない結果になってしまう可能性があります。そのため、アカウント型ではUTXOのメリットであるトランザクションの並列処理ができません。しかしながら、イーサリアム自体はビットコインよりもブロックの生成速度が速く、トランザクションのブロックへの取り込みが高速です。

3-3-5 ブロック生成速度

ビットコインは、ブロックの承認速度を約10分で1回に調整しています。そのため、トランザクションが承認されるまでは最低10分を要します。実際にはチェーンが分裂する可能性もあるため、最低でも6ブロック（60分）進むまでは確定したことにはしないほうが良いとされています。

イーサリアムはブロックの承認速度は約15秒となっており、ビットコインの40倍です。そのためトランザクションを承認する処理はビットコインに比べて高速です。

しかし、ブロック承認速度が上がることによって別の問題が発生します。それはマイナー（採掘者）が同時にブロックを採掘する可能性が高くなる点です。ブロックチェーンは一続きのチェーンになっており、途中で分岐した場合でも1つのブロックを採用しなければなりません。せっかく採掘しても承認

されなければ手数料をもらえないモデルでは、マイナーのモチベーションが下がり、ネットワークを維持する者が減少してしまいます。イーサリアムは承認されなかったブロックを採掘したマイナーにも分け前を与える方法でこの問題を解決しています。ちなみに、承認されなかったブロックのことを孤立したブロック、Uncleブロックと呼びます。

また、Uncleブロックに報酬を与えることで、同時にマイニングの中央化を解消しています。早くブロックを生成できるマイニングプール[2]は次のブロック生成にも早く取り掛かることができるため、さらに次のブロックに関しても成功の可能性も高くなります。特定のマイニングプールがマイニングの富を独占しないためにも、Uncleブロックの存在が生きているのです。

3-3-6 重いチェーンの採用

前項「3-3-5 ブロック生成速度」で説明した通り、イーサリアムはビットコインと比較すると、短時間でブロックが生成されます。承認されなかったブロックにも分け前を与えられますが、分岐した場合にどのチェーンを正しい歴史として選択するかといった点にも、このブロックを構成要素として採用する仕組みを取っています。

図3.3.6.1: 重いチェーンの採用

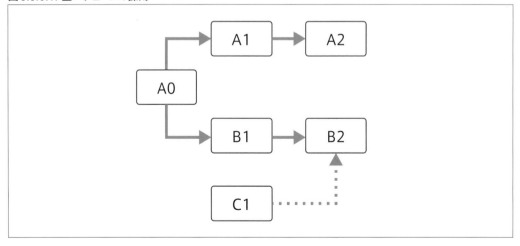

---

[2] 複数のマイナー（採掘者）でマイニングをするグループです。マイニングの計算量は日々増加しているため、個人でマイニングマシンを用意しマイニングに参加してもブロックの採掘の確率は非常に低くなっています。そのため、計算量を参加する人や企業で出し合い、集団でマイニングを行います。採掘の報酬は貢献度に応じて参加者に利益を分配する仕組みです。本書執筆時、ビットコインでは中国のBitmain社のAntpoolやViaBTCなどが大手です。

チェーンの分岐が発生した場合、ビットコインではナカモトコンセンサスにより最も長いチェーンが正史として採用されます。イーサリアムでは前項のUncleブロックも含めて最も重いチェーンを有効なメインチェーンとして採用します。イーサリアムのこの仕組みを修正ゴーストプロトコル[3]と呼び、チェーンの分岐が発生した際の選択にも、Uncleブロックが考慮される仕組みとなっています。

　前図は、ブロックA0の後続でブロックA1とB1が生成された後、どのようにチェーンが採用されるかを表しています（図3.3.6.1参照）。ブロックA2が生成されるとAのチェーンはブロックの重さが2です。ブロックB2の生成前に、A1とB1と同じくA0に続くブロックC1が、ブロックB2を生成しているノードに遅れて伝播してきました。ブロックB2がブロックC1をUncleブロックとして取り込むため、Bのチェーンは重さが3となり、もっとも重いチェーンとして採用されます。

3-3-7 Proof of Work

　ビットコインのProof of Workは、アルゴリズムがSHA-256ハッシュ関数で、比較的簡単な計算をnonceを変更しながら延々と繰り返すものです。単純な計算のため専用の機械を用意すれば、さらに高速な処理が可能です。ここでの専用の機械とは、例えば回路の仕組みをプログラムできるFPGAや、特定の処理に特化した集積回路であるASICのことです。CPUやGPUよりも遥かに高速に計算できるため、ブロック採掘における報酬が一部の高性能専用機械を所持しているユーザーに偏ってしまう欠点があります。

　この問題を解決するため、イーサリアムではProof of WorkのアルゴリズムとしてEthashを採用しています。擬似的なランダムハッシュを作成し、さらにそこからとても大きな有向非巡回グラフ（DAG[4]）のデータを作成します。作成される1GBを超えるデータからランダムに取得したものにハッシュ関数を適用し、特定の条件になるまで任意の値を変更しながら計算を続けます。データは一定期間で作り直されるので、大量のメモリと作り直すための計算が必要となり、専用マシンでは容易にマイニングが出来ない、または専用マシンを作るメリットが少ないと思わせることで、マイニングの寡占化を防ぎます。

　もちろん、大量のメモリを搭載する専用機械も実現可能ですが、ブロック採掘の報酬と照らし合わせると現実的とはいえません。この通り、ASICなどの専用機械での計算が現実的ではないとして諦めさせる特徴を「ASIC耐性がある」と表現します。

3　修正ゴーストプロトコル＝Modified GHOST（Greedy Heavist Observed Subtree）
4　有向非巡回グラフ（DAG = Directed Acyclic Graph）。

3-3-8 Ethereum Virtual Machine(EVM)

　イーサリアムはプログラムを実行する基盤として、チューリング完全の仮想マシンであるEVM（Ethereum Virtual Machine）を備えています。スマートコントラクトはコード記述後に、EVMで実行可能な状態でイーサリアムブロックチェーンにデプロイされます。

　チューリングマシンとは、我々が利用しているコンピュータのモデルを数学的に簡略化したもので、ある状態に対してその状態を読み取り、その通りに動作し新たな状態を書き込むことが可能なモデルです。我々が普段利用しているコンピュータは簡略化して考えれば、このモデルに沿って動作しているといえます。実際にはパフォーマンスの問題があり、もっと複雑な処理を実行していますが、このチューリングマシンを実装できれば、どのような処理でも記述可能です。この状態をチューリング完全と呼びます。つまり、イーサリアム上では、処理速度やデータサイズの問題、仕様上の制約があるにしろ、どのようなプログラムでも実行することが原理的に可能です。

　スマートコントラクトのコードはEVM上で実行され、State TreeそしてState Tree中のアカウントが持つStorage Treeを変更していきます。詳細は、「Chapter 6 アプリケーション開発の基礎」で解説します。

3-3-9 トランザクション

　イーサリアムはビットコインと同様、送金する際にトランザクションを発行します。イーサリアムの場合は、外部アカウントからのコントラクトの生成、またコントラクトの関数呼び出しの際にもトランザクションが発行されます。また、コントラクトから他のコントラクトを呼び出すことが可能で、メッセージと呼ばれます。

　トランザクションとメッセージは、アカウントの持つ残高や前述のState Tree、Storage Treeを変更するものですが、変更を伴わず読み出すだけのコールと呼ばれる処理もあります。コールではGasは発生しません。

Chapter 4

ブロックチェーン
プロダクトの比較

ブロックチェーン技術が活用されているプロダクトを具体的に解説します。
ビットコインから派生したさまざまな通貨や通貨以外での活用例を紹介し、
イーサリアムを基準としてパブリックな環境でスマートコントラクトを構築するための
プラットフォームやツール群を説明します。
また、エンタープライズ用途に活用するプラットフォームも紹介します。

Chapter 4 ブロックチェーンプロダクトの比較

4-1

ビットコインとオルトコイン

　最初に登場した暗号通貨であるビットコインは、その後のブロックチェーン技術の発展でも大きな影響力を持ち続けています。本節では、ビットコインから派生したブロックチェーン技術として、ビットコインブロックチェーンを通貨以外に活用する「ビットコイン2.0」、ビットコイン以外の暗号通貨であるオルトコイン、ブロックチェーン技術の通貨以外の活用のためのプラットフォームとしてのオルトチェーンを紹介します。

4-1-1　ビットコインから派生したプロダクト

　下図は、本節で紹介するブロックチェーンプロダクトの関係性を示したものです。大別すると、通貨以外の用途に活用する「ビットコイン2.0」の流れと、ビットコイン以外のコインやプラットフォームを構築するオルトコインの流れがあります。

図4.1.1.1: ビットコインの活用とビットコイン以外のコイン

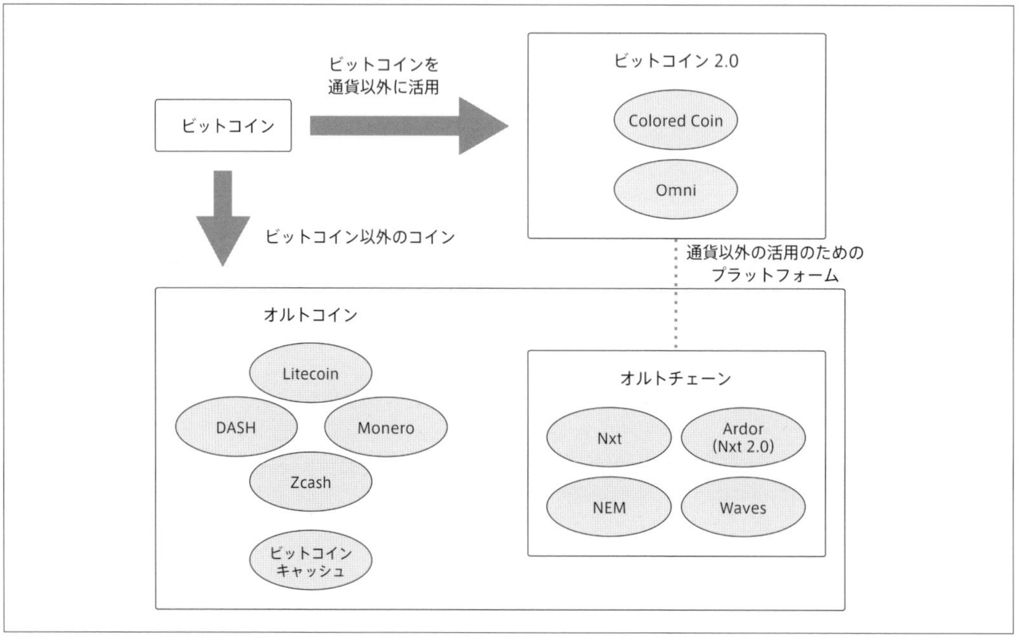

4-1-2 ビットコイン 2.0 プロダクト

　ビットコインでは、通貨の取引データをブロックチェーンに記録し、誰でも検証できるものとして公開することで、通貨取引の存在証明や二重支払を防止しています。ビットコインの技術により、デジタルなデータに対して所有者を定義し、そのデータの存在証明やP2Pネットワークを介した所有権の譲渡が可能です。そこで、ビットコインの技術を用いて、ビットコイン以外の通貨発行や、通貨以外の価値として、貴金属や宝石類、株式などを電子的に取り扱おうとする動きが出てきています。

　もちろん、ここであげた資産の一部は既に電子的に管理されていますが、特定の銀行や証券会社などの管理下にあるもので、自らの資産でありながら、自由な売買が制限されたり管理コストを要します。そこで、ビットコインのブロックチェーン上で管理することでその制限を解消できるのではないか、と期待されています。

　もちろん、ビットコインのブロックチェーンは元来、ビットコイン以外のデータを取り扱うことを想定した設計ではありません。しかし、ビットコインのトランザクションは、Bitcoin Scriptと呼ばれるプログラミング言語で記述されており、ある程度の柔軟性を持っています。この仕組を応用してビットコインのブロックチェーン上で、ビットコイン以外のデータを扱うことを目的とするプロジェクトを「ビットコイン2.0」と呼んでいます。本項では、代表的なビットコイン2.0の事例として、「Colored Coin」と「Omni」を紹介します。

Colored Coin

　Colored Coinは、ビットコインのブロックチェーン上でビットコイン以外の資産を扱うために提案されたアイデアです。名称にはビットコインに別資産としての「色」を付ける意味が込められています。

図4.1.2.1: Colored Coinを用いたビットコインブロックチェーン上の独自通貨発行

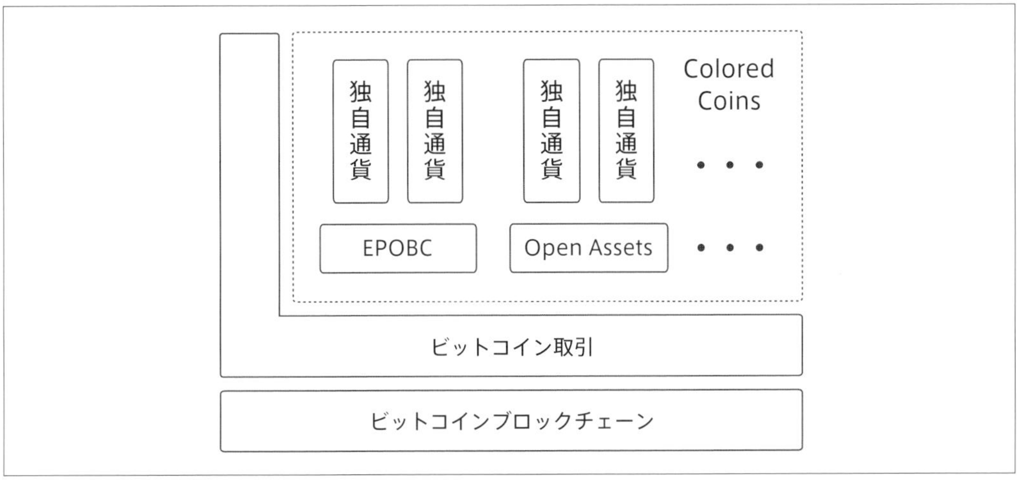

Colored Coinで提案されたアイデアを元に、いくつかのプロダクトが実装されています。代表的な実装は、初めてのColored Coin実装である「EPOBC protocol」や、NASDAQが利用していることで有名になった「Open Assets Protocol」などです。ただし、これらの実装は相互に互換性はなく、ある実装で作成した独自通貨を他のColored Coin実装で利用することはできません。

また、ビットコインのブロックチェーン上にデータを書き込むため、少額のビットコイン手数料が発生したり、10分に1回のブロック間隔でしかデータが作成されないなど、ビットコインブロックチェーンに由来する制限も存在します。

Omni

Omniはビットコインのブロックチェーン上で独自通貨を発行するためのプラットフォームを目指すプロジェクトです。初期のプロジェクト名「Mastercoin」は、現在のOmniへと改名されています。

前述のColored Coinで発行された独自通貨が相互の互換性がなかったのに対し、Omni上で発行された独自通貨は、Omni上の分散取引システムを用いて交換可能です。Omniでは、基軸通貨にOMNIと呼ばれる通貨を用いており、このOMNIを媒介として独自通貨を発行します。

Omni上で実装されたプロジェクトの1つに「MaidSafe」があります。MaidSafeは、個人が所有するCPUやメモリ、ストレージなどのコンピュータリソースをP2Pネットワークで取引することを目的としたプロジェクトです。MaidSafeのプロジェクトを開始する際、将来MaidSafe上で利用できる通貨の所有権をOmni上で発行し、その所有権を売り出すことで、一種のクラウドファンディングによるプロジェクトの資金調達を行っています。この資金調達方法は、のちにICO (Initial Coin Offering) として普及しています。

なお、OmniもColored Coinと同様、ビットコインのブロックチェーンに相乗りする形であるため、ビットコイントランザクションの手数料が発生したり、ブロック間隔が10分の制限は残っています。

図4.1.2.2: Omniを用いたビットコインブロックチェーン上の独自通貨発行

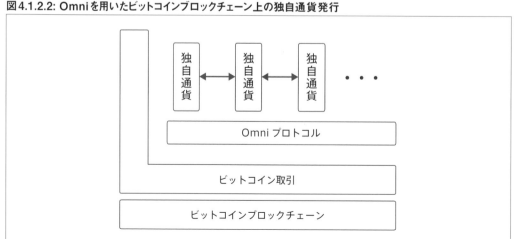

4-1-3 オルトコイン

オルトコイン（アルトコイン）は「alternative coin」の略で、ビットコインの代わりとなるコインを意味します。本項では、特にビットコインのブロックチェーン以外のブロックチェーンを構築して、実装されたコインをオルトコインとして紹介します。

なお、前述のビットコイン2.0に相当する機能を、ビットコイン以外のブロックチェーンで実現するプロダクトは、次項「4-1-4 オルトチェーン」で紹介します。

Litecoin

Litecoinは、ビットコインより軽量な暗号通貨を目指して、ビットコインのプログラムを元に実装された別の暗号通貨です。

ビットコインのブロック間隔は10分に1回として設定されていますが、日常生活における用途では取引に時間が掛かりすぎるため、Litecoinでは約2.5分に設定されています。ブロック生成がビットコインの4倍の速度で進むため、ブロック生成時の報酬の半減期はビットコインの4倍である840,000ブロックごとに設定されており、約4年に1度のペースでマイニング報酬が半減する点はビットコインと同じです。

また、ビットコインのマイニングにはSHA-256と呼ばれる単純なハッシュ関数が用いられ、専用チップ（ASIC）を用いたマイニングの寡占化が問題となっていたため、Litecoinでは「Scrypt」と呼ばれる比較的複雑なアルゴリズムを採用することで、マイニングの寡占化を防ごうとしています。しかし、Scrypt用のASICも実現されてしまったため、その意図はあまり達成されていません。

図4.1.3.1: ビットコインとLitecoinのブロック間隔

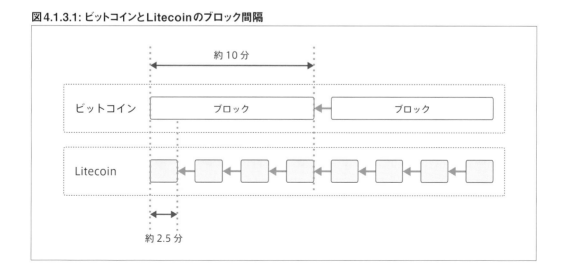

匿名性コイン

　DASH（旧Darkcoin）やMonero、Zcashなどは、取引の匿名性を強化した暗号通貨です。通常、ブロックチェーンに記録される取引は、すべての人が検証可能なように公開されています。そのため、特定のアドレスの残高を確認することは誰でも可能です。また、公開されている取引履歴から、個人の推定やライフスタイルの特定が可能になる危険性もあります。

　DASHでは、送金の匿名性を高めるために、ミキシングと呼ばれる取引を行います。ミキシングとは2者の間で直接取引するのではなく、取引プールを経由することで、誰と誰が取引したのか、その推定を困難にする手法です。ミキシングでは、複数の取引を取引プールの中でかき混ぜることで追跡を困難にしますが、ある程度の人数の送金者がいなければ効果はありません。これを、単独の取引だけでも匿名性を高めたものがMoneroです。

　Moneroではリング署名と呼ばれる技術を用いて匿名性を高めています。リング署名では、複数人が1つのグループを形成して取引に署名しますが、第三者からはそのグループ内の誰が署名したのかは分かりません。さらに、1つの取引を複数の取引に分割して個別に署名することで、取引総額の推定を困難にする工夫なども取り込まれています。

　もっとも、DASHやMoneroでは、取引履歴の追跡を困難にできますが、完全に秘匿しているわけではありません。Zcashではゼロ知識証明と呼ばれる技術を用いて、取引の匿名性を担保しています。

　ゼロ知識証明とは、自分がある情報を持っていることを、その情報を開示せずに第三者に証明する暗号技術です。Zcashでは、このゼロ知識証明の技術を用いて、送信者のアドレスや送金量などの情報を、取引のあった2者以外から完全に秘匿することを実現しています。

図4.1.3.2: DASHにおけるミキシングによる送金トランザクションの秘匿

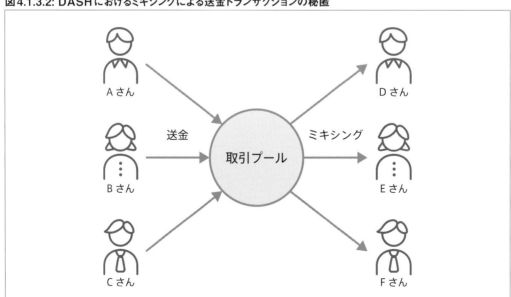

図4.1.3.3: Moneroにおけるリング署名による送金トランザクションの秘匿

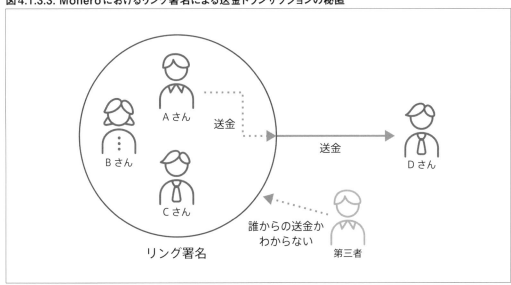

ビットコインキャッシュ

　ビットコインキャッシュは、ビットコインのブロックサイズの上限を撤廃する目的でビットコインから分岐したオルトコインです。ビットコインのブロックサイズは上限が1MBに設定されています（執筆時2018年2月現在）。したがって、1つのブロックが生成される10分間に処理できるデータ量が限られてしまい、秒間で最大7トランザクションしか処理できない計算となります。

　ビットコインのブロックチェーンで、途中からブロックサイズを変更すると、それまでのブロックの仕様と互換性がない変更となり、古いバージョンのクライアントからは不正なブロックとして扱われてしまいます。この互換性のないバージョンアップを、ブロックチェーンシステムでは「ハードフォーク」と呼びます。もちろん、あるブロックチェーンシステムに対してハードフォークが行われても、そのコミュニティが全員一致で新しいバージョンを支持すれば、それほど問題にはなりません。しかし、新しい仕様がコミュニティの一部にしか賛同されなければ、ハードフォークのタイミングでブロックチェーンが分岐してしまうことになります。

　ビットコインの場合は、コミュニティ内でブロックサイズをいつ引き上げるか合意が得られず、従来の仕様を支持するビットコインと、ブロックサイズの上限が撤廃されたビットコインキャッシュが誕生する結果となりました。ビットコインキャッシュでは、デフォルトのブロックサイズを8MBに拡張し、その後も任意でブロックサイズを変更できる修正が行われています。

　また、ビットコインキャッシュなど、既存のコインからハードフォークにより誕生した新しいコインを「フォークコイン」と呼ぶことがあります。ビットコインのフォークコインは、ビットコインキャッシュ

以降にも数多く登場し、ビットコインゴールド、ビットコインダイヤモンド、スーパービットコインなどが、ビットコインから分岐しています。これらのフォークコインは、既にビットコインを保持している人に自動的に付与されるオルトコインとして位置付けられ、既存の主要なコインのシェアを利用しつつ、新しい機能を持ったオルトコインをリリースする手法として定着しつつあります。

図4.1.3.4: ビットコインからビットコインキャッシュのハードフォーク

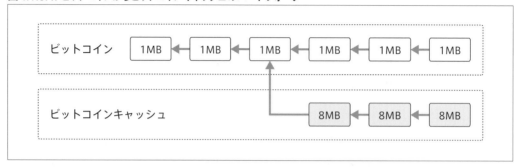

4-1-4 オルトチェーン

　ビットコイン以外のブロックチェーンを構築して、独自通貨の発行や存在証明などの機能を提供するプラットフォームも数多く提案されています。これらもまとめてオルトコインと呼ばれることもありますが、本節ではコイン以外の用途に焦点を当て、「オルトチェーン」として分類し解説します。

Nxt

　Nxtは、ビットコインとは異なるブロックチェーンを新規に構築し、独自通貨の発行やメッセージの送付、投票、マーケットプレイスなどの機能を提供するプラットフォームです。特にNxtのマーケットプレイスはオンラインでデジタルコンテンツを安全に販売する機能が充実しており、商品が届いたことが確認できなければ、自動的に払い戻しされる仕組みなどが実装されています。

　Nxtの特徴の1つは、ブロック生成にProof of WorkではなくProof of Stakeと呼ばれるアルゴリズムを採用していることです。Proof of Workでは1回のハッシュ計算でブロックが生成できる確率が一定のため、他人より高い確率でブロック生成の報酬を得るためには、他人より多くの計算リソースを投入する必要があります。この仕組みを維持するためには大量の電力や資金が必要であり、エネルギーの有効活用の観点や、マイニングの寡占化などの課題が残されています。

　Proof of Stakeは、Proof of Workにおける問題はマイニング時のブロック生成確率が全員一律なことであるとの考えから、ブロックを生成する各人の確率を動的に設定することを提案しています。誰に

図 4.1.4.1: Nxt プラットフォーム

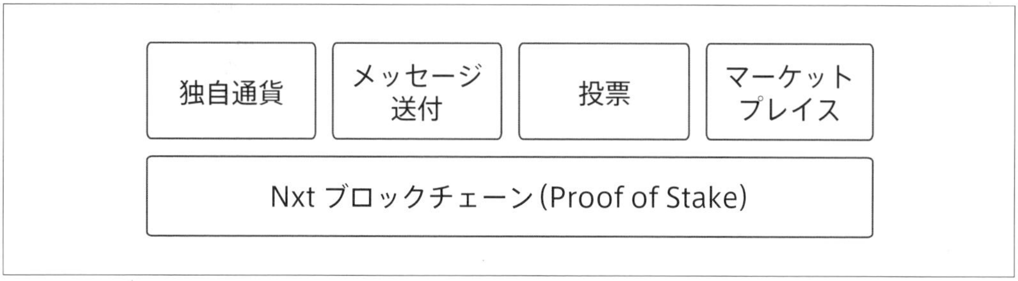

独自通貨	メッセージ送付	投票	マーケットプレイス
Nxt ブロックチェーン (Proof of Stake)			

も不正を許さないために、過去のブロックチェーンに含まれるデータから確率を導き出せることが望ましいため、現在所持しているコインの残高に応じて確率が決まるプロトコルを提案しています。

　したがって、Proof of Stakeでは、誰が新しいブロックを生成できるかが確率的に決定するため、大量の計算リソースを投入する必要がありません。また、コインが十分に全体に分配されていれば、マイニングが寡占化されることもありません。ただし、全体のコインの過半数を過去に一度でも所持していれば、その時点から何度でもマイニングをし直して新しい分岐を発生させることが可能です。そのため、Nxtでは約半日以上経過したブロックは覆すことができない制約を設けています。

　ちなみに、Nxtの課題には、すべてのトランザクションを単一のブロックチェーン上で検証するため、プラットフォームの利用者が増大しても分散処理ができず、スケーラビリティの乏しい仕組みとなっている点があげられます。

Ardor（Nxt 2.0）

　Ardorは、前述のNxtにおけるスケーラビリティの問題を解消するために発足したプロジェクトです。Ardorでは、サイドチェーンと呼ばれる、ブロックチェーンに別のブロックチェーンを紐付ける技術を用いて、ブロックチェーンの分権化を図っています。

　ArdorのメインチェーンではNxtで利用できるほとんどの機能が制限されており、ほとんどが子チェーンの管理や保護のために利用されています。その代わり、Ardorの利用者は自由に子チェーンと呼ばれる独自のブロックチェーンを生成でき、その子チェーンの中でNxtのさまざまな機能を制限なく使うことが可能です。これにより、特定のサービスやコミュニティ内で独立したブロックチェーンを作成し、その中で柔軟にブロックチェーン技術を活用できるプラットフォームとなっています。

NEM

　NEMは、「2-4-4 暗号通貨の意義」で紹介した通り、Proof of Importanceを用いた新しい経済圏の実現を目指すプロジェクトです。前述したNxtの改良プロジェクトとして位置付けられており、Proof of Importanceも、Nxtで採用されているProof of Stakeの改良版です。

Proof of Stakeでは、多くのコインを所有している人がより多くのマイニング報酬を得ることができるため、コインの流動性が低くなる可能性があります。Proof of Importanceでは、コインを長期間保持するほど重要度が下がり、逆にコインを多く利用するほど重要度が上がる仕組みを導入することで、コインの流動性を高めて富の偏りを防ぐ工夫が施されています。

また、NEMのネットワークを構成するノードを評価するための仕組みを設け、悪意を持ったノードが不正を働きにくくする工夫が施されています。

NEMのプラットフォームでは、モザイクと呼ばれる独自通貨を発行できます。モザイクの発行者は、そのモザイクの送金に手数料を設定して徴収できたり、そのモザイクを第三者間で取引することを制限することなどが可能で、企業でのポイント発行の代わりにモザイクを導入するなど、ビジネス利用にマッチする機能が実装されています。

また、NEM Apostille Serviceと呼ばれる公証機能があり、任意のデジタルデータの存在証明や正当性の保証をブロックチェーンにより実現できます。公証は一般的には不動産の登記や戸籍登録、印鑑証明など、特定の事実の存在や正当性を行政が証明することで、これを特定の国家や機関に依存することなく、非中央集権的なブロックチェーンで実現するものがApostille Serviceです。

Waves

Wavesも上述のNxtコミュニティから派生したプロジェクトであり、独自通貨を用いた市場のプラットフォームを構築することを目指すプロジェクトです。多くのオルトチェーンのプラットフォームでは、誰もが自由に独自通貨を発行できますが、その独自通貨が価値を持つかどうかの保証はありません。

Wavesでは、円やドルなどの法定通貨と1:1の価値を持つペッグ通貨や、BTCやETHなどの他の暗号通貨と1:1の価値を持つペッグ通貨を、Waves上の独自通貨として発行できます。具体的には、法定通貨や他の暗号通貨をWavesプラットフォームに入金することで、それと同じ価値を持つトークンが発行されます。

他の通貨とのペッグ通貨を手軽にWaves上で発行できることで、これまで自社でポイントカードなどを発行して運用していたサービスがWavesに移行したり、他のプラットフォームで独自通貨を発行していたサービスがWavesに移行することが容易となります。その上で、暗号通貨による取引を利用しやすいプラットフォームを提供することで、Waves自体を巨大な市場として拡大していくことを狙っています。

4-2

スマートコントラクトプラットフォーム

　暗号通貨の分野でビットコインに続く影響力を持っている暗号通貨がイーサリアムです。イーサリアムは、単なる暗号通貨の基盤ではなく、電子化されたさまざまなデジタル資産の所有者をブロックチェーン技術で記録し、スマートコントラクトと呼ばれるプログラムによってデジタル資産の管理や移動を自動的に行うためのオープンな基盤です。本節では、イーサリアムを中心としたスマートコントラクトのプラットフォームやツール群を解説します。

4-2-1　イーサリアムとスマートコントラクトプラットフォーム

　イーサリアムは、「Chapter 3 ブロックチェーンアプリケーションの理解」で紹介した通り、スマートコントラクトを実行する代表的なプラットフォームであり、2018年2月現在ではビットコインについで第2位の市場規模を誇ります[1]。

　イーサリアムは巨大な実験的プロジェクトであり、今後もいくつかの大型アップデートが予定されている開発が継続しているプロダクトです。しかし、既にイーサリアムをベースとした数多くのプロジェクトが派生しており、ビジネスへの活用も多く始まっています。イーサリアムを用いたスマートコントラクトによるアプリケーション例は、「Chapter 5 ビジネスへの応用」で詳しく紹介します。

　もちろん、イーサリアム以外にも、オープンな環境でスマートコントラクトを構築するためのプラットフォームが存在します。次図に本節で取り扱うスマートコントラクトプラットフォームの関係性を図示します。まずは、イーサリアム派生のスマートコントラクトプラットフォームから紹介しましょう。

イーサリアムクラシック

　イーサリアムクラシックは、ビットコインに対するビットコインキャッシュなどと同様に、イーサリアムからハードフォークで分岐したプラットフォームです。ただし、厳密にはハードフォークを実行した側が現在のイーサリアムであり、ハードフォークによる変更が行われなかったものが、このイーサリアムクラシックです。

　このハードフォークは、The DAO事件と呼ばれるハッキング被害への対応に対して、コミュニティ内での合意が取れず、2つのプラットフォームが分岐する結果となりました。The DAO事件とは、2016年6月に起こったイーサリアム上の盗難事件です。このとき、イーサリアム上で動作していたプ

1　https://coinmarketcap.com

図 4.2.1.1: スマートコントラクトのプラットフォームと開発支援ツールの分類

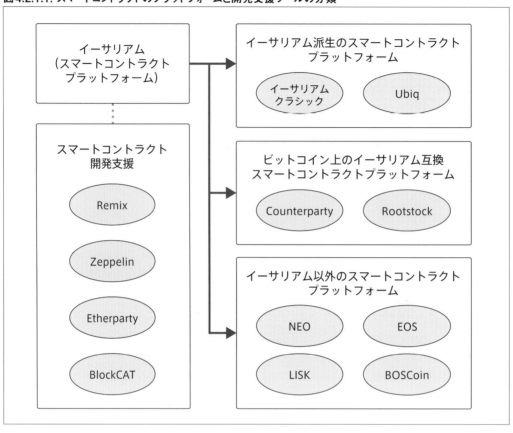

ログラム「The DAO」の脆弱性により、約360万Ether（当時約50億円）が被害に遭いました[2]。この盗難事件の影響で、イーサリアムの価値が毀損されてしまうことを懸念したコミュニティは、盗難されたトランザクションを「なかったこと」にする変更を加えて、ハードフォークを実行しました。

これに対して、「たとえ犯罪行為であっても過去に起きたことをなかったことにする行為は許さない」との意見を持つ人々が反発して、ハードフォーク前のイーサリアムを支持したものが、現在のイーサリアムクラシックです。

したがって、イーサリアムとイーサリアムクラシックは元々が同じプログラムから派生しているため、イーサリアムで動作するほとんどのコントラクトはイーサリアムクラシックでも動作します。ただし、イーサリアムが新しい機能を次々と実装して変化しているのに対し、イーサリアムクラシックはより保守的なプラットフォームを目指して開発が行われています。

例えば、イーサリアムがProof of WorkからProof of Stakeへの移行を検討しているのに対し、イー

---

2 https://www.nytimes.com/2016/06/18/business/dealbook/hacker-may-have-removed-more-than-50-million-from-experimental-cybercurrency-project.html

サリアムクラシックはProof of Workを維持する方針です。また、イーサリアムのコイン発行上限は定められていませんが、イーサリアムクラシックではビットコインなどと同様、マイニングによって発行されるコインの量を段階的に減少させ、コインの発行量に上限を設ける変更を行っています[3]。

Ubiq

Ubiq[4]は、イーサリアムのコードをベースに作られたスマートコントラクトプラットフォームです。基本的な機能はイーサリアムを踏襲していますが、イーサリアムが先進的で不安定なシステムなのに対して、Ubiqは安定したバグのないプラットフォームを提供することを目的としています。

現状、ほとんどのスマートコントラクトはイーサリアム上にデプロイされていますが、スマートコントラクトの安定的な運用を考慮すると、変化の激しいイーサリアムへのアプリケーション対応や、継続的なセキュリティ対策などの運用が困難になる可能性もあります。そうしたときに、イーサリアムクラシックやUbiqなどの、より安定性の高いプラットフォームが活用される可能性も否定できません。

4-2-2 ビットコイン上のスマートコントラクトプラットフォーム

イーサリアム上で開発されたスマートコントラクトのアプリケーションを、イーサリアム以外のプラットフォームで動作させることで、イーサリアムのプラットフォームに依存するリスクを下げつつ、スマートコントラクトを開発することが可能となります。

本項では、イーサリアム互換のスマートコントラクトを、ビットコインのブロックチェーン上で動作させる取り組みを紹介します。

Counterparty

Counterparty[5]は、Colored CoinやOmniと同様に、ビットコインのブロックチェーン上で独自通貨の発行やデジタル資産の取引を行うためのビットコイン拡張プロジェクトです。他のプロジェクトの機能を積極的に取り込み、イーサリアムのスマートコントラクトも実行できるため、スマートコントラクトプラットフォームとしても活用可能です。

プロジェクトの初期には、Counterpartyの基軸通貨であるXCPを発行するため、Proof of Burnと呼ばれるプロトコルを用いていました。Proof of Burnとは、ビットコイン上の秘密鍵が見つかっていないアドレスにBTCを送金して無効化（Burn）させることで、自動的にXCPが手に入る仕組みです。

3　http://ecip1017.com/
4　https://ubiqsmart.com/
5　https://counterparty.io/

Rootstock

Rootstock[6]は、ビットコインのサイドチェーンとして実装されたイーサリアム互換のスマートコントラクトプラットフォームです。

なお、前述のCounterpartyでは、ビットコインからCounterpartyに対してBTCを送金してXCPを入手できましたが、その逆はできません。Rootstockは、サイドチェーン技術を用いて、Rootstockとビットコインの間の通貨の交換を双方向で可能とする2Way-Pegを実現しています。

4-2-3 その他のスマートコントラクトプラットフォーム

イーサリアムやビットコイン以外にも、独自のプラットフォームでスマートコントラクトを実行できるプロダクトも多く登場しています。本項では代表的なプラットフォームを紹介します。

NEO

NEO[7]は中国を中心に開発が進められているスマートコントラクトプラットフォームです。NeoVMと呼ばれる移植性の高い仮想マシンでスマートコントラクトを実行するため、ブロックチェーン以外の環境でスマートコントラクトを実行することも可能です。

スマートコントラクトの実装のために、高水準言語コンパイラとIDEプラグインが提供されており、Java・Kotlin、.NET C＃・VB、JavaScript・TypeScript、Python、Goなどの主要なプログラミング言語をサポートしています。

また、後発プラットフォームの利点を活かして、さまざまな技術の活用が検討されており、複数ブロックチェーンを跨ぐトランザクションを発行できるNeoX、分散ストレージプロトコルのNeoFS、反量子暗号メカニズムのNeoQSなどが検討されています。

LISK

LISK[8]は、サイドチェーン技術を用いた分権的なスマートコントラクトプラットフォームです。メインのブロックチェーンに直接スマートコントラクトのプログラムをデプロイするのではなく、プログラムごとに子ブロックチェーンを作成して、子ブロックチェーンでスマートコントラクトを実行します。

サイドチェーンを用いて複数のスマートコントラクトを並列で実行することで、処理能力を向上させ、仮にスマートコントラクトに不具合があっても、影響を最小限に留める狙いがあります。

6　http://www.rsk.co/
7　https://neo.org/
8　https://lisk.io/

また、LISKにおけるスマートコントラクトの記述はJavaScriptが用いられ、多くのWebエンジニアにとって参入しやすいプラットフォームとなっています。

EOS

EOS[9]は、ユーザビリティとスケーラビリティの改善を狙うスマートコントラクトプラットフォームです。多くのスマートコントラクトプラットフォームでは、スマートコントラクトのソースコードをコンパイルしたバイトコードをブロックチェーン上にデプロイします。バイトコードの元となったソースコードは、ブロックチェーン外部にオープンソースなどの形態で公開されることが多いです。

もちろん、オープンソースとして公開されているソースコードをコンパイルして検証することで、ブロックチェーン上にデプロイされているプログラムが正しいことを確認できますが、ブロックチェーン上にデプロイされたバイトコードから、元のソースコードに必ずアクセスできる保証はありません。

EOSでは、人間が読める状態のプログラムコードを、ブロックチェーン上に直接アップデートすることが可能です。これはスマートコントラクトの透明性やユーザビリティを向上させることが狙いです。

また、非同期通信と並行処理を採用することで、スマートコントラクトのパフォーマンスやスケーラビリティの課題解決に取り組んでいます。

BOSCoin

BOSCoin[10]は、Trust Contractsと呼ばれる信頼されたスマートコントラクトのフレームワークを用いて、不具合や誤作動が起こりにくい安全なスマートコントラクトを実現するためのプラットフォームです。スマートコントラクトの実装にオントロジー言語を用いて、スマートコントラクトをデプロイする前に、安全性や実行結果を数学的に証明できる仕組みを構築しています。

以上が、パブリックなブロックチェーンにおける主要なスマートコントラクトプラットフォームの紹介です。現状では、市場規模の大きなサービスの多くがイーサリアム上で構築されており、プラットフォームとしてはイーサリアム一強の状態が続いています。しかし、イーサリアムのプラットフォームにもさまざまな課題が残されており、今後は他のプラットフォームについても需要が高まる可能性があります。

9　https://eos.io/
10 https://boscoin.io/

| 4-2-4 | スマートコントラクト開発支援ツール

本項では、スマートコントラクトのプログラムを開発するための支援ツールを紹介します。

Remix

Remix（Browser-solidity）[11] は、ブラウザ上でSolidity言語によるスマートコントラクトの開発や構築を支援するための統合開発環境（IDE）です。ブラウザを通じてローカル環境やテストネットのイーサリアムブロックチェーンに接続し、プログラムのデプロイやテストを実行できます。

Zeppelin

Zeppelin[12] は、ブロックチェーンのプラットフォーム上でセキュアなスマートコントラクトを実現するためのオープンソースフレームワークです。当面は、イーサリアムの主要なスマートコントラクト開発言語であるSolidityに絞ってフレームワークを提供することを目標にしています。

Etherparty、BlockCAT

Etherparty[13] やBlockCAT[14] は、プログラミング言語による実装が行えない非技術者でも、簡単にスマートコントラクトを構築できる開発アプリケーションです。

これらのアプリケーションでは、利用者はテンプレートに従ってフォームを埋めていくだけでスマートコントラクトを実装でき、テストネットでの検証やブロックチェーンへのデプロイまでを1つのプラットフォーム上で完結して実現することを目標にしています。

---

11 https://ethereum.github.io/browser-solidity/
12 https://zeppelin.solutions/
13 https://etherparty.com/
14 https://blockcat.io/

4-3

エンタープライズプラットフォーム

　ビットコインやイーサリアムなどのプラットフォームは、誰もが参加可能なパブリックなブロックチェーンとして構築されています。しかし、ブロックチェーン技術をビジネスに応用する場合、必ずしもパブリックな環境が適正であるわけではありません。

　本節では、ブロックチェーン技術を参加者が制限されたパーミッションドな環境で活用するためのプロダクト、クラウド上でブロックチェーンを活用するプラットフォームを紹介します。
　次図は、本節で紹介するパーミッションドブロックチェーンのプロダクト、ブロックチェーンをクラウド上で活用するPaaSプラットフォームの関係を図示したものです。点線の矢印は、それぞれのプロダクトやサービスが継承もしくは依存しているプロダクトを示します。

図 4.3.1.1: パーミッションドブロックチェーンとブロックチェーン PaaS プラットフォーム

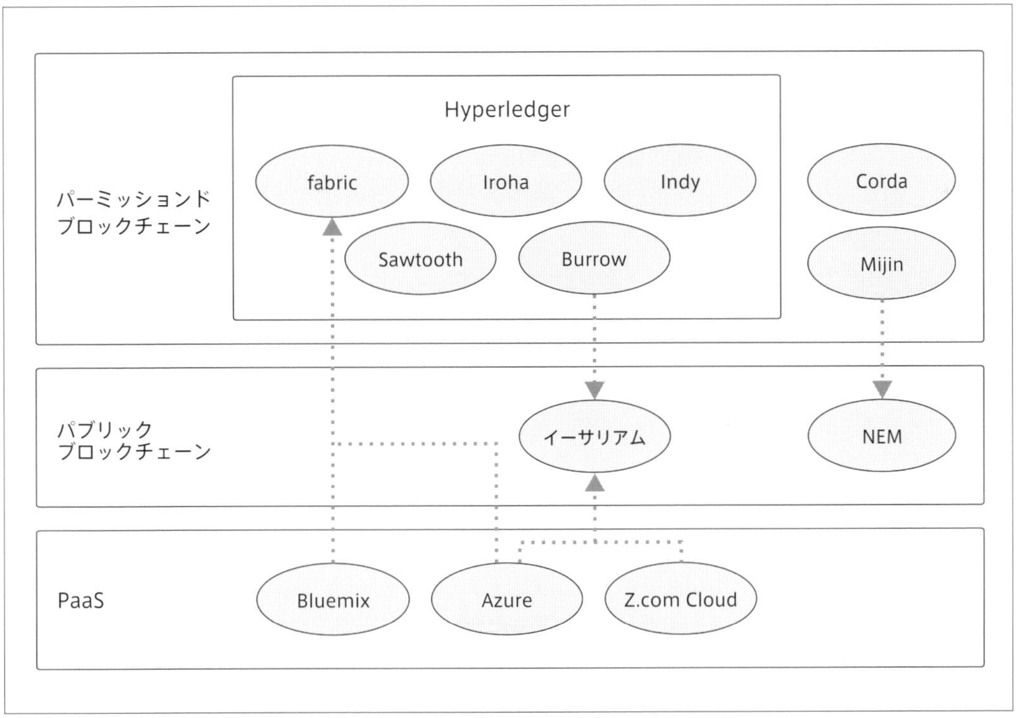

Chapter 4 | ブロックチェーンプロダクトの比較

4-3-1 パーミッションドブロックチェーン

ビットコインを筆頭とするパブリックなブロックチェーンは、不特定多数の参加者から構成される
P2Pネットワークで、1つの台帳（Ledger）を運用する技術です。また、ブロックチェーン技術は、複
数の企業を繋ぐP2Pネットワークや単独組織内でのP2Pネットワークに応用することも可能です。

組織内のネットワークに限定するなどビジネス用途でのブロックチェーン活用を考えたとき、不特定
多数の参加者を考慮することは必ずしも必要ではありません。あらかじめ許可されたノードだけの参加
を想定すれば、システム全体の規模も把握しやすく、システムの規模に合わせたチューニングによりパ
フォーマンスを向上させることも可能です。

不特定多数の参加者を想定しないパーミッションドブロックチェーンは、狭義のブロックチェー
ンの定義には当てはまらないため、より広い概念である分散台帳技術（DLT：Distributed Ledger
Technology）と呼ばれることもあります。

4-3-2 Hyperledgerプロジェクト

Hyperledger[1]は、ブロックチェーン技術のビジネス活用のためのオープンソースプロジェクトです。
2015年12月にLinux Foundationによって発足し、2017年11月現在では100を超える大手企業や
金融機関、テクノロジー企業が参画しています。

Hyperledgerプロジェクトは、ビットコインなどの不特定多数の参加者が存在するシステムではなく、
特定の業界や企業内で閉じたネットワークで、ブロックチェーン技術を活用するためのフレームワーク
やツール群を開発・提供します。

Hyperledgerプロジェクトには、いくつかの分散台帳フレームワークや周辺ツールが存在しています。
本項では代表的なプロダクトの概要を紹介します。

Hyperledger fabric

Hyperledger fabric[2]は、IBMが主導して開発を進めている分散台帳フレームワークです。

大別すると、メンバーシップサービス、ブロックチェーンサービス、チェーンコードサービスで構成
されており、メンバーシップサービスによって参加者の識別や権限管理が行われ、その参加者によって
構成されるブロックチェーンサービス上で、チェーンコードと呼ばれるスマートコントラクトを実行で
きます。

1　http://hyperledger.org/
2　https://github.com/hyperledger/fabric

分散ノードのコンセンサスアルゴリズムには、ビットコインなどで採用されている不特定多数の参加者を想定したナカモトコンセンサスではなく、限られた参加者を想定するPBFTやSIEVEなどのコンセンサスアルゴリズムを選択可能になっています。

スマートコントラクトを記述するチェーンコードには、Go、Java、Node.jsによるプログラミングがサポートされています。なお、Hyperledger fabricを用いて構築したサービスでは、ダイヤモンドや高級車などの高額資産の来歴を管理するEverledger[3]が有名です。

Hyperledger Sawtooth

Hyperledger Sawtooth[4]は、Intelによって開発が進められている分散台帳フレームワークです。コンセンサスアルゴリズムに、Proof of Elapsed Time（PoET）と呼ばれるアルゴリズムを利用していることが特徴です。

Proof of Elapsed Timeは、分散システムにおけるコンセンサスをソフトウェア的に解決するのではなく、専用のハードウェア（CPU）を用いて解決することで、大量の参加者が存在するネットワークであっても効率的なコンセンサスを実現することを目指すアルゴリズムです。なお、このアルゴリズムの利用にはIntel製のハードウェアが必要となるため、開発用のエミュレータも提供されています。

Hyperledger Iroha

Hyperledger Iroha[5]は、ソラミツ株式会社が主導して開発が進められている分散台帳フレームワークです。「スメラギ」と呼ばれる独自のコンセンサスアルゴリズムを持ち、Webアプリケーションやモバイルアプリケーション開発用のライブラリが充実している点が特徴です。

ちなみに、開発パートナーや協賛企業に日本国内の企業が多いことも特徴的です。

Hyperledger Burrow

Hyperledger Burrow[6]は、Monaxが主導して開発が進められている、イーサリアムを元にした許可制のスマートコントラクト実行フレームワークです。

現在スマートコントラクトアプリケーションの実装に関する知見が最も蓄積されているのがイーサリアムのプラットフォームであることから、イーサリアムにおける知見をビジネスに活かす上で、Hyperledgerプロジェクト初のイーサリアムベースのスマートコントラクト基盤である、Hyperledger Burrowへの期待が高まっています。

---

3 https://www.everledger.io/
4 https://github.com/hyperledger/sawtooth-core
5 http://iroha.tech/
6 https://www.hyperledger.org/hip_burrowv2

Hyperledger Indy

Hyperledger Indy[7]は、Sovrin Foundationによって開発が進められている、特定の国や組織に依らない、独立したアイデンティティ「Self-Sovereign Identity」(SSI) の実現を目指すプロジェクトです。

Sovrin Foundationでは、この独立したアイデンティティの基盤であるSovrin IDの開発、運用を行っており、コードベースがIndyとなります。Indyでは、Hyperledgerの他のプロジェクトなどでもIndyを用いたアイデンティティが利用可能なツールやライブラリの提供も目指しています。

4-3-3 Corda

Corda[8]とは、R3によって開発が進められている、金融業界のための分散台帳プラットフォームです。

現在の金融取引では、取引の当事者がそれぞれの立場や解釈から取引履歴を記録・管理しているため、当事者間でデータの重複や認識の齟齬があったり、それらの調整に多くのコストが発生したりといった課題があります。

Cordaは、ブロックチェーン技術を応用したグローバルな管理台帳を用いて金融取引を一元管理することで、当事者間での認識の不一致を減らし、迅速な合意形成を実現するプラットフォームの構築を目指しています。

Cordaにはブロックチェーン技術のアイデアが数多く盛り込まれていますが、ブロックやマイニングなどの概念は存在せず、信頼されたタイムスタンプサーバを用いた実時刻との正確な同期を必要としている点などから、ブロックチェーンとは大きく異なるアーキテクチャとなっています。また、汎用的なコントラクトではなく、あくまで金融向けのアプリケーションに特化している点でも、イーサリアムなどの既存の汎用的なプラットフォームとは一線を画しています。

なお、CordaのソースコードはApacheライセンスでオープンソースとして公開されており[9]、将来的にはHyperledgerプロジェクトに寄与される可能性もあります。

4-3-4 Mijin

Mijin[10]は、テックビューロ株式会社[11]が開発・提供しているNEMベースのプライベートブロックチェーン構築プラットフォームです。

---

7 https://www.hyperledger.org/blog/2017/05/02/hyperledger-welcomes-project-indy
8 https://www.corda.net/
9 https://github.com/corda/corda
10 http://mijin.io/ja/
11 http://techbureau.jp/

NEMとの相互運用性を保って開発が進められており、パブリックな基盤としてのNEMと、プライベートビジネス用途のMijinを統合したエコシステムの構築を目指しています。

中部電力株式会社によるエネルギー分野へのブロックチェーン活用の実証実験や、株式会社LIFULL、株式会社カイカによる不動産情報の共有・利用実証実験、一般社団法人日本ジビエ振興協会による食肉流通トレーサビリティへの活用などの利用事例があります。

また、2017年11月には、Mijinの新バージョンであるCatapultのクローズドベータテストプログラムが発表され[12]、処理の高速化や高機能化などが進められています。

4-3-5 ブロックチェーンのためのクラウドサービス

本項では、ブロックチェーン技術を活用するためのクラウドサービスを紹介します。

一般的に、企業がWebサービスを展開するためには、サービスを提供するサーバを、自社の内部かクラウド上に準備する必要があります。パブリックなブロックチェーンであれば、アプリケーションをデプロイするためにサーバを準備する必要はありませんが、閉じた環境で新たにブロックチェーンを構築する場合には、サーバの準備が必要です。

ブロックチェーンのためのクラウドサービスを用いれば、自社でサーバを用意しなくとも、独自のブロックチェーン環境を構築することが可能です。

Microsoft Azure

Microsoft Azureでは、イーサリアムやHyperledger fabricのコンソーシアム型／プライベート型ブロックチェーン基盤を構築、運用するためのPaaS型プラットフォームとして、Blockchain as a Service[13]を提供しています。コンソーシアム型とは、複数の企業が連携して1つのブロックチェーン基盤を利用する際に呼ばれる名称です。

また、Azureでは、Ethereum Studio[14]と呼ばれるスマートコントラクトの統合開発環境も提供されており、スマートコントラクトの開発や構築もサポートしています。

IBM Blockchain

IBMは、Hyperledger fabricを用いたブロックチェーン基盤をクラウド上に構築するプラットフォー

---

12 テックビューロがブロックチェーン製品mijinの新バージョン2.0 Catapultのクローズドβテストプログラムを開始: http://mijin.io/ja/1230.html
13 https://azure.microsoft.com/en-us/solutions/blockchain/
14 https://azuremarketplace.microsoft.com/en-us/marketplace/apps/ethereum.ethereum-studio?tab=Overview

95

ムとして、Blockchain on Bluemix[15] を提供しています。

Hyperledger fabric自体もIBMが主導して開発を進めており、fabric上のスマートコントラクト開発のための開発環境であるHyperledger Composerなども提供されています。

GMO Z.com Cloud ブロックチェーン

GMOインターネット株式会社では、イーサリアムプラットフォームの機能を企業や自治体などが活用するためのオープンソースのフレームワークやサービスをリリースしています。

GMOが提供する「Z.com Cloud ブロックチェーン」は、イーサリアム上でスマートコントラクトを構築・運用するためのPaaS型プラットフォームです。また、このZ.com Cloud ブロックチェーン上で提供されるアプリケーションとして、独自のトークンを発行するための「地域トークン」や、トークンの交換を行うための「トークントレーダー」などを提供しています。

---

15 https://console.bluemix.net/catalog/services/blockchain/

Chapter 5

ビジネスへの応用

具体的な課題解決のためにブロックチェーン技術を活用して、
どのようなサービスを提供できる可能性があるのか、
現在の事例をもとに考察します。
また、持続可能性のあるサービスを提供するために、
どのように収益化するかも考察します。

Chapter 5 ｜ ビジネスへの応用

5-1

ブロックチェーンサービスの
アーキテクチャ

　本節では、ブロックチェーンアプリケーションを実装する上で必要となるサービスのアーキテクチャ概要を解説し、ブロックチェーンアプリケーションをビジネスに応用する方法を検討します。ブロックチェーン技術を収益化する方法として、インターネットでの事例と比較しながら考察します。

　Chapter 2〜4では、ブロックチェーン技術からブロックチェーン上で動作するアプリケーションの原理を解説し、さまざまなブロックチェーンのプロダクトを紹介しました。ブロックチェーンアプリケーションの特徴やプロダクトを理解できたところで、早速アプリケーションを開発したいと考えたはずです。ブロックチェーン技術が注目を浴びて以来、さまざまなアプリケーションが考案されたり、既存サービスへのブロックチェーン技術の導入が検討されています。

　しかし、現在考案されているブロックチェーンアプリケーションを確認すると、ブロックチェーンを利用する必然性があるのか、既存技術でも十分に実装可能なのではないかと思われるサービスも数多く存在します。

　せっかくブロックチェーンアプリケーションを実装するのであれば、ブロックチェーン技術のメリットを活かしつつ、需要の高いサービスを提案できることが望ましいでしょう。また、既にブロックチェーン技術を用いる数多くのサービスがリリースされています。実装を検討しているサービスが既に存在したり、既存のものを組み合わせることで容易に実現できる可能性もあります。

5-1-1　アーキテクチャ

　まずは、ブロックチェーン技術を用いてサービスを提供する場合のアーキテクチャを簡単にまとめてみます。理解を容易にするため、次図を参考にインターネットでのWebサービスと対比してみましょう（図5.1.1.1参照）。

　ブロックチェーンを用いてサービスを提供するために、構成要素として必要となるものは、ブロックチェーンの基盤、ブロックチェーン上で動作するアプリケーション、そしてアプリケーションを扱うためのクライアントサービスです。

　この3項目とWebサービスのアーキテクチャを比較してみましょう。Webサービスで、ブロックチェーン基盤に相当するものはインターネットそのものです。その基盤の上で動作するアプリケーションは、

98

図5.1.1.1: ブロックチェーンサービスとWebサービスのアーキテクチャ比較

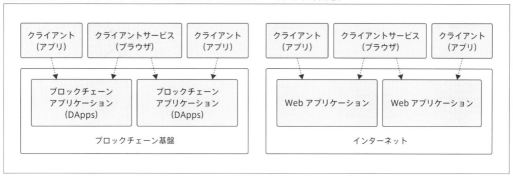

Webアプリケーションといえます。このWebアプリケーションを利用者が使うためには、Webページやスマートフォンアプリなどのクライアントサービスが必要です。

これと同様に、ブロックチェーンアプリケーションを活用する場合も、ブロックチェーンの基盤の上にアプリケーションが動作し、このアプリケーションを利用者が活用するためのインターフェイスとしてクライアントサービスが存在します。

ブロックチェーン技術をビジネスに活用するには、このアーキテクチャのどの部分に参入するのか意識することが必要です。既存のブロックチェーン基盤の上で動作するアプリケーションを利用すれば良いのか、それとも新規でブロックチェーンアプリケーションを開発しなければならないのか、ブロックチェーン基盤そのものを開発しなければならないのかによって、必要なコストや収益のモデルもまったく異なります。

本節では、自社のサービスなどに暗号通貨やその他のブロックチェーン技術を活用するための具体的な手法として、導入の難易度に応じた4段階（図5.1.1.2参照）で事例を交えながら紹介します。

第1段階は、暗号通貨や既存のブロックチェーンアプリケーションを用いて、自社サービスの収益を効率化したり利益を上げる方法です。この段階では新しいシステムを開発することなく、既に提供されているサービスを利用して収益を上げます。

第2段階は、これから暗号通貨やブロックチェーンアプリケーションを利用してみたいと考える利用者に対して、有益なサービスを提供することで収益を上げるモデルです。

第3段階は、独自にブロックチェーンアプリケーションを実装し、それによって収益を上げる方法です。事例は「5-4 新しいブロックチェーンアプリケーションの提供」で紹介し、具体的なアプリケーションの実装に関しては、「Chapter 6 アプリケーション開発の基礎知識」以降で紹介します。

第4段階は、新たなブロックチェーン基盤の構築や新しいブロックチェーン技術の提案、研究開発です。最も先進的でなおかつ難易度が最も高いものです。まだまだ実験段階にあるためビジネスとして活用するにはハードルが高いといえますが、10年後や20年後の将来を見据えた投資として有効でしょう。

図5.1.1.2: 難易度に応じたブロックチェーン技術活用の4段階

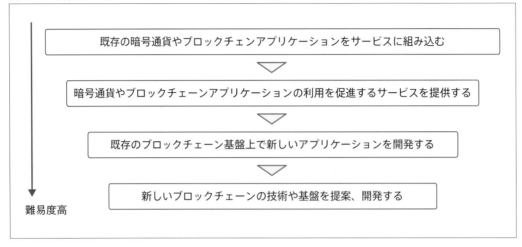

5-1-2 新たなビジネスモデル

ブロックチェーン技術は、「Chapter 1 ブロックチェーンとは」でも解説した通り、通貨発行権の民主化や契約の自動化を実現できます。通貨発行権の民主化は、これまで国家が独占していた、通貨を発行することによる利益（シニョリッジ[1]）を自由化することに繋がります（図5.1.2.1参照）。

また、スマートコントラクトによる契約の自動化は、これまで企業や法人に依存していたさまざまなサービスが民主化され、企業が存在しなくても、さまざまなサービスが実現できる世界を予感させます。

図5.1.2.1: 暗号通貨とDAppsによる民主化

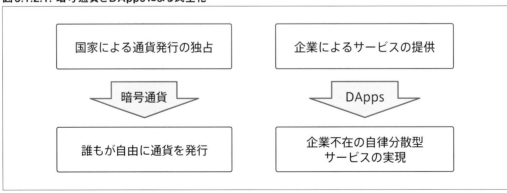

1　Seigniorage、通貨発行益または通貨発行特権のことを意味します。

ブロックチェーン技術の登場によって、従来までのビジネスモデルが通用しない世界が到来することも考えられ、新たな世界の変化に今から真剣に検討することが重要です。

　それでは、将来起こり得るビジネスモデルの転換にどのように向き合えば良いのでしょうか。幸いにも、既にインターネットの登場による世界の変化を経験しています。ブロックチェーン技術と同様の特徴を持つインターネット技術の歴史に学ぶことで、新しい技術に向かい合う術を考えてみましょう。特に参考になるのは、次項以降で説明する、オープンソースとクラウドファンディングの登場によるビジネスモデルの転換です。

5-1-3 オープンソースとブロックチェーン技術

　オープンソースとは、ソフトウェアのソースコードをインターネット上などで広く公開し、一定のライセンスの元、誰でも無償でソースコードの利用や改変、再配布などができるソフトウェアのことです。
　オープンソースソフトウェアが広く普及する前は、ソフトウェアのソースコードを企業が無償で公開することは受け入れがたいことだったでしょう。ソフトウェア開発会社やインターネット上でサービスを提供する企業にとって、自社で開発したサービスのソースコードはビジネスで非常に重要な資産です。それを無償で公開し、誰でも自由に利用可能にすることはとても破壊的なことでした。

　オープンソースの登場による衝撃は、現在のブロックチェーンアプリケーション（DApps）の登場と似ています。DAppsでは、パブリックなブロックチェーンネットワークにプログラムをデプロイすることで、特定の管理者がいない状態でさまざまなアプリケーションを実現できます。つまり、特定の企業が存在していなくてもサービスを実現できることと同義です。
　普通に考えれば、企業が存在しなくても動き続けるアプリケーションを、企業がコストを掛けて実装するモチベーションがあるのか疑問です。また、個人でも金銭的なメリットのないアプリケーションを実装するモチベーションがあるのでしょうか。オープンソースと比較しながら、この疑問を検討してみましょう。

オープンな開発によるメリット

　現在、オープンソースソフトウェアで収益を上げている企業は多数存在します。業務の一環としてオープンソースソフトウェアの開発や貢献を続けている企業もあります。オープンソースとして開発されたソフトウェアは誰でも無償で利用できます。これらの企業はどのように収益を上げているのでしょうか。

　オープンソースの基本的な考え方は、集合知によるプロダクトの品質向上です。1つの市場に複数の企業が参入してそれぞれが情報を共有しないまま開発を競う場合、同じ機能を各企業で実装する必要が

あります。しかし、新しい機能を各社で新規で開発することは、多大なコストを要します。自社で独自に新機能を実装するより、既に他社が実装済みのものを利用するほうがはるかに簡単です。したがって、コストを掛けて新規の機能を開発した企業は、自社で開発した機能を競合会社に漏れないよう厳重に管理することになります。追加のコストが必要になり、さらに先進的な開発に注力できません。

このようなクローズドな開発に対して、オープンな開発では、多くの企業で共通に必要な機能は全員で協力して開発し、その基本的な機能に対する付加価値を各社が追求します。基礎技術は広く公開して開発を進めることで、技術の標準化やバグ発見率の向上などのメリットが生まれます（図5.1.3.1参照）。
　また、新しい市場の開拓には、新しい技術はもちろん、ライフスタイルが受け入れられる必要があります。そのためには、特定の企業が単独で市場を開拓するよりも、同業の企業が協力して技術やサービスの普及に努めるのが効率的です。その上で、各社がそれぞれの独自性を打ち出し、その差異を価値と

図5.1.3.1: クローズドな開発と比較したオープンな開発のメリット

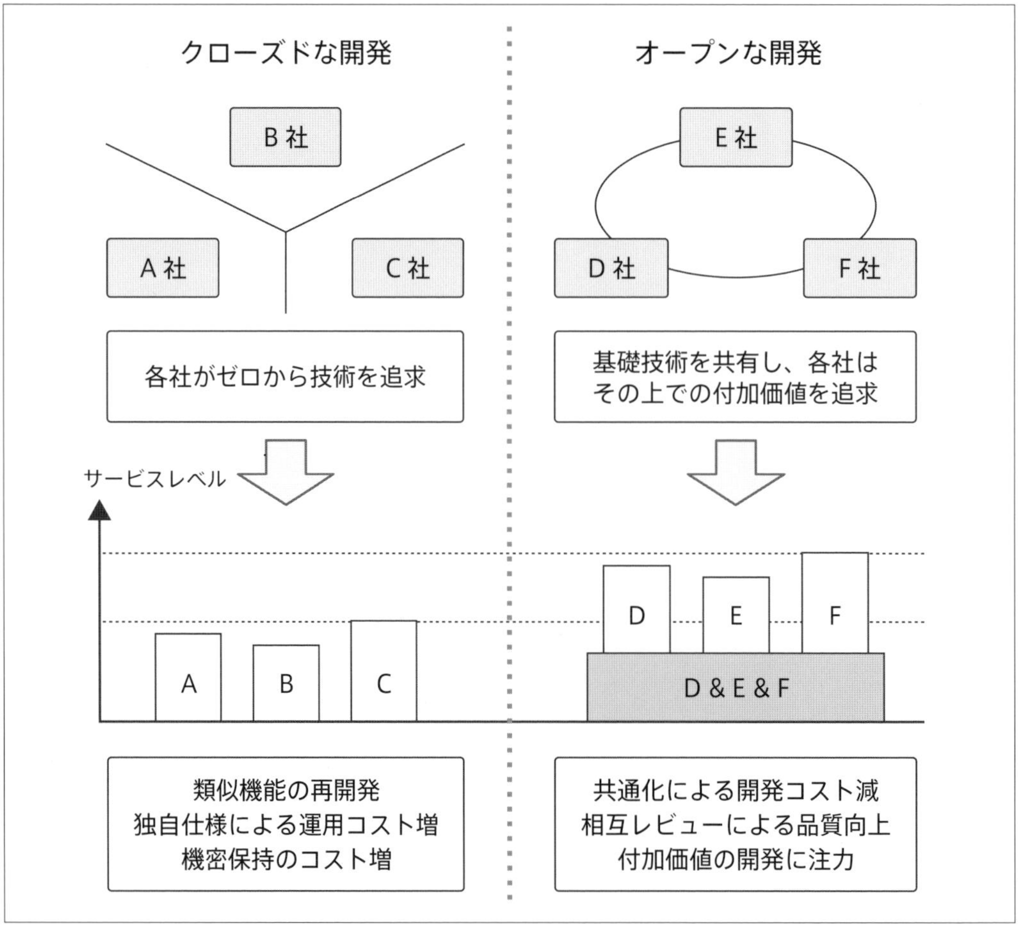

して展開することで、クローズドな開発に比べて高品質なサービスを提供できる可能性があります。これも「Chapter 1 ブロックチェーンとは」で解説した、インターネット登場による「所有から共有へ」という価値観の変化の一例です。

　オープンソースによるLinuxやNetscapeブラウザの開発がなければ、インターネットの発展は今ほどの速度では進まなかったでしょう。同様のことがブロックチェーンの発展にもいえます。

　例えば、医療分野でのブロックチェーン技術の活用として、各病院が個別に管理している患者のカルテ情報を効率的かつ安全に一元管理することが検討されています（図5.1.3.2参照）。各病院が類似のシステムを独自に構築して管理していたモデルから、カルテを管理する分散型の台帳システムを多くの病院で共同して運用するモデルへの転換は、クローズドな開発からオープンな開発に転換したオープンソースの発想に似ています。

図5.1.3.2：ブロックチェーンや分散台帳技術による病院間のデータ共有構想

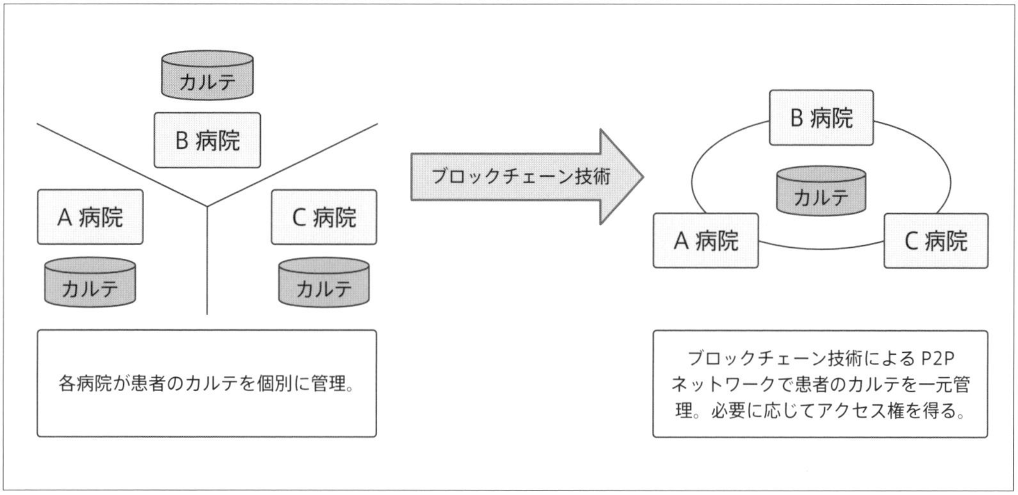

オープンソースのマネタイズ分類

　続いて、オープンソースでマネタイズに成功しているモデルから、ブロックチェーン技術をどのように収益化へと結び付けられるかを考えてみましょう。

　オープンソースソフトウェアに特化したメディアを提供するMOONGIFT[2]によると、オープンソースの具体的なビジネスモデルとして12個の事例があげられています。これらのビジネスモデルは、ブロックチェーン技術をビジネスに活用して収益化する際にも参考になります。

2　株式会社MOONGIFT（http://moongift.co.jp/）。

Chapter 5 | ビジネスへの応用

　次表に、12個のビジネスモデルの説明と対応するブロックチェーンビジネスへの応用動向をまとめています（表5.1.3.3参照）。ブロックチェーンビジネスの動向は次節以降で具体的な事例を紹介します。

表5.1.3.3: オープンソースのビジネスモデルとブロックチェーンへの応用 [3]

OSSのビジネスモデル	説明	ブロックチェーンビジネスへの応用動向
コンサルティング	プロダクト活用の実施や教育を行う	ブロックチェーン技術を活用するためのコンサルティングを提供する企業も多く登場しつつある
ライセンス販売	無償と有償のデュアルライセンスを提供し、付加価値の高い有償ライセンスを販売する	マイニングやプライベートチェーンなどのソフトウェアの一部は有償ライセンスで販売されている
サポート	技術的なサポートを提供する	暗号通貨を決済機能として動向する際のサポートなどが提案されている
カスタマイズ	プロダクトを個々のビジネスに最適化して提供する	カスタマイズされた独自の通貨やトークンを簡単に発行できるプラットフォームが提供されている
SaaS/ASP	ライトユーザーに対してホスティング済のプロダクトを提供する(例：Wordpress)	オンラインの暗号通貨取引所やウォレットサービス、スマートコントラクト開発環境など様々なサービスがSaaS/ASPとして提供されている
マーケットプレイス	OSSをプラットフォームとして、その上で利用できるソフトウェアを販売する	電子的な資産を取引するプラットフォームとしてのブロックチェーン基盤も数多く提案されている
ドネーション	協賛者からの寄付を募る	暗号通貨を用いたオンラインでの寄付は数多く実施されている
種まき	既存の市場を破壊し、新しい市場を作る	シェアリングエコノミーをはじめ、これまで存在しなかった様々な市場が開拓されつつある
ハードウェアとのセット	OSSを組み込んだハードウェアを販売する	ハードウェアウォレットやブロックチェーン技術を応用したIoTデバイスなどの販売が考えられる
広告	公式サイトやOSS内に広告を表示する	ウォレットなどのクライアントアプリケーションでは未だに広告が有効な収益モデルとなっている
スポンサー/財団	財団や企業をスポンサーとして資金援助を受ける(例：Apache、Mozillaなど)	Hyperledger Projectをはじめ、企業からの協賛を受けたプロジェクトも多数ある
グッズ販売	OSSに関連するロゴやTシャツ、書籍、ぬいぐるみなどを販売する	ロゴや書籍などはもちろん、電子化されたトレーディングカードなどもグッズとして取引されている

5-1-4 クラウドファンディングとICO

　暗号通貨やブロックチェーン界隈では、ICO（Initial Coin Offering）と呼ばれるトークンセールが頻繁に行われています。ICOとは、新しいサービスを開発するための資金調達を主な目的として、独自の暗号通貨を発行・販売することです。

　企業が新規に上場して株式を販売するIPO（Initial Public Offering）とよく対比されますが、性質としてはむしろクラウドファンディングに似ています。クラウドファンディングとは、新規プロジェクトの資金調達を主な目的として、不特定多数の人々から寄付や出資を募る手法です。

　IPOとクラウドファンディング、ICOなどは、そのアイディアは類似していますが、お金を出資する

3　https://toiroha.jp/article/detail/35136 を元に作成

人々の傾向には異なります。IPOで株式を購入するのは主に投資家です。投資家の目的は投資した資金を最大の利率で回収することです。したがって、ビジネスモデルとして成功率の高い、または期待する利益が高いプロジェクトに集中することが多々あります。

一方、クラウドファンディングでは、一般人が気軽に資金を提供できる仕組みが用意されており、ユーザーの間口がIPOに比べて広いのが特徴です。もちろん、投資目的の場合もありますが、投資の回収よりむしろ、プロジェクトの目的や理念に共感し協賛したいと考えて出資するケースが多いでしょう。

クラウドファンディングの例として、映画の制作に活用する場合を取り上げましょう。クラウドファンディングによる映画制作の資金調達では、多くの映画配給会社が見向きもしない映画の制作に、多額の金額が一般人から集まるケースが多々あります。これは、企業がビジネスの観点からの評価と、観客としての映画の評価が必ずしも一致しないことを示しています。

また、クラウドファンディングでは、出資に対するインセンティブは特に定められておらず、完全に無報酬のものや何らかの贈呈品が送られるケース、作品のクレジットに名前を記載されるなどの特典があるケースもあります。プロジェクト数は多くありませんが、金銭的なインセンティブが支払われるものもあり、融資型クラウドファンディングやソーシャルレンディングとも呼ばれます。

クラウドファンディングを実行する場合、通常はクラウドファンディングを提供する企業のサービスを利用して実施します。このクラウドファンディングを、独自の暗号通貨を用いて特定企業のサービスによらず実施可能にする仕組みがICOです。

ICOとは

ICOの形態や定義は明確に定まってはいませんが、まずは典型的なICOの仕組みを紹介しましょう。ICOで新しいプロジェクトを作成するときに、そのシステムで利用する通貨（トークン）をシステム実装前に売り出すことが典型的です。通常は発行トークンの一部を開発者の元に取り置き、残りを一般向けに売り出します。トークンはBTCやETHなどメジャーな暗号通貨で購入するケースが多いでしょう。

ICOで資金を得たプロジェクトは、その資金を元にシステムを開発してリリースします。リリースされたサービスでは、ICOで入手したトークンを利用できます。一般的にトークンは発行時に上限が設けられていることが多く、そのサービスが広く普及した場合はそのトークンの価値が上がっていくことになります。トークンの価値が上がることで、開発者の手元に残された資産の価値や、ICOに協力した人々の資産が増えることになります。この特徴はIPOの株式と似た仕組みです。

ICOのためのプラットフォームや技術的な仕組みは、既にかなり整えられており、ICOの実施自体は非常に敷居が低くなっています。初のICOは「4-1-2 ビットコイン2.0プロダクト」で紹介した、「Omni」（旧Mastercoin）の基軸通貨であるMSCを、100 MSC = 1 BTCでプリセールしたものだといわれています。旧Masterconの場合、総額で5120 BTC（当時約50万ドル）を集めました[4]。

---

4 Vitalik Buterin (Nov. 2013), Mastercoin: A Second-Generation Protocol on the Bitcoin Blockchain（Bitcoin Magazine）: https://bitcoinmagazine.com/articles/mastercoin-a-second-generation-protocol-on-the-bitcoin-blockchain-1383603310/

ICOの市場規模は、2017年時点でベンチャーキャピタルによる投資額をはるかに上回る額まで膨れています（図5.1.4.1参照）。今後、ICOがどう進展するかは定かではありませんが、ICOに出現によって、これまでの投資プラットフォームではビジネスとして成立しない、新しいサービスを実現できる可能性もあります。

図5.1.4.1: VCとICOによる資金調達額の推移

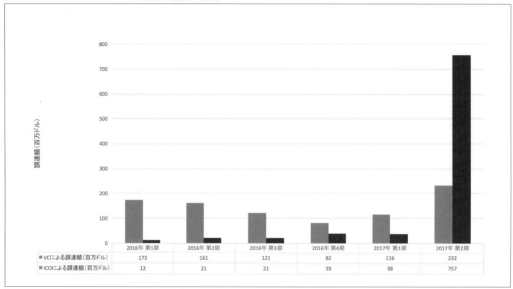

参照元：https://www.cbinsights.com/research/blockchain-startup-deals-ico-trend/

　起業家には社会的な課題を解決する手段として起業する、社会起業家と呼ばれる人たちがいます。ビジネス起業家は、ビジネスの売上や利益を元に実績を測りますが、社会起業家は、その価値を社会にどれだけの影響を及ぼしたかで測ります。

　従来、社会起業家の行うビジネスは高い持続可能性（サスティナビリティ）があっても、高い収益が得られないものは、大きな投資を得ることが困難でした。しかし、クラウドファンディングやICOの登場で、利益を追求するビジネスモデルではなく、社会的なインパクトや共感で資金を得ることが可能となりつつあります。そのような社会では、社会起業家こそが真の起業家として評価されることになるかもしれません。

　一方、ICOに関する法的整備は十分ではなく多くの課題が残されています。ICOで資金を集めたにも関わらず未着手のプロジェクトも多く存在しています。プロジェクトが未完のまま停止しても規制する法律は現時点ではありません。したがって、多くのICOが詐欺と取られることも多いのが現状です。

　そこで、ICOの公平性や透明性を高める工夫も継続的に行われています。前述のMastercoinを踏襲したCounterpartyでは、誰も秘密鍵を持っていないビットコインのアドレスにBTCを送付して、自動

的にCounterpartyの基軸通貨を受け取れる「Proof of Burn」と呼ばれるアイデアで、透明性を高めようとしました。

　また、ICOによる資金調達が広まると、より早くより多くの資金を調達するため、初期段階の購入にボーナスが提供され、早期購入者ほど有利な条件で購入できる仕組みが増えていきました。しかし、それに伴い購入競争が激化し、後から参加する場合は不利な条件で購入せざるを得ない、新たな課題も発生しています。
　激化する購入競争の課題を解消するため、Gnosisと呼ばれるプロジェクトのICOは、ダッチオークション形式によるICOを実施しています。トークンの購入を高い価格から開始して、時間と共に下げることで、参加者が納得したタイミングで購入できる形式です。

　ダッチオークションは、元々はオランダでチューリップなどのオークション実施のために考案されたものです。チューリップなどの生花は日持ちが短く、早期にオークションを閉じる必要があったため、値段が付いた段階で即座に売却できる方式として利用されました。
　GnosisのICOでは、このオークション形式を利用して、逆にICO期間を長期化させて、多くの人がトークンを得る機会を増やすことを目指しました。しかし、ICOへの期待が過熱していたことやGnosis自体への期待の高さなどから、オークション開始直後の高い値段でも注文が殺到し、約10分で想定資金調達額の上限に達してしまいました。高い値段でトークンが売れてしまった結果、発行トークンの一部しか市場には放出されず、大部分が開発チームの手元に残ることになりました。結果的に約10分のICOで膨大な資金（総額300億円）を調達したことで大きな話題を呼んだものの、当初の多くの人にトークンを行き渡らせる目的は達成できず、公平性に課題を残す結果となりました。
　この結果を受けて、Raidenと呼ばれるプロジェクトでは、発行トークンの50%売却を保証してダッチオークション形式のICOを実施しました。その結果、RaidenのICOは約10日間に及ぶ長い期間をかけ、約4,200アドレスに対して分配されました[5]。

　また、ICOの実施者が強い権限を持ちすぎる状況を健全化するため、日本の分散技術総合研究所（DRI）によるRICO（Responsible ICO）[6]や、Vitalik氏によるDAICO（DAO＋ICO）[7]など、新たなICOフレームワークも登場しています。RICOではスマートコントラクトを用いて、トークン生成やオーナーが保持するトークンの引き出しを一定期間ロックする機能などが実現されています。DAICOでは、プロジェクトチームが毎月利用できる資金量を参加者の投票でコントロールでき、プロジェクト達成が困難な場合は投票でプロジェクトを解散させ、参加者が資金を回収できる機能が提唱されています。

5　Raiden Network (Nov. 2017), Raiden Network Token Launch concluded: https://medium.com/@raiden_network/raiden-network-token-launch-concluded-3fb429e27731
6　https://github.com/DRI-network/RICO
7　Vitalik Buterin (Jan. 2018) Explanation of DAICOs: https://ethresear.ch/t/explanation-of-daicos/465)

Chapter 5 | ビジネスへの応用

5-2

ブロックチェーン
アプリケーションの利用

本節では、ブロックチェーンアプリケーションの開発に先立ち、アプリケーション利用者の立場から、暗号通貨やその他のブロックチェーンアプリケーションの活用を検討します。

ブロックチェーンのアプリケーション開発を進める前に、既存ブロックチェーンアプリケーションの種類や利用方法に関する知識を深めます。

5-2-1 暗号通貨の利用

暗号通貨としてのビットコインは、最初のブロックチェーンアプリケーションです。ビットコイン以降も、ブロックチェーン技術を用いた暗号通貨であるオルトコインをはじめ、イーサリアムなどのブロックチェーン基盤上で発行できるトークンなどが数多く登場しています。これらのコインやトークンを用いて、個人間での送金や店舗での決済が簡単に実現可能になっています。

送金と決済の区別

まずは、「送金」と「決済」の違いを確認しましょう。送金も決済も、ある人から別の人にお金を移動させる点では技術的な違いはありません。送金と決済を特に区別しない国もありますが、日本では法律的な扱いが異なります。

決済とは、何らかの取引の結果としてお金を支払う義務（債務）が発生した際に、実際にお金の受け払いをして、その義務を解消する行為を指します。

一方、送金は、遠隔地にいる相手に対して、直接現金を受け渡すことなく金銭の受け渡しをする行為です。法律上、送金は「為替取引」として、銀行法によって長年銀行の独占業務となっていましたが、2009年に資金決済法が制定され、銀行以外の資金移動業者も登録制で送金が可能になっています。

送金を行う事業者は銀行法や資金決済法の下で金融規制が掛かる一方で、決済は必ずしも金融規制が掛かりません。2009年に資金決済法が制定された背景として、インターネットの普及で電子的な決済が可能となり、その電子的な資金をどのように扱うかが課題となったことがあります。

2009年当時、電子的な資金を扱うのは事業者であることが前提でしたが、暗号通貨の登場で、事業者ではない個人間でも送金が可能となっています。これを受けて、暗号通貨を「仮想通貨」として扱う形で資金決済法が改正され、2017年4月1日から施行されています。

108

5-2-2 実店舗における決済手段としての利用

暗号通貨を決済手段に利用するメリットを考えてみましょう。比較対象は、現金（法定通貨）やクレジットカード、電子マネーなどです。下表にそのメリットを示します（表5.2.2.1参照）。

表5.2.2.1: 既存の決済手段と比較した暗号通貨決済のメリット

	利用者視点	店舗視点
現金との比較	物理的管理が要らない。 国外でも利用できる。	現金の過不足が発生しない。 盗難リスクがない。
クレジットカードとの比較	誰でも利用できる。 限度額がない。	比較的すぐに代金が手に入る。 決済手数料が安い場合がある。
電子マネーとの比較	限度額がない。	比較的すぐに代金が手に入る。 決済手数料が安い場合がある。

利用者視点のメリット

まずは、利用者の視点で考えてみましょう。

現金と比較すると、暗号通貨は物理的な財布を管理する必要がなく、両替やお釣りの処理に困ることがありません。暗号通貨で決済するには、インターネットに接続されたスマートフォンなどの端末で、送信相手のアドレスをQRコードなどで読み取り、指定額を送金するだけです。また、ほとんど国内でしか利用できない法定通貨とは異なり、インターネットがあれば世界中どこでも利用が可能です。

クレジットカードと比較すると、利用を開始するハードルが低いことがメリットとしてあげられます。クレジットカードの場合は、18歳未満の未成年では発行されなかったり、利用者の信用度によって利用枠の上限額が制限される場合があります。暗号通貨の場合は、送金のためのアドレスを作成することに何の制限もなく、上限額などもありません。

電子マネーと比較すると、クレジットカード以上に上限額の制約がないことがメリットです。日本の一般的なプリペイド式電子マネーでは、最大でチャージ可能な額が2万円～5万円に制限されています。元来、電子マネーが少額決済のために開始されたサービスであることや、ICカードを紛失した際の補償も少なかったためです。

暗号通貨のメリットは、通貨を電子化したことで物理的な制約がなくなった点と、特定管理者が存在しない非中央集権的な仕組みによる、通貨の民主化の2点に集約できます。

Chapter 5 | ビジネスへの応用

店舗視点のメリット

続いて、暗号通貨の導入による店舗側のメリットを考えてみましょう。

現金と比較すると、すべての取引が電子化されることで、帳簿上と実際の金額が合致しないミスを防げる点があげられます。現金を管理する人的コストの削減はもちろん、ミスそのものをなくせるだけでなく、盗難などのリスクも防ぐことが可能です。実際、アフリカでビジネスを立ち上げた日本人が、現地スタッフを雇用していたときは、毎日現金の不足が発生していたのに対して、暗号通貨を導入することで、一切の不整合がなくなった話もあります。

クレジットカードや電子マネーと比較すると、代金の受け取りが比較的早期になることがあげられます。クレジットカードや電子マネーによる売上は、毎月の締日にまとめてカード会社や決済代行会社から支払われます。その間の売上は、店舗の手元には存在しないことになります。

一方、暗号通貨による取引では、直接顧客から送金された場合、ビットコインでは10分〜1時間程度で送金トランザクションがブロックに書き込まれ、店舗側の持ち物となります。暗号通貨の決済代行サービスを利用した場合でも、最短翌日には代金の支払が行われることがほとんどです。

また、暗号通貨を用いた決済手数料は、状況にも左右されますが、クレジットカードや電子マネーの決済手数料より安価になるケースが多いこともメリットです。

暗号通貨決済の動向

日本国内でも、オンラインや実店舗でビットコインなどの暗号通貨による決済が可能なサービスが増えてきています。2016年3月1日には、動画配信やオンラインゲーム、通販、DVDレンタルなどを手がけるDMM.comにて、ビットコインによるポイント購入が可能となりました[1]。

また、2017年4月7日から、家電小売業のビックカメラ有楽町店ならびに新宿東口店でビットコイン決済が開始され[2]、7月26日以降はビックカメラ全店舗に導入されています[3]。同年8月7日には、新宿マルイアネックスでもビットコイン決済が開始されています[4]。

SatoshiLabsが提供するサービスCoinMap[5]では、ビットコインで決済可能な店舗の情報を収集し、地図上に可視化するサービスを提供しています。2018年2月現在、CoinMapに登録された場所だけでも、全世界で11,800箇所以上でビットコインによる決済が可能となっています。

---

1 会員数1,900万人を擁する「DMM.com」が、「coincheck payment」(Coincheck Inc)によるビットコイン決済の受付を開始。Coincheck Inc (2016年3月) - https://coincheck.com/blog/400
2 ビックカメラへのビットコイン決済サービス提供のお知らせ。株式会社bitFlyer (2017年4月) - https://bitflyer.jp/pub/bitFlyer_PressRelease_20170405.pdf
3 ビックカメラへのビットコイン決済サービス、全店舗に導入を拡大。株式会社bitFlyer (2017年7月) - https://bitflyer.jp/pub/bitFlyer-biccamera-20170726-ja.pdf
4 丸井グループにビットコイン決済サービス提供開始のお知らせ。株式会社bitFlyer (2017年8月) - https://bitflyer.jp/pub/bitFlyer-marui-shinjuku-20170804.pdf
5 CoinMap (SatoshiLabs): https://coinmap.org/welcome/

ただし、ビットコインの決済にはいくつかの技術的課題があります。まず、ビットコインのブロック間隔が10分であるため、送金トランザクションがブロックに取り込まれるまで、ある程度の時間を要します。さらに、近年ではビットコインの取引量増大やビットコイン価格の高騰などから、取引手数料も高騰していることから、気軽に送金することが難しくなりつつあります。

　そこで、ビットコイン以外の暗号通貨による決済代行サービスも登場しています。Omise株式会社は、タイを中心に日本と東南アジアで利用可能な決済サービスを提供しており、2017年9月27日には、マクドナルド（タイ）と業務提携を果たしています[6]。Omiseでは、イーサリアムのプラットフォーム上で発行されたOmiseGO（OMG）をトークンとして用いており、その時価総額は2018年2月現在で約1,400億円に達しています[7]。

決済手段としての導入方法

　ビットコインや他の暗号通貨を決済手段として導入する場合、それらの暗号通貨のアドレスを用意して、そのアドレス宛に送金してもらうだけでも実現できます。

　しかし、ビジネスとしてサービスを提供するための決済手段として用いる場合は、納税するための法定通貨との交換、暗号通貨の価格変動に対応するなど、諸々の手間が掛かります。bitFlyer[8]やcoincheck[9]などの取引所では、暗号通貨決済をビジネスに導入するための業務を代行するサービスを提供しています。

5-2-3 オンライン送金手段としての利用

　本項では、暗号通貨を送金手段としての活用を紹介します。なお、送金サービスを提供する事業者としてではなく、あくまで暗号通貨の送金機能を利用するケースを考えます。

オンライン送金の必要性

　まず、オンラインで送金が必要なケースを考えてみましょう。インターネットの登場以降、さまざまなものが民主化されています。例えば、書き上げた文章をブログとしてインターネットに自由に公開したり、イラストや動画をWebサイトに自由に投稿するなど、かつては一部の特権的な人に限定されていたさまざまな行為を、誰でも自由に行うことができます。

6　急拡大するマクドナルドのオンライン注文を支える ファーストフード最大手マクドナルドがOmiseの決済サービスを導入。Omise（2017年09月）- https://www.omise.co/ja/omise-partners-with-mcdonalds-thailand-to-provide-seamless-payment-experience-for-online-and-mobile-orders
7　OmiseGO（OMG）- CoinMarketCap: https://coinmarketcap.com/currencies/omisego/
8　bitWire SHOP（https://bitflyer.jp/ja-jp/Corporate/bitWire-Shop）
9　coincheck payment（https://coincheck.com/ja/payment）

さらに、ビジネスを始めるための土地や店舗を持っていなくても、Webサイト1つで新たなビジネスを立ち上げることが可能になりました。また、インターネット上のクラウドソーシングやマッチングサービスを利用することで、自らのスキルや時間をオンラインで提供し、その対価として報酬を得る働き方も可能になっています。

しかし、オンライン上で個人が報酬を得る仕組みは、オフラインに比べると限定的でした。まず、個人がオンラインで送金を受け取るには、銀行口座への振込などが考えられますが、振込手数料が割高である上に、オンライン上の取引で銀行口座などの個人情報を交換することに抵抗がある人も少なくありません。オフラインの世界で現金を用いれば、手数料も掛からず個人情報の交換も必要ありませんが、オンライン上での匿名性が高い取引は困難でした。

オンライン決済の障壁

事業者にとってもオンライン上の決済は大きな障壁です。インターネットの普及にクレジットカード会社がいち早く対応したことで、クレジットカードによるオンライン決済は一般的となりましたが、オンラインでの情報漏洩リスクなどからクレジットカードを利用したくない層は一定数存在します。また、本人確認やセキュリティコードの確認など、煩雑な手続きを敬遠して決済まで至らないケースも少なくありません。

そのため、インターネット上のサービスは、一般利用者からは利用料を徴収せず、広告で収益を上げるモデルが発展しています。Webサイトに掲載する広告の表示回数やクリック回数に応じて、広告会社から収益を得られるため、利用者からの直接収益よりも現実的なマネタイズ方法として普及しました。

しかし、サービス品質ではなく単純な訪問者数で収益が決まる広告モデルでは、利用者の利便性を損なうほどの広告掲載や、センセーショナルなタイトルでアクセスを誘う内容が伴わないサイト、大量のスパムメールなど、オンラインサービスの品質低下に繋がる危険性もあります。

月額課金サービスの問題点

近年増えつつある月額課金サービスは、サービス利用ごとの決済ではなく、1契約のみで以降のサービス利用が可能である利便性から、オンライン決済の課題解決の1つの打開策として捉えられます。代表的な月額課金サービスには、動画視聴サービスのNetflix[10]、電子書籍の読み放題サービスのKindle Unlimited[11] などがあげられます。

しかし、月額課金サービスは、サービスの利用頻度に関わらず固定であることが多く、惰性で加入している利用者には割高な利用料となっていることが多々あります。そうした割高な利用料を支払っている利用者に支えられている収益モデルともいえます。収益を支える利用者が次第にサービスから離脱した場合は、サービスの継続が困難になる可能性もあります。

---

10 Netflix（https://www.netflix.com/jp/）
11 Kindle Unlimited（https://www.amazon.co.jp/kindle-dbs/hz/signup）

暗号通貨による課題解決の可能性

　この通り、暗号通貨が登場するまで、オンラインでの送金は手間やリスクが伴う行為でした。しかし、何らかの方法や手段で収益を上げることは、持続可能なサービスを提供する上で必要不可欠です。暗号通貨の登場で、オンラインでの送金が手軽かつ安全に実現可能になることで、インターネット上で収益を得ながら継続的にサービスを提供することのハードルはかなり低くなっています。

　例えば、オンライン上で寄付や投げ銭を受け付けることが、暗号通貨を利用すると簡単に実現できます。ここでの投げ銭とは、大道芸やライブなどのパフォーマンスを観て、観客が楽しむに値したと考えた額を自由に支払う仕組みのことです。寄付や投げ銭を銀行振込などで実行しようとすると、どうしても敬遠しがちですが、暗号通貨であれば、そのアドレスのQRコードをWebサイトに貼り付けるだけで、簡単に寄付や投げ銭の仕組みを実装できます（図5.2.3.1参照）。例えば、暗号通貨関連の記事をまとめた記事中に、ビットコインや独自の暗号通貨のQRコードを記載し、投げ銭を受け付けるWebサイトも最近では存在します。

図5.2.3.1: WordPressプラグインによるビットコイン寄付画面の実装例

https://gourl.io/bitcoin-donations-wordpress-plugin.html#screenshot から引用

Chapter 5 | ビジネスへの応用

WordPressなどのCMSを利用してWebサイトを構築している場合、暗号通貨のQRコードを表示するプラグインなども提供されつつあり、実装のハードルはかなり下がっています。例えば、WordPressでは、プラグインGoUrl[12]を利用することで、暗号通貨による有料記事や有料コンテンツダウンロードの決済を実装したり、プラグインGive[13]を組み合わせることで、暗号通貨による寄付を募ることが簡単に実現できます。

5-2-4 暗号通貨プラットフォームへの貢献

暗号通貨のプラットフォームは、特定の管理者を持たず、不特定多数の参加者による相互運用でシステムが維持されており、プラットフォーム運用に貢献することでも報酬を得ることができます。本項では暗号通貨プラットフォームへの貢献による報酬を紹介します。

マイニング

ブロックチェーンのコンセンサスアルゴリズムにProof of Workを利用している暗号通貨では、マイニングによって新しいブロックを生成し、ブロック内のトランザクションの内容を検証しています。マイニングに成功すると、新しく通貨を発行する権利を得られたり、トランザクションの手数料を報酬として得ることができます。

マイニングに協力する参加者が多いほど、その通貨を攻撃するコストが上昇し攻撃への耐性が上がり、より多くの参加者の意向が通貨運用の方向性に反映されることで、より民主的な運用に繋がることが期待できます。また、ブロックチェーンの技術的課題として現在はスケーラビリティの問題がありますが、これが解消されれば、ブロックチェーンを支える参加者が多くなるほど、システム全体のパフォーマンスが向上します。

マイニングの実施方法は大別すると、「ソロマイニング」「プールマイニング」「クラウドマイニング」の3パターンがあります。

ソロマイニングとは、自分単独でマイニングに参加することです。マイニングにはProof of Workの計算を大量に実行する必要がありますが、計算を担うハードウェアの調達や運用、電気代の負担などもすべて自分で行います。ハードルは高くなりますが得られる報酬はすべて自分のものになります。

しかし、マイニングの成功可否は計算量に応じて確率的に決まるため、多くの参加者がマイニングを行っている現在では、個人規模の計算量ではマイニングがまったく成功しないことも十分に起こり得ます。そこで、複数の参加者が協力してマイニングを実施することで成功確率を上げ、成功報酬を参加者

---

12 GoUrl Bitcoin Payment Gateway & Paid Downloads & Membership（WordPress Plugins）: https://wordpress.org/plugins/gourl-bitcoin-payment-gateway-paid-downloads-membership/

13 Give – Donation Plugin and Fundraising Platform（WordPress Plugins）: https://wordpress.org/plugins/give/

114

で分配する方式が「プールマイニング」です。プールマイニングの場合、マイニングに失敗した人へも報酬が支払われるため、報酬の期待額は下がりますが、安定した報酬を得ることが可能です。プールマイニングの場合もハードウェアの調達や運用は自前で行います。

　一方、クラウドマイニングは、クラウドマイニング事業者がハードウェアを調達し、その調達資金や運用資金をクラウドファンディング方式で募り、成功報酬を分配する方式です。参加者は自前でハードウェアの調達・運用する必要がないので、最も気軽なマイニングですが、出資金に対する利益が保証されているわけではなく、利用には注意が必要です。

　代表的なクラウドマイニング事業者としては、Genesis Mining[14]があり、日本でも2017年9月に、GMOやDMM.comがクラウドマイニング事業への参加を表明し、話題となりました[15][16]。

ハーベスティング

　前述のマイニングとは少し異なりますが、同様の考え方で暗号通貨プラットフォームの運用に貢献し、報酬を得られる暗号通貨もあります。暗号通貨プラットフォーム「NEM」では、Proof of Workによるマイニングは行わず、ハーベスティングと呼ばれる方法で新しいブロックを生成します。

　NEMで使用される基軸通貨XEMは、最初のリリース時に約90億XEMが発行されており、それ以上増えることはありません。NEMのプラットフォームでは、XEMの送金やメッセージの送付、独自通貨の発行、データの存在証明である公証などが可能ですが、機能を使用するために手数料が必要です。その手数料を、NEMへの貢献度に応じて参加者に再配分する仕組みがハーベスティングです。

　ハーベスティングでは、Proof of Workで必要な大量の計算が必要ないため、特別なハードウェアなどを調達せずともハーベスティングが可能です。さらに、NEMプラットフォームを維持するための安定したノードを運用する参加者は「スーパーノード」と呼ばれ、通常のハーベスティング以上の報酬を得ることができます。スーパーノードになるためには、一定額以上のXEMを保有し、最新のブロックの維持やダウンタイムなどの特定条件をクリアする必要があります。

裁定取引（アービトラージ）

　裁定取引（アービトラージ）とは、複数の取引所間で通貨の交換比率に差があった場合、その差を埋める形で取引して利益を出す方法です。例えば、取引所Aでは1ドルが100円のレートで、取引所Bでは1ドルが102円のレートである場合、取引所Aで安くドルを入手して、取引所Bで高く売ることが可能です。

　特に暗号通貨では、まだまだ取引のためのプラットフォームが未整備であることもあり、取引所間で

---

14 Genesis Mining Ltd.（https://www.genesis-mining.com/）
15 2017年9月、GMOインターネット株式会社、仮想通貨の採掘（ビットコインマイニング）事業に参入（https://www.gmo.jp/news/article/?id=5775）
16 2017年9月、DMMが仮想通貨のマイニング事業「DMMマイニングファーム」の運営を10月から開始（https://dmm-corp.com/press/press-release/17477）

の差異が発生しやすく、裁定取引の余地があるのではないかといわれています。特定の管理主体をもたない分散型暗号通貨取引所（Decentralized Exchange：DEX）が登場してくると、さらに差額が出る可能性が高くなり、裁定取引の余地も高まると考えられます。

　裁定取引が行われると、取引所間の交換比率の差が小さくなる値動きとなるため、世界中で通貨の交換比率を均一化し、多くの人が同じレートで取引できる環境を実現することに貢献します。
　ところで、暗号通貨の投機的な売買が、暗号通貨の価格を不安定にさせると批判されることもありますが、現状では逆に暗号通貨を取引する人数が少なすぎるため、少人数の取引で価格が大きく変動してしまう状況とも考えられます。取引価格を安定させるには、むしろより多くが通貨取引に参加することが必要でしょう。ドルや円が暗号通貨に比べて安定しているのは、法定通貨としての信用はもちろんですが、FXなどで投機的な取引する人が十分存在するため、極端な値動きに繋がりにくい側面があります。

　なお、新しい暗号通貨は誰でも自由に発行できるため、価値のないコインやそもそも存在すらしていないコインを売りつける詐欺コインも数多く出回っています。取引の際には注意が必要です。

5-2-5　暗号通貨以外での活用

　本節では、暗号通貨を中心にブロックチェーンアプリケーションの活用を説明してきましたが、本項では、暗号通貨以外のブロックチェーンアプリケーションの活用も紹介しましょう。
　暗号通貨以外のブロックチェーンアプリケーションの応用はまだ初期段階のものが多いですが、ストレージ容量やCPU／GPUリソース、電子コンテンツなど、コンピュータ上でデジタルな資産として取り扱いやすいものから実現しつつある状況です。

Storj

　Storj[17] は、ブロックチェーン技術を用いた分散型ストレージ共有サービスのプラットフォームです。元々はビットコインのブロックチェーン上で独自通貨を発行できる、Counterparty[18] と呼ばれるプラットフォームを利用していましたが、現在はイーサリアム上のトークンに切り替わっています。
　Storjでは、個人が所有しているハードディスクの空き容量を貸し出し、使用されたストレージ容量に応じて報酬が得られます。保存されたデータは、所有者の秘密鍵で暗号化され、シャードと呼ばれる単位で分割されて保存されるため、第三者から盗み見される心配もありません。

---

17 Storj - Decentralized Cloud Storage（Storj Labs Inc）: https://storj.io/
18 Counterparty（カウンターパーティ）: https://counterparty.io/

Storjでは既にクライアントアプリケーションも提供しており、GUIで簡単に個人の空きストレージを提供することが可能です（図5.2.5.1参照）。執筆時のレートでは1TB当たり300円〜1,000円程度の報酬となります（2018年2月現在）。現時点ではサービス利用者数がそれほど多くなく、投資額に対するリターンが期待できるほどではありませんが、今後の発展には期待されています。

図5.2.5.1: Storjクライアントアプリケーションによるストレージの提供

Golem

Golem[19] は、ブロックチェーン技術を用いて分散型のスーパーコンピュータを実現するプロジェクトです。個人が所有するCPUやGPUなどの計算リソースを貸し出し、巨大な計算に利用することを目指しています。計算リソースをクラウドで提供するInfrastructure as a Service（IaaS）だけでなく、Golem上で動作するソフトウェアを提供するPlatform as a Service（PaaS）も目指しています。

Golemは2016年11月にICOを実施してプロジェクトを開始しましたが、解決すべき技術的課題も多いため、直近4年間のロードマップが公開されています。リリースは、「Brass Golem」「Clay Golem」「Stone Golem」「Iron Golem」の4段階で計画されており、執筆時では、Brass Golemのアルファ版開発のステージにあります（2018年2月現在）。

Memorychain

Memorychain[20] は、デジタルのトークンの代わりにトレーディングカードを発行し、交換可能にするプラットフォームです。通常、デジタル画像は無限に複製が可能ですが、ブロックチェーンの技術を用いることでデジタルデータに所有権を付与し、複製できないデータを発行できます。

オリジナルのデジタルカードを暗号通貨のトークンとして発行し、100枚から10,000枚などの単位

---

19 Golem（https://golem.network/）
20 Memorychain Whitepeper（https://docs.google.com/document/d/1SVRYVyZG0ESNG5waXU_4aBjLV15hWZwYM8U8XGp5H00/edit）

で発行数に上限を設け、それぞれのカードの所有や売買が可能です。100枚しか発行されなかったデジタルなカードは、世界で100名しか所有できないため、希少価値によって高額な値段になることもあります。

Memorychainでは、現在ビットコインや暗号通貨などにまつわるコインや出来事などを題材にした画像イラストのカードを発行しています。Memorychainには運営主体が存在しており、運営者のメールアドレス宛に作成したイラストを送付し、採用されればオリジナルのカードとして発行できます。このカードが、CounterpartyのトークンであるPepecashで売買されています。

従来のオンラインゲームなどでは、ゲーム内で入手したアイテムは、サービス終了と共に使えなくなるなど、価値が保証されないデータでした。一方、暗号通貨のトークンとして発行されたアイテムは、消えることなく自分の所有物として存在し続けます。また、あるゲームで手に入れたアイテムを別のゲームでも活用するなど、横断的なアイテム活用を実現しているサービスもあります[21]。

CryptoKitties

CryptoKitties[22] は、イーサリアム上に実装された「ネコ」の育成ゲームです。CryptoKittiesでは、定期的に新しいネコが誕生しており、Memorychainにおけるトレーディングカードと同様、ネコの購入はもちろん、2匹のネコを交配させて新しいネコを誕生させて、販売することも可能です。

CryptoKittiesのネコはブロックチェーン上のトークンとして実装されており、同じネコは世界でただ一匹しか存在しないことが保証されているため、その希少性を根拠とした交換も盛んに行われています。珍しいネコでは、250 ETH（約1,300万円）以上で取引された例[23] もあります。

CryptoKittiesは、イーサリアム上のスマートコントラクトとして実装されており、リリース時には大量の売買取引が発行され、イーサリアム全体の取引にも影響を与えるほどの流行をもたらした経緯があります。そのため、スマートコントラクトを用いたビジネスモデルのプロトタイプとして、また、ブロックチェーンにおけるアプリケーションの負荷試験の実例としても注目を集めました。

ちなみに、Axiom Zen[24] という企業によって開発・運用されており、新しいネコの販売やマーケットプレイス上の交換手数料を徴収することで収益を上げています。

---

21 2016年5月（IndieSquare_jp）SaruTobi Androidリリース！ トークンを通したゲームのコラボレーション始まる（https://medium.com/@IndieSquare_jp/e38e6f5c7c6a）
22 https://www.cryptokitties.co/
23 https://etherscan.io/tx/0x2b813bd6a0f46a687588a504cf5a190883b4e97c0e7eb87d3cc7e6414b9fa7c0
24 https://www.axiomzen.co/

5-3

ブロックチェーンアプリケーションを利用するサービス

本節では、暗号通貨やその他のブロックチェーンアプリケーションを活用したいユーザーに向けて、提供されているサービスや収益化を実現しているビジネスモデルを説明します。

ビットコインのデザインペーパーが発表され、最初の実装が登場した頃は、電子的な通貨に関心の高い一部の技術者がクライアントアプリケーションやツールを開発し、それらの成果は主にオープンソースとして誰でも自由に利用できる形式で公開されていました。ただし、公開されているとはいえ、ある程度の技術的な知識がなければ使いにくいものです。

ビットコインやその他の暗号通貨の価値が広く認知され、多くの人が暗号通貨を利用したいと興味を持ち始めると、多少の手数料や代金を支払ってでも快適なアプリケーションや効率的なサービスを希望するユーザーも増加します。まずは、こうした一般的なユーザーに対して、現在どのようなサービスが提供されているか紹介しましょう。

5-3-1 仮想通貨取引所

仮想通貨取引所とは、暗号通貨と法定通貨もしくは異なる暗号通貨同士を交換できる市場サービスです。英語では「Cryptocurrency Exchanges」（暗号通貨取引所）ですが、日本の場合は2017年4月に施行された改正資金決済法で「仮想通貨」の用語が定義されたため、取引所の文脈ではこちらの名称が用いられることが多いです。

新たに暗号通貨を入手するには、既に暗号通貨を所有している人から購入するのが簡単ですが、欲しい暗号通貨を持っている人が都合よく周囲にいるとは限りません。また、暗号通貨の適正な価格も分かりません。取引所は、暗号通貨を売りたい人と買いたい人が集まる市場を用意し、両者を効率的にマッチングしたり、適正な価格を提示するなどの役割を担っています（図5.3.1.1参照）。

取引所サービスを利用する場合、まずは取引所にアカウントを作成し、そのアカウントに日本円などを入金することで取引を開始できます。多くの取引所では、アカウントへの入金や出金に対して手数料が課せられます。また、改正資金決済法により、アカウント作成時に本人確認が必須となっています。これは暗号通貨を用いた不正なマネーロンダリングなどを防ぐためです。

119

図5.3.1.1: 仮想通貨取引所・販売所サービスの概念図

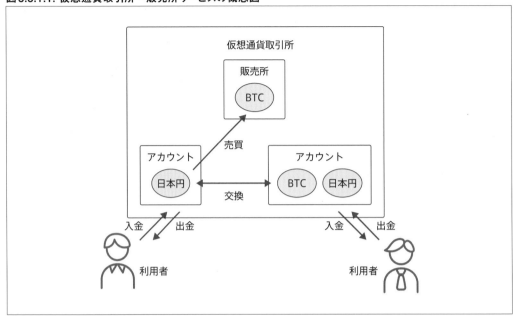

　暗号通貨の取引では、株式の売買などと同様、「0.1 BTCを10万円で買いたい/売りたい」などの数量とレートを指定した買い注文や売り注文に対してマッチングを取ります。もちろん、レートを指定した交換も可能ですが、取引に時間を要したり、最悪の場合は取引が成立しない場合もあります。

　一方、一部の取引所では、指定レートで暗号通貨を販売する「販売所」と呼ばれるサービスを提供しているケースもあります。販売所で暗号通貨を交換する場合は、手数料などが上乗せされたレートでの交換になりますが、欲しいだけの通貨を即時に入手できるメリットがあります。

　現在、世界各国で仮想通貨取引所が登場しており、日本国内でも、bitFlyer[1]やコインチェック[2]、Zaif[3]など、10社以上の業者がサービスを提供しています。これらのサービスには、入金方法や扱える暗号通貨の種類、使いやすさ、セキュリティなどの面でさまざまな種類の取引所が存在します。

　もし、日本円で直接購入できない暗号通貨を入手したい場合、まず日本円でBTCを購入し、欲しい暗号通貨を扱っている取引所の口座にBTCを送金し、欲しい暗号通貨を購入するといった手順が必要になることもあります。多くの取引所では、口座の暗号通貨を別アカウントに送金する機能も提供されています。ただし、多くの場合は送金手数料も必要です。

1　bitFlyer（https://bitflyer.jp/）
2　Coincheck（https://coincheck.com/）
3　Zaif（https://zaif.jp/）

5-3-2 分散型仮想通貨取引所

　前項で紹介した仮想通貨取引所は、特定の業者がサービスを提供する形式の取引所です。使いやすいインターフェイスや多くの機能を業者が提供してくれるメリットがある一方、手数料が割高であったり、業者の経営破綻によって口座の残高を失ってしまうリスクもあります。

　実際、2014年2月に発生したマウントゴックス取引所の破綻時には、預り金28億円と75万BTC（当時約300億円に相当）が消失したといわれています。ビットコインのシステム自体は、特定の管理者が存在しておらず、2009年の登場以来、停止することなく稼働を続けていますが、特定の業者が提供するサービスに依存するリスクは存在しています。ちなみに、こうした特定業者に依存するリスクは、「カウンターパーティーリスク」とも呼ばれます。

　そこで、特定の管理者に依存しない、非中央集権的な分散型取引所（DEX：Decentralized Exchange）も登場しています。代表的な分散型取引所サービスは、イーサリアム上のスマートコントラクトを用いて実装されたEtherDelta[4]などです。「Chapter 4 ブロックチェーンプロダクトの比較」で紹介した独自通貨を発行可能なオルトチェーンでも、そのプラットフォーム上で発行された独自通貨の分散型取引所を提供しているものがほとんどです。

　分散型取引所では、取引のためのアカウント登録は必要はなく、所有している暗号通貨を直接他の誰かと売買できます。したがって、取引所を利用し始めるための本人確認なども必要ありません。特定の管理主体が存在しないため、破綻リスクも限りなくゼロに近いといわれています。

　分散型取引所は、暗号通貨やスマートコントラクトが登場して初めて実現可能となった新しいサービス形態であり、一般に普及するにはもう少し時間を要するかもしれません。また、異なるブロックチェーンを用いる通貨同士の交換や、大量の取引を処理するためのスケーラビリティの実現など、技術的な課題も多く残されています。しかし、これらの課題が解決され、社会的にも管理者不在の自律分散型サービスが広く受け入れられる未来は、そう遠くないかもしれません。

5-3-3 ウォレット

　取引所の口座に預けられた暗号通貨は、取引所の口座から直接送金することも可能です。しかし、取引所の口座に高額の暗号通貨を預けたままにすることは、盗難やカウンターパーティーリスクを伴います。暗号通貨を安全に保管するためには、ウォレットと呼ばれるサービスを利用します。

4　https://etherdelta.com/

Chapter 5 | ビジネスへの応用

　ウォレットとは暗号通貨の財布を意味しますが、技術的には秘密鍵の保管場所を指します。暗号通貨では、秘密鍵を誰かに知られてしまうと、自分の口座の通貨を勝手に操作されてしまうため、秘密鍵は厳重に管理する必要があります。一方、送金や決済には秘密鍵を用いた署名が必要なので、自分自身が秘密鍵にアクセスするための利便性も重要です。ウォレットは、秘密鍵を管理するためのセキュリティと利便性を両立させるためのサービスやアプリケーションです。ただし、セキュリティと利便性を同時に保つことは難しく、両者のどちらを優先させるかのトレードオフによって、いくつかのウォレットの種類があります。

　ウォレットのセキュリティ強度は、秘密鍵をオンライン環境に置くかオフライン環境に置くかで大別できます。秘密鍵をオンラインに置くものはホットウォレット、オフラインに置くものはコールドウォレットと呼ばれます。暗号通貨を頻繁に利用する場合は、秘密鍵を即座に利用できるホットウォレットが手間は掛かりませんが、インターネットを介した盗難などの危険性は高まります。

ホットウォレット

　ホットウォレットに分類できるものには、デスクトップウォレット、モバイルウォレット、ウェブウォレットがあります。それぞれの特徴を紹介しましょう。

　デスクトップウォレットはパソコンにインストールするソフトウェアです。パソコンをインターネットから隔離して、コールドウォレットに近い形態で利用することも可能です。
　モバイルウォレットは、スマートフォンのアプリケーションとして利用できるウォレットです。可搬性に優れます。スマートフォンの利用はインターネット接続が前提ですが、オフライン環境でコールドウォレットとしても利用できます。
　ウェブウォレットとは、Webサービス上で利用できるウォレットです。取引所の口座に暗号通貨を保持している場合もウェブウォレットに分類できます。ブラウザを通じてウォレットを利用できるため、端末に依存せず利用できる点が特徴です。

コールドウォレット

　コールドウォレットには、ペーパーウォレットやハードウェアウォレット、ブレインウォレットなどがあります。それぞれの特徴を紹介します。

　ペーパーウォレットは、秘密鍵の文字列やQRコードを紙に記載したウォレットです。インターネットとは物理的に隔離された状態で秘密鍵を保管できるため、暗号通貨の長期的な保存に向いています。ただし、秘密鍵を表すQRコードは、他人が閲覧できないように保管する必要があります。
　以前、テレビ番組でペーパーウォレットが紹介された際、誤って秘密鍵が映されてしまい一瞬で残高を盗まれてしまった事件がありました。現代ではスマートフォンなど、QRコードを簡単に読み込める

122

図 5.3.3.1：ペーパーウォレットの例

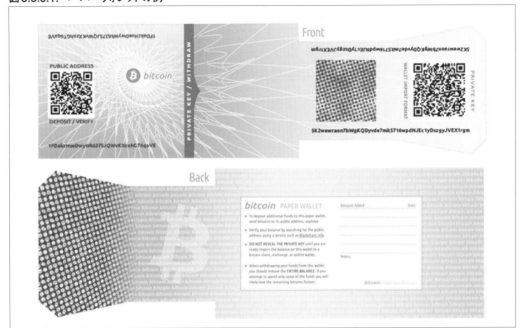

https://bitcoinpaperwallet.com/ より引用

デバイスが普及しているので、特に注意が必要です。高額の残高を持つペーパーウォレットは、金庫などに物理的に保管することも推奨されています。

ペーパーウォレットの制約として、印刷したQRコードは書き換えできないため、セキュリティ的な観点から、ペーパーウォレットの秘密鍵で送金する場合は一度で使い切って、同じ秘密鍵を使い回さないことが推奨されています。なお、ペーパーウォレットは紙幣と同様に、手軽に他人に譲渡可能なこともメリットです（図5.3.3.1参照）。

ハードウェアウォレットは、秘密鍵の保管に特化して作成されたハードウェアです。秘密鍵を暗号化してパスフレーズで保護する機能があり、デバイスを盗難されても秘密鍵を保護できます。秘密鍵を用いて送金する場合、USBなどのインターフェイスでパソコンやスマートフォンと接続し、パソコンやスマートフォンのアプリケーションを通じて利用します。

ブレインウォレットは、人間が記憶しやすい形式のフレーズから秘密鍵を生成するタイプのウォレットです。もちろん、秘密鍵のランダムな文字列を人間が記憶できれば、最も強固な秘密鍵の保管方法といえますが、ランダムな文字列を誤りなく記憶することはほとんど不可能なため、人間が覚えやすいフレーズから、秘密鍵を生成する方法が提案されています。

HDウォレット規格

　暗号通貨の利用は、アドレスの匿名性を高めるために同じ秘密鍵を使い回さず、新しい秘密鍵を次々と作成して利用することが推奨されていますが、毎回違うフレーズを考えて記憶することも大変です。特定のフレーズから複数の秘密鍵を大量に生成する方法も提案されています。フレーズに用いられる単語の種類やフレーズからの秘密鍵の生成方法を標準化したものは、HDウォレット（階層的決定性ウォレット：Hierarchical Deterministic Wallet）と呼ばれています。HDウォレット規格に準拠したウォレットであれば、あるウォレットから別のウォレットに秘密鍵をインポートすることや、物理的に秘密鍵を紛失してしまったときに復元することも可能です。

　ちなみに、秘密鍵を使い捨てにするのは、秘密鍵に対応するアドレスへの入金や送金の情報が、ブロックチェーン上にすべて記録されて全世界に公開されているため、取引履歴を追い掛けることで個人の特定や行動パターンが類推されることを防ぐためです。

ウォレットサービスの収益化

　ウォレットを提供するサービスは、どのようなモチベーションでウォレットを提供しているのか考えてみましょう。分かりやすいのは、ペーパーウォレットやハードウェアウォレットなどの物理的なウォレットを販売して収益を上げているサービスです。

　ハードウェアウォレットでは、Ledger社のLedger Nano SやSatoshiLabsのTREZORなどが有名で、現在では1万〜2万円ほどで販売されています。また、ペーパーウォレットを提供しているbitcoinpaperwallet.com[5]では、オンラインで簡易的にペーパーウォレットを発行してダウンロードできるサービスの他に、ペーパーウォレット作成キットの販売や、暗号通貨などでの寄付を募っています。

　デスクトップウォレットやモバイルウォレットの場合、通常のデスクトップアプリケーションやモバイルアプリケーションと同様、有償アプリケーションとしての販売や、無償で提供して広告収益を上げるモデルが一般的です。また、ウォレットでの収益が目的ではなく、使いやすいウォレットを提供することで、その暗号通貨のプラットフォーム自体の価値向上が目的であるケースも多くあります。

　ウェブウォレットも、他のソフトウェアウォレットと同様に、有料プランの提供や広告収入による収益、暗号通貨プラットフォーム自体の活性化などを目指すものが多くあります。また、取引所サービスの提供するウォレットでは、その取引所の活用を促す目的でウォレットを提供している場合もあります。

5　Bitcoin Paper Wallet Generator（https://bitcoinpaperwallet.com/）

5-3-4 暗号通貨決済・送金サービス

　暗号通貨の入手・保管での代表的なサービスに続いて、暗号通貨を用いた決済や送金サービスを概観しましょう。

ウォレット

　前項で解説した通り、ウォレットの主要な機能は秘密鍵を安全に保管することです。一方、モバイルウォレットやウェブウォレットなど、頻繁な決済や送金を前提とするウォレットでは、残高確認や送信先アドレスのQRコード読み取り、適切な手数料の設定機能など、決済や送金に有用な機能も多く提供されています。一部のウォレットでは、頻繁に取引する相手をアドレス帳に登録し、毎回QRコードを読み取ることなく送金できたり、メッセージを送信する機能が提供されています。

デビットカード

　近年では、暗号通貨を利用できる店舗も多くなってきましたが、それでも一般的に暗号通貨による決済が普及しているとはいえません。そこで、既に広く普及している決済サービスを応用して、暗号通貨で決済することも検討されています。代表的な例は暗号通貨のデビットカードです。

　暗号通貨デビットカードでは、VISAやマスターカードなどの加盟店で、暗号通貨の残高を用いた決済が可能です。将来的に暗号通貨が広く普及し、直接的に暗号通貨で決済可能な店舗が多くなれば、暗号通貨デビットカードの存在自体が不要となる可能性はありますが、過渡期における現実的なサービスとしては有効でしょう。

ミキシングサービス

　多くの暗号通貨では、取引履歴がすべてブロックチェーン上に記録され、公開されていると説明しました。アドレスと個人情報は直接紐付くことはありませんが、取引履歴を追跡することで、ある程度の個人情報は推定が可能です。この取引の秘匿性の課題を解決する手段として、ミキシングサービスが存在します。

　ミキシングサービスは、暗号通貨の取引を直接行うのではなく、複数人の取引を集約する取引プールを仲介することで、取引をランダムにシャッフルし、取引の追跡を困難にするサービスです。「4-1-3 オルトコイン」で紹介したDASHには通貨としてミキシング機能が実装されていますが、他の暗号通貨でも同様のことを実現する機能を提供するサービスも存在しています。

Vanity Address サービス

　通常、暗号通貨の送金に利用されるアドレスはランダムな文字列です。人間にとって意味のある、可読性の高い文字列を持つアドレスを生成するサービスがあります。ここで生成されるアドレスをVanity Addressと呼びます。

　暗号通貨のアドレスは秘密鍵に紐付いて生成されますが、アドレスから秘密鍵を類推できないため、秘密鍵を大量に作成し、たまたま求めたいアドレスの形式をした秘密鍵を発見する作業になります。これは、Proof of Workのマイニングに似た作業になり、指定する文字列の条件が多くなればなるほど大量の計算が必要となります。

　下表5.3.4.1に、文字列「Vanity」を先頭に持つビットコインアドレスの例と、発見のための難易度を示します。標準のビットコインアドレスは「1」から始まり、「0」(ゼロ)、「O」(オー)、「I」(アイ)、「l」(エル)を除く、58種類の数字・アルファベットで構成される27～34文字の文字列で表現されます。

　先頭の「1」に続く文字列を「V」「Va」「Van」と増やしていくと、そのパターンを含むアドレスを生成する秘密鍵の発見は急激に難しくなります。秒間百万回(1 MKey/s)の計算量で「1Vanity」から始まるアドレスを発見するには、平均して1週間ほどの計算時間を要します。そのため、BitcoinVanityGen.com[6]など、特定パターンを持つVanity Addressの秘密鍵を発見する機能を有償で提供するサービスもあります。

　Vanity Addressは、ランダムなアドレスに意味のある文字列を付与できるため、特定の企業や団体、アドレス目的などを示すことが可能です。一方、URLのドメインとは異なり、そのアドレスの持ち主が誰かを保証する機能はなく、時間とコストを掛ければ、誰でもVanity Addressを作成できるため、注意が必要です。

表5.3.4.1: Vanity Addressパターンと難易度の例

パターン	難易度	ビットコインアドレス例	計算時間(1 Mkey/s)
1	1	169biqrJCphnzUjyu1Gvv5jRMTEcxBb8jc	1秒以下
1V	1353	1V4q3wPtcGV3UmCkTmQkBHGf7h2fHKXqn	1秒以下
1Va	78508	1VaFb2RiVZ1ZfNfJf1CoZEfaVmAxsKuyP	1秒以下
1Van	4553521	1Van4JcuZkWc96PfC48WxQtXX4EiYcMPN	10秒
1Vani	265104224	1Vanicvyu3yq9B4Wp1fXY3fLomnm1xnQk	5分
1Vanit	15318045009	1VanitLmzFVj8ALj6mfBsifRoD4miY36v	3時間
1Vanity	888446610538	1VanityN7fntA2xmN7WPYutHMrtGDe2Sr	1週間

6　Bitcoin Vanity Address Generator Online(https://bitcoinvanitygen.com/)

ブラックリスト

　ビットコインなどの暗号通貨は、誰でも自由にアドレスを作成し、オンラインで送金を実現できるため、詐欺などに悪用されるケースもあります。スパムメールなどで特定アドレスに送金を促すタイプの詐欺であれば、詐欺に用いられているアドレスをブラックリストに登録し、そのアドレスには送金しないよう注意を喚起することが可能です。

　例えば、Bitcoin Whos Who[7]などでは、ビットコインのアドレスに所有者のWebサイトやIPアドレスを紐付けたり、詐欺に使用されているアドレス収集などのサービスを提供しています。

マッチング

　インターネットを通じて、離れた場所の相手と簡単に送金や自動エスクロー（仲介取引）を実現する暗号通貨技術は、さまざまな需要をもつ個人のマッチングサービスと相性の良い技術です。前述の「5-3-2 分散型仮想通貨取引所」で解説した分散取引所も、ある暗号通貨を売りたい人と買いたい人をマッチングして、安全に取引を実現するマッチングサービスの一例といえます。

図5.3.4.2: Purse.ioによるAmazonギフトカードとビットコインの交換マッチングサービス

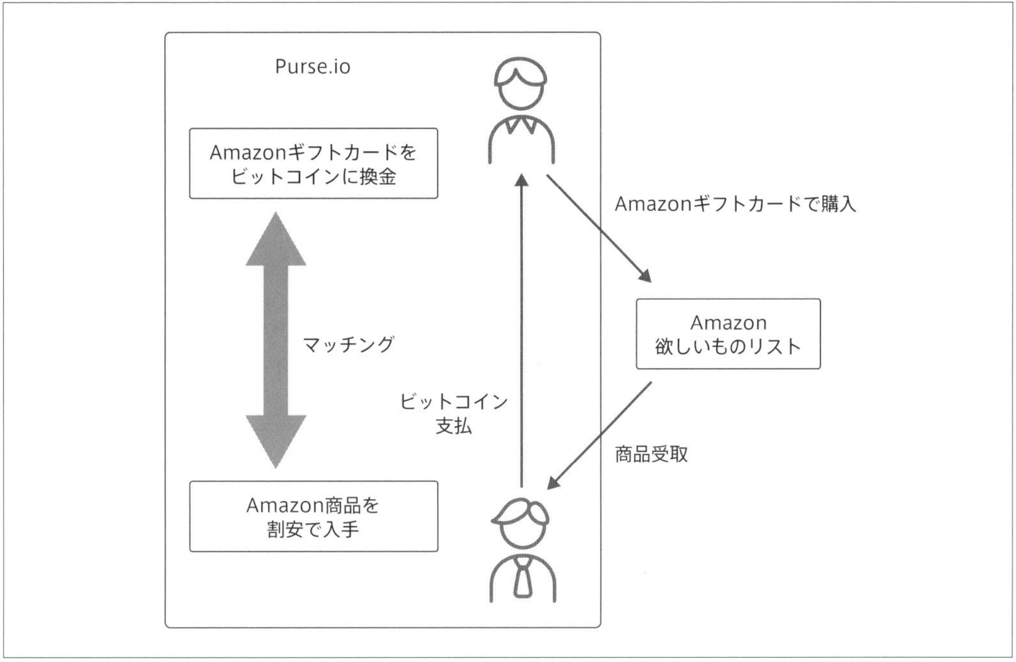

7　Bitcoin Address Lookup Checker and Alerts（http://bitcoinwhoswho.com/）

Amazon.comの商品を割引価格で購入できると言われるPurse.io[8]は、Amazonギフトカードを換金したいユーザーと、Amazonで商品を購入したいユーザーをマッチングするサービスです（前図5.3.4.2参照）。Amazonギフトカードには有効期限があるため、期限切れ寸前のギフトカードは多少割安でも換金したい要望が存在します。Purse.ioでAmazonの欲しいものリストを公開すると、ギフトカードを換金したいユーザーが代わりに商品を購入してくれます。商品を手に入れた人は、あらかじめ設定していた代金をビットコインで購入者に支払います。

Purse.ioの収益モデルは、ギフトカードを換金したいユーザーと、Amazonで商品を割安で手に入れたいユーザーとのマッチングを行い、両者の要求を満たすことで取引を成立させ、取引手数料を徴収するものです。

5-3-5 広告の代替

Webサイトの収入源は、その多くをインターネット広告に頼っている現状ですが、広告による収益モデルを暗号通貨で変革しようとする動きもあります。

例えば、WebブラウザBrave[9]は、標準でアドブロック機能を搭載し、無駄な広告の読み込み削減やプライバシー保護を実現しようと試みています。アドブロック機能そのものは、一般的なブラウザでも拡張機能として提供されています。しかし、広告はWebサービス側の大きな収入源であり、広告停止によってサービスの継続が難しくなる場合もあります。現在は、アドブロック機能とそれを回避する広告やトラッキング機能の開発競争が続く、いたちごっこの状況が続いています。

そこで、Braveは既存の広告モデルに依存しないビジネスモデルを提案しています。ブロックした広告の代わりに、ユーザーが自由に表示可否を選択でき、個人情報のトラッキングも行わない広告を挿入し、その広告収入をコンテンツプロバイダやネットワークパートナー、そしてユーザ自身に対しても還元するモデルを提案しています。

また、ブラウザに搭載されたペイメント機能で、サイト運営者やコンテンツプロバイダに対して、直接寄付できる仕組みを開発しています。具体的には、毎月の寄付額をブラウザ上で設定し、ブラウジングに要したWebサイトの滞在時間を元に、各サイトへの寄付額を自動で按分するか、手動で割合を設定して、各サイトへ寄付するものです。

Braveが提案するビジネスモデルが既存の広告モデルを覆す可能性があるかどうかは未知数ですが、このような挑戦を比較的簡単に実現可能になったことも、暗号通貨の登場の意義といえます。

8　PurseIO Inc（https://purse.io/shop）
9　Brave Software Inc（https://brave.com/）

5-4

新しいブロックチェーン
アプリケーションの提供

本節では、本書のメインテーマであるブロックチェーンアプリケーションに関して、現在どのようなサービスが提供・考案されているかを紹介します。パブリックなブロックチェーンとパーミッションドなブロックチェーンそれぞれの事例を紹介し、メリットやデメリットを考察します。

5-4-1 パブリックなブロックチェーン基盤

　新しいブロックチェーンアプリケーションを提供する比較的簡単な手段は、パブリックなブロックチェーン基盤上でDAppsを構築・運用することです。パブリックなブロックチェーン基盤として、現在主流となっているスマートコントラクトプラットフォームは、「4-2 スマートコントラクトプラットフォーム」で紹介した通り、イーサリアムです。

　イーサリアム上のアプリケーションは数多く登場しており、網羅的な紹介はできませんが、既に大きな市場規模を持つサービスを中心に紹介しましょう。

予測市場

　予測市場とは、未来の出来事に対して参加者が予測し、その結果に基づき配当をもらう仕組みです。例えば、Augur[1]やGnosis[2]がイーサリアムのプラットフォーム上に構築された分散予測市場アプリケーションです。

　予測市場の一例としては、スポーツの賭け事を取りまとめるブックメーカーなどがあげられますが、分散予測市場では、類似のサービスをブックメーカーなどの胴元なしに実現できます。

　また、分散予測市場の仕組みを用いることで、将来的には非中央集権的な保険サービスを実現することも期待されています。例えば、自動車保険や火災保険などのサービスを、保険会社なしで実現することです。

　保険サービスも、将来の出来事に対してその発生確率や損害額などを予測し、その出来事に備えた保険料を徴収することで成立するビジネスです。これを、特定の企業に依存するのではなく、すべての参

1　Augur Project（https://augur.net/）
2　GNOSIS（https://gnosis.pm/）

加者が集合知的に将来の出来事の発生確率を予測し、それに見合った保険料をそれぞれが捻出し、将来の事故に備えます。

　自動車保険の場合であれば、自動車の走行距離や運転手の事故履歴などを元に、将来の事故確率を予測し、その率に応じた金額を保険料として支払うことで、万が一、事故に巻き込まれた場合の保険金を得られる仕組みが実現できるのではないかと期待されています。

キャッシュローン

　SALT[3]はブロックチェーン上で管理された資産に基づく、自動的なキャッシュローンを実現するプロジェクトです。

　通常、キャッシュローンサービスでは、借り手の過去の信用情報や社会的地位などを考慮してキャッシング額の上限が決定されます。あらかじめ審査を受けてキャッシュカードを作成しておけば、ATMなどで簡単に現金を借りることも可能です。しかし、借り手の信用情報を正確に調査して管理することは相応のコストを要するため、結果としてそのコストはキャッシングローンの高額な金利にも反映されています。

　しかし、現在はブロックチェーンアプリケーションの普及に伴い、さまざまな資産がブロックチェーン上で記録されつつあります。代表的にはビットコインなどの暗号通貨資産だけでなく、宝石や貴金属、証券、自動車、不動産などの資産も、ブロックチェーン上で権利の管理や移譲が可能となっています。

　SALTでは、これらの電子化された資産を担保に、低コストなキャッシュローンを実現します。ブロックチェーン上で管理された資産は、データの改竄が難しく検証が容易であり、資産をローンの担保としてロックすることもプログラムとして自動化できるため、通常のローンに比べて低コストなキャッシングが可能になると期待されています。

分散型動画配信サービス

　SingularDTV[4] は、イーサリアムを用いて実現している自律分散型の動画配信システムです。

　SingularDTVでは、動画の製作者や権利者の記録がブロックチェーン上に管理され、動画の視聴に基づく配当を、直接権利者に届けることを実現できます。

　従来の動画配信サービスでは、動画製作者と視聴者の間にいくつもの仲介者が存在し、視聴者からの収益を分配するプロセスが非常に複雑となっています。また、近年は月額課金サービスが数多く登場していますが、月額課金サービスでは、多くの視聴者が必要以上のコストを支払ってしまう可能性もあります。その他の例として、スマートフォンなどのモバイル通信料も、MVNOの参画に伴い、従来の一律であった料金体系から、利用者それぞれの利用スタイルに合わせた柔軟な料金体系を選択できるサー

3　SALT Lending（https://www.saltlending.com/）
4　SingularDTV（https://singulardtv.com/）

ビスが一般的となっています。

　SingularDTVでは、既存動画配信サービスで一般的な月額課金ではなく、視聴した動画の長さに応じて少額の視聴料金を支払うマイクロペイメントを用いています。また、その収益の分配も、ブロックチェーン上に記録された権利情報に基づき、スマートコントラクトによる自動的な配分として実現されます。

　暗号通貨やブロックチェーン技術の強みである、電子化された資産の存在証明や管理を動画の権利情報に活用し、低コストな決済をマイクロペイメントに利用するサービスとして、SingularDTVは代表的なスマートコントラクトの応用例といえます。

エネルギー取引

　Power Ledger[5]は、電力などのエネルギーをP2Pネットワークで取引するプラットフォームです。

　従来、電力などのエネルギーは、大規模な発電所で生産されて各地に配分する、中央集権的なモデルでした。しかし、近年では、日本国内でも太陽光発電の普及などに伴い個人宅で電力を生産し、余剰電力を電力会社に買い取ってもらう仕組みが普及しつつあります。

　Power Ledgerは、この電力の売買を電力会社を介することなく、個人や企業間で直接取引できるプラットフォームを構築することを目指しています。

　電力を自由に売買できるプラットフォームを構築することで、個人や企業における自然エネルギー発電の普及を促進するだけではなく、電気自動車やモバイル機器などの充電のために外出先でも簡単に電気を購入するパワーポートの導入や、電力の需要データを大量に収集して分析することで、スマートグリッドの実現なども期待されています。

5-4-2　パーミッションドなブロックチェーン基盤

　イーサリアムをはじめとするパブリックなブロックチェーンプラットフォームは、スマートコントラクトや取引内容がすべてブロックチェーン上に記録されて公開されるため、透明性が高いシステムの構築に適しています。

　一方、パブリックなブロックチェーンのデメリットとして、誰でも参加できるプラットフォームであるがために利用者の権限管理などが難しく、不正に対応する仕組みとして取引のファイナリティが保証されず、スケーラビリティの課題も解決されていません。また、実験システムであるがため頻繁な仕様変更も発生します。

5　Power Ledger（https://powerledger.io/）

Chapter 5 | ビジネスへの応用

　ブロックチェーン技術をビジネスのために安定的に活用するためには、パーミッションドなブロックチェーン基盤を独自に構築・運用することが有用なケースもあります。パーミッションドなブロックチェーン基盤を構築する場合は、「4-3 エンタープライズプラットフォーム」で紹介したプロダクトがよく用いられます。代表的な活用例として、Everledgerの例を紹介します。

Everledger

　Everledger[6] は、ダイヤモンドや絵画、高級車などの高価な資産の来歴をブロックチェーン上で管理する分散台帳システムです。現在、これらの資産の来歴は紙ベースで記録されていることが多く、紛失や盗難、改竄などのリスクがあります。Everledgerでは、高額な資産の来歴をブロックチェーン上に記録し、来歴管理の低コスト化や市場リスクの低減を目指しています。

　実装には、IBMのHyperledger fabricによるパーミッションドなブロックチェーンと、パブリックなブロックチェーンのハイブリッド型が用いられており、パブリックブロックチェーンの透明性と、パーミッションドなブロックチェーンの権限管理の利点を組み合わせた設計となっています。

6　Everledger Ltd.（https://www.everledger.io/）

Chapter 6

アプリケーション開発の
基礎知識

本章ではイーサリアムにおけるスマートコントラクト開発を解説します。
ブロックチェーン開発環境の構築を説明し、
イーサリアムのブロック構造やトランザクション構造など、
その詳細を解説します。

Chapter 6 | アプリケーション開発の基礎知識

6-1

アプリケーション開発の環境構築

本節ではイーサリアムのノードを構築するイーサリアムクライアントを解説します。インストールする環境は、WindowsパソコンとmacOSを想定しています。想定外の動作を避けるため、明確な目的がない限り、指定されたバージョンのインストールを推奨します。

6-1-1 イーサリアムクライアント

イーサリアム自体はイエローペーパーで仕様を決めているだけで、実装に関してはさまざまなクライアントが存在します。基本的にはどれを選択しても構いませんが、本書ではGithubでStarが多く、かつ利用者が最も多いといわれている「Go Ethereum[1]」を利用して環境を構築します。

なお、下表に代表的なクライアントとその使用言語を示します（表6.1.1.1参照）。

表6.1.1.1: 代表的なEthereumクライアント

クライアント名	言語	最新版(2018年2月現在)
go-ethereum	Go	v1.7.3
cpp-ethereum	C++	v1.3.0
ethereumj	Java	v1.6.3
pyethapp	Python	v1.5.0
parity	Rust	v1.8.9

6-1-2 ネットワークの種類

イーサリアムではその用途に応じて、利用するネットワークに複数の種類があります。メインネット、テストネット、プライベートネットです。それぞれの特徴は次の通りです。

---

1 https://ethereum.github.io/go-ethereum/

134

- メインネット

  本番環境のネットワークで、全世界に公開されたパブリックな環境です。Etherを取得するためにはマイニングもしくは取引所などで購入する必要があります。マイニングにはメモリを大量に搭載したGPUが載るマシンを必要とするため、マイニングのコストは非常に高いです。

- テストネット

  本番前に利用する、いわゆるステージング環境です。全世界に公開されたパブリックな環境です。RopstenやKovan、Rinkebyと呼ばれるネットワークがあります。Ropstenに関しては、Etherを入手するにはメインネットと同様、マイニングが必要になりますが、誰かから譲り受けるのが手っ取り早いでしょう。取得の方法は「8-3-2 テストネットワークへのデプロイ」で後述します。

- プライベートネット

  アプリケーション開発時に利用するネットワークで、必要に応じて開発者が作成できる環境です。Etherを入手するにはマイニングの必要がありますが、マイニングコストは低いので、本書では、Go Ethereumを使った送金テストをプライベートネットで行います。

6-1-3 Go Ethereum（Geth）のインストール

Go Ethereum（Geth）をインストールします。ダウンロードページ（https://ethereum.github.io/go-ethereum/downloads/）をWebブラウザで開き、開発環境のOSに合致する版をダウンロードします。Linux版、macOS版、Windows版に加え、ソースコードのダウンロードが可能です。

図6.1.3.1: Go Ethereum（Geth）のダウンロード

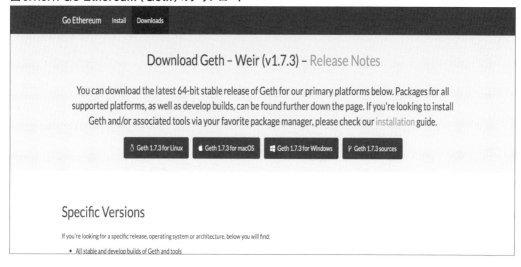

Windowsの場合

　手元の環境がWindowsの場合は、［Geth 1.7.3 for Windows］をクリックしてダウンロードします。なお、下記の画面構成が変更される可能性もあります。その場合は適宜読み替えてください。

　続いて、ダウンロードした実行ファイル（exeファイル）を実行し、ライセンス許諾画面で［I Agree］をクリックします。

図6.1.3.2: ライセンス許諾画面

　続くインストールオプション画面で［Geth］にチェックを入れて、右下の［Next］をクリックします。

図6.1.3.3: Gethにチェックを入れる

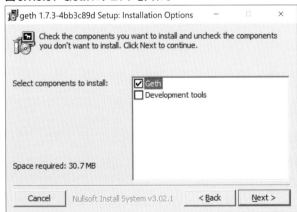

Gethのインストール先フォルダを[Destination Folder]で指定します。インストール先はホームディレクトリ直下の「geth」フォルダ、「C:\Users\ユーザー名\geth」を指定します（ユーザー名は適宜読み替えてください）。

図6.1.3.4: インストール先の指定

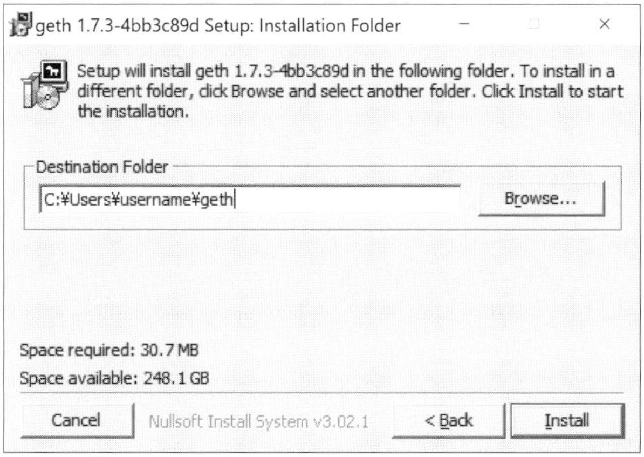

```
geth 1.7.3-4bb3c89d Setup: Installation Folder          —    □    ×

       Setup will install geth 1.7.3-4bb3c89d in the following folder. To install in a
       different folder, click Browse and select another folder. Click Install to start
       the installation.

  ┌Destination Folder────────────────────────────────────┐
  │ C:¥Users¥username¥geth                        │  Browse...  │
  └───────────────────────────────────────────┘

  Space required: 30.7 MB
  Space available: 248.1 GB

  Cancel    Nullsoft Install System v3.02.1        < Back      Install
```

　インストール完了後は、インストール先フォルダにPATHを通してコマンドプロンプトを立ち上げます。下記コマンド例で示す通り、whereコマンドでPATHが通っていることを確認します。

▌コマンド6.1.3.5: パスの確認（Windows）

```
> where geth
C:\Users\username\geth\geth.exe
```

macOSの場合

　手元の環境がmacOSの場合は、[Geth 1.7.3 for macOS]をクリックしてダウンロードします。続いて、ターミナルを開き、下記のコマンドを入力してフォルダを作成します。

▌コマンド6.1.3.6: Gethのインストール先フォルダの作成（macOS）

```
$ mkdir ~/geth
```

　次にFinderを選択して、[コマンド]＋[Shift]＋[H]を押すと、ホームのフォルダが表示されます。上記のコマンドで「geth」フォルダが作成されていることを確認しましょう。

　ダウンロードした「geth-darwin-amd64-1.7.3-xxx.tar.gz」を展開します（図6.1.3.7参照）。展開された「geth」実行バイナリを、先ほどの「geth」フォルダにコピーします。なお、実行バイナリは、Finderの[種類]に「Unix excutable」と表示されます。

図6.1.3.7: geth実行ファイルの展開

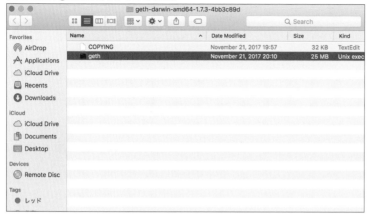

実行ファイルのコピーが完了したら、コピー先の$HOME/gethにPATHを通します。続いて、ターミナルで下記のコマンド例に示す通り、whichコマンドで正常にインストールされているか確認しましょう。

コマンド6.1.3.8: パスの確認（macOS）

```
$ which geth
/Users/ユーザー名/geth/geth
```

以上で、Go Ethereum（Geth）のインストールは完了です。

6-1-4 プライベートネットでの実行（Geth）

プライベートネットで動かすため、ローカルの環境に初めのブロックを作成します。最初のブロックはGenesisブロックと呼ばれます。前項で作成したgethフォルダ直下に保存場所のフォルダを用意します。「private_net」でフォルダを作成します。
続いて、エディタを利用して下記コード例に示す内容を記述したファイルを作成します。

コード6.1.4.1: genesis.json

```
{
  "config": {
    "chainId": 33,
    "homesteadBlock": 0,
```

```
    "eip155Block": 0,
    "eip158Block": 0
  },
  "nonce": "0x0000000000000033",
  "timestamp": "0x0",
  "parentHash": "0x0000000000000000000000000000000000000000000000000000000000000000",
  "gasLimit": "0x8000000",
  "difficulty": "0x100",
  "mixhash": "0x0000000000000000000000000000000000000000000000000000000000000000",
  "coinbase": "0x3333333333333333333333333333333333333333",
  "alloc": {}
}
```

上記コード例を記述したファイル「genesis.json」を、先ほど作成した「private_net」フォルダに保存します。

Genesisブロック作成の準備ができたところで、Gethを起動します。下記に示すコマンドで初期化処理を行います。

┃ コマンド 6.1.4.2: Gethの初期化処理 (Windows)

```
> geth --datadir C:\Users\ユーザー名\geth\private_net init C:\Users\ユーザー名\geth\private_net\
genesis.json
```

┃ コマンド 6.1.4.3: Gethの初期化処理 (macOS)

```
$ geth --datadir ~/geth/private_net/ init ~/geth/private_net/genesis.json
```

Windows版ならびにmacOS版は共に、実行時のログ出力の最後に下記の文字列が出力されれば、初期化処理は成功です。

┃ ログ 6.1.4.4: Gethの初期化成功

```
~~~
INFO [12-11|05:14:48] Successfully wrote genesis state
```

Gethの初期化が完了したところで、下記に示すコマンドでGethを起動しましょう。

┃ コマンド 6.1.4.5: Gethの起動 (Windows)

```
> geth --networkid "10" --nodiscover --datadir C:\Users\ユーザー名\geth\private_net --rpc
--rpcaddr "localhost" --rpcport "8545" --rpccorsdomain "*" --rpcapi "eth,net,web3,personal"
--targetgaslimit "20000000" console 2>> C:\Users\ユーザー名\geth\private_net\error.log
```

Chapter 6 | アプリケーション開発の基礎知識

コマンド6.1.4.6: Gethの起動（macOS）

```
$ geth --networkid "10" --nodiscover --datadir ~/geth/private_net --rpc --rpcaddr "localhost"
--rpcport "8545" --rpccorsdomain "*" --rpcapi "eth,net,web3,personal" --targetgaslimit "20000000"
console 2>> ~/geth/private_net/error.log
```

Windows版とmacOS版、いずれも「Welcome to the Geth JavaScript console!」と出力されれば、Gethの起動は成功です。

続いて、アカウントを作成してみましょう。Gethコンソールで下記に示すコマンドを実行します。

コマンド6.1.4.7: アカウントの作成

```
> personal.newAccount("password")
"0xf5b492d481fd155699720e34b17e9abf985cb991"
```

コマンドの実行結果として、外部アカウントのアドレスが出力されます。この値は環境で異なるので違う値が出力されても問題ありません。"password"に記述した文字列はアカウントロックを解除するためのパスワードです。忘れないようにしましょう。

さて、上記のコマンドをさらに2回入力して、下記のコマンドでアカウントを確認しましょう。

コマンド6.1.4.8: アカウントの確認

```
> eth.accounts
["0xf5b492d481fd155699720e34b17e9abf985cb991", "0x1789d84355c9e5e031153832a9776a6541d12f52",
"0x2f0b752e6072f2841421cddb950d78d7ed3e93c3"]
```

出力される配列に3個のアドレスがあれば成功です。ちなみに、アカウントは配列でのアクセスも可能です。例えば、インデックス0のアカウントへのアクセスは、下記のコマンドを実行します。

コマンド6.1.4.9: インデックス指定でのアカウントの確認

```
> eth.accounts[0]
"0xf5b492d481fd155699720e34b17e9abf985cb991"
```

次に、コインベースのアカウントを確認します。コインベースアカウントとはブロック生成のマイニング報酬を受け取るアカウントです。デフォルトでは、インデックス0のアカウントです。

140

コマンド6.1.4.10: コインベースアカウントの確認

```
> eth.coinbase
"0xf5b492d481fd155699720e34b17e9abf985cb991"
```

　続いて、コインベースのアカウントを変更してみましょう。下記に示すコマンドで、コインベースアカウントを変更可能です。

コマンド6.1.4.11: コインベースアカウントの変更

```
> miner.setEtherbase(eth.accounts[1])
true
> eth.coinbase
"0x1789d84355c9e5e031153832a9776a6541d12f52"
> eth.accounts[1]
"0x1789d84355c9e5e031153832a9776a6541d12f52"
```

　この通り、コインベースアカウントを変更可能です。下記のコマンドでaccounts[0]に戻します。

コマンド6.1.4.12: コインベースアカウントをaccounts[0]に変更

```
> miner.setEtherbase(eth.accounts[0])
true
> eth.coinbase
"0xf5b492d481fd155699720e34b17e9abf985cb991"
> eth.accounts[0]
"0xf5b492d481fd155699720e34b17e9abf985cb991"
```

6-1-5 Gethコンソールのコマンド

　本項では、Gethのコンソールでよく利用するコマンドを説明します。

ブロック内容の確認

　eth.getBlockコマンドでブロックの内容を確認できます。引数には何番目のブロックを確認したいか指定します。ブロックは0→1→2→3…と積み上がっていくものなので、ブロック高と呼ばれることもあります。ブロック0を指定するとgenesisブロックを確認できます。

Chapter 6 │ アプリケーション開発の基礎知識

コマンド6.1.5.1: genesisブロックの確認

```
> eth.getBlock(0)
{
  difficulty: 256,
  extraData: "0x",
  gasLimit: 134217728,
  gasUsed: 0,
  hash: "0x5704d029fe80f4fb605c0cb5e31d591511f10a46a0cb8166f97d8d559f9bc5b0",
  logsBloom: "0x00000000000000000000000000000000000000000000000000000000000000000
0000000000000000000000000000000000000000000000000000000000000000000000000000000000
0000000000000000000000000000000000000000000000000000000000000000000000000000000000
0000000000000000000000000000000000000000000000000000000000000000000000000000000000
0000000000000000000000000000000000000000000000000000000000000000000000000000000000
00000000000000000000000000000000000000000000000",
  miner: "0x3333333333333333333333333333333333333333",
  mixHash: "0x0000000000000000000000000000000000000000000000000000000000000000",
  nonce: "0x0000000000000033",
  number: 0,
  parentHash: "0x0000000000000000000000000000000000000000000000000000000000000000",
  receiptsRoot: "0x56e81f171bcc55a6ff8345e692c0f86e5b48e01b996cadc001622fb5e363b421",
  sha3Uncles: "0x1dcc4de8dec75d7aab85b567b6ccd41ad312451b948a7413f0a142fd40d49347",
  size: 507,
  stateRoot: "0x56e81f171bcc55a6ff8345e692c0f86e5b48e01b996cadc001622fb5e363b421",
  timestamp: 0,
  totalDifficulty: 256,
  transactions: [],
  transactionsRoot: "0x56e81f171bcc55a6ff8345e692c0f86e5b48e01b996cadc001622fb5e363b421",
  uncles: []
}
```

マイニングの開始

　続けてマイニングの開始です。マイニングとはブロックを生成することです。トランザクションを生成してもブロックに取り込む作業を実行しないと、発行されたトランザクションはいつまでもブロック中の記録に残りません。マイニングの開始はminer.start(1)を実行します。括弧内の数字はマイニング処理を実行するスレッド数です。

コマンド6.1.5.2: マイニングの開始

```
> miner.start(1)
null
```

142

コマンドのログにnullが出力されて不安になるので、念のためにマイニング作業が本当に正しく動作しているのか確認しましょう。eth.miningコマンドを実行して、trueが返ってくれば、マイニング中です。なお、最初のマイニングが開始されるまで少々時間を要します。

| コマンド6.1.5.3: マイニングの確認

```
> eth.mining
true
```

コインベースの残高確認

ブロックをマイニングしていくと、マイニングごとにマイナーへ報酬が支払われます。前項で説明したコインベースアカウントの残高は常に増加します。残高を確認するには、eth.getBalanceコマンドにアドレスを指定します。前項ではコインベースアカウントをaccounts[0]に設定しているので、下記に示す通り、accounts[0]を指定して、eth.getBalanceコマンドを実行します。

| コマンド6.1.5.4: コインベースの残高確認（wei）

```
> eth.getBalance(eth.accounts[0])
10000000000000000000000
```

残高が出力されましたが、0の桁数が多すぎて分かりづらい数値となっています。これは返却される値の単位がweiであるためです。出力される数値の単位をetherに変換して確認しましょう。

下記コマンド例に示す通り、web3.fromWeiの第1引数に数値（eth.getBalanceで確認した残高）、第2引数に変換する単位を指定します。

| コマンド6.1.5.5: コインベースの残高確認（ether）

```
> web3.fromWei(eth.getBalance(eth.accounts[0]), "ether")
55
```

残高確認の方法が分かったところで、一旦マイニングを停止しましょう。下記コマンドを実行します。

| コマンド6.1.5.6: マイニングの停止

```
> miner.stop()
true
```

```
> eth.mining
false
```

送金

eth.sendTransactionコマンドでethを送金できます。fromに送金元アドレス、toに送金先のアドレス、valueに送金額を指定します。

ここで注意すべきは、送金額の指定はwei単位であることです。wei単位での指定だと、1 ethの送金に膨大な桁数の数値で指定することになり、金額の確認が困難になります。そこで、前述のweiから他の単位に変換するweb3.fromWeiとは逆に、単位をweiに変換するweb3.toWeiを利用します。

下記のコマンド例は、コインベースのeth.accounts[0]からeth.accouts[2]への送金です。

コマンド6.1.5.7: etherの送金

```
// accounts[2]が持っているetherを確認
> web3.fromWei(eth.getBalance(eth.accounts[2]), "ether")
0
// accounts[0]からaccounts[2]へ 5 etherを送金する
> eth.sendTransaction({from: eth.accounts[0], to: eth.accounts[2], value:web3.toWei(5, "ether")})
Error: authentication needed: password or unlock
    at web3.js:3104:20
    at web3.js:6191:15
    at web3.js:5004:36
    at <anonymous>:1:1
```

ロックの解除

上記コマンド例では残念ながらエラーが出力されました。これは誤って送金するのを防ぐため、eth.accounts[0]がロックされているためです。送金するには、まずはこのロックを解除する必要があります。personal.unlockAccountにeth.accounts[0]を渡してロックを解除します。

コマンド6.1.5.8: ロックの解除

```
> personal.unlockAccount(eth.accounts[0])
Unlock account 0xaa569200c1db15c21441e91a9bf3db6b5ffb8d53
Passphrase: // アカウント作成時にpasswordとして設定した文字列を入力する(コマンド6.1.4.7参照)
true
```

Gethの終了

　送金時に毎回personal.unlockAccountでロックを解除するのは面倒です。プライベートネットで開発する際は、Geth起動時にunlockすることも可能です。まずはGethをexitコマンドで終了します（コマンド6.1.5.9参照）。

| コマンド6.1.5.9: Gethの終了

```
> exit
```

アカウントパスワードファイルの作成

　ファイル名password.txtでprivate_netフォルダ直下にファイルを作成します。ファイルの中にはeth.accounts[0]、eth.accounts[1]、eth.accounts[2]、eth.accounts[3]それぞれのパスワードを改行区切りで入力します。

| コード6.1.5.10: アカウントパスワードファイルpassword.txt

```
password
password
password
```

アンロックオプション付きでの起動

　アカウントを解除して起動するには、アンロックオプションを指定します。--unlockにアンロックするアカウントアドレス、--passwordにパスワードファイルのパスを指定してGethを起動します。
　アカウントのアドレスはeth.accountsコマンドで確認できます。複数アカウントのロックを解除する場合は、アドレスをカンマで繋ぎます。

| コマンド6.1.5.11: アンロックオプションを指定してGethを起動（Windows）

```
> geth --networkid "10" --nodiscover --datadir C:\Users\ユーザ名\geth\private_net --rpc --rpcaddr
"localhost" --rpcport "8545" --rpccorsdomain "*" --rpcapi "eth,net,web3,personal"
--targetgaslimit "20000000" console 2>> C:\Users\ユーザ名\geth\private_net\error.log --unlock 0xf5
b492d481fd155699720e34b17e9abf985cb991,0x1789d84355c9e5e031153832a9776a6541d12f52,0x2f0b752e6072
f2841421cddb950d78d7ed3e93c3 --password C:\Users\ユーザ名\geth\private_net\password.txt
```

Chapter 6 | アプリケーション開発の基礎知識

コマンド6.1.5.12: アンロックオプションを指定してGethを起動（macOS）

```
$ geth --networkid "10" --nodiscover --datadir ~/geth/private_net --rpc --rpcaddr "localhost"
--rpcport "8545" --rpccorsdomain "*" --rpcapi "eth,net,web3,personal" --targetgaslimit "20000000"
console 2>> ~/geth/private_net/error.log --unlock 0xf5b492d481fd155699720e34b17e9abf985cb991,0x1
789d84355c9e5e031153832a9776a6541d12f52,0x2f0b752e6072f2841421cddb950d78d7ed3e93c3 --password ~/
geth/private_net/password.txt
```

前述の送金時にエラーが出力されたトランザクションをもう一度発行してみましょう。

コマンド6.1.5.13: etherの送金

```
// accounts[2]が持っているetherを確認
> web3.fromWei(eth.getBalance(eth.accounts[2]), "ether")
0
// accounts[0]からaccounts[2]へ 5 etherを送金する
> eth.sendTransaction({from: eth.accounts[0], to: eth.accounts[2], value:web3.toWei(5, "ether")})
"0xbf3f285215244e2ae455709f3136de7948621492c612e54c691697a1a1a98b2a"
```

　無事に送金トランザクションを発行できたでしょうか。トランザクションが成功した場合は16進数のトランザクションハッシュが返ってきます。このハッシュ値は毎回異なるため、実際にトランザクションを発行してもまったく異なる値になります。以降、トランザクションハッシュを引数にとるコマンドは、適宜読み替えて実行してください。

トランザクションの確認

　続いて、発行したトランザクションがどうなっているか確認しましょう。下記コマンド例に示す通り、上記の返ってきたトランザクションハッシュの値をeth.getTransactionコマンドで確認します。

コマンド6.1.5.14: トランザクションの確認

```
> eth.getTransaction("0xbf3f285215244e2ae455709f3136de7948621492c612e54c691697a1a1a98b2a")
{
  blockHash: "0x0000000000000000000000000000000000000000000000000000000000000000",
  blockNumber: null,
  from: "0xf5b492d481fd155699720e34b17e9abf985cb991",
  gas: 90000,
  gasPrice: 18000000000,
  hash: "0xbf3f285215244e2ae455709f3136de7948621492c612e54c691697a1a1a98b2a",
```

```
  input: "0x",
  nonce: 1,
  r: "0xe48c97b0ffc71eb7d19fcf5761423f522fc67dbcb56a7646668c0bfb812968e9",
  s: "0x412d7124c317cc45cc0086edfafe9d8b30e6ea88ed9134dbabbb628c049b9f5d",
  to: "0x2f0b752e6072f2841421cddb950d78d7ed3e93c3",
  transactionIndex: 0,
  v: "0x66",
  value: 5000000000000000000
}
```

　上記の通り、fromにはeth.accounts[0]のアドレス、toにはeth.accounts[2]のアドレスが表示されています。blockNumberの箇所はnullになっており、このトランザクションはまだブロックに取り込まれていないことを示しています。

　ブロックに取り込まれていないトランザクションは確定とはならないため、送金はまだ行われていません。eth.accounts[2]の残金を確認してみましょう。

▌コマンド6.1.5.15: 送金先accounts[2]の残高確認

```
> web3.fromWei(eth.getBalance(eth.accounts[2]), "ether")
```

　トランザクションを確定させるためにはブロックを生成し、トランザクションがそのブロックに取り込まれなければなりません。前述のコインベースの残高確認の際にマイニングを停止しているので、あらためてマイニングを実行します。マイニング再開後、ある程度の時間が経過してから、再度トランザクションを確認します。

▌コマンド6.1.5.16: マイニングしてトランザクションをブロックに取り込む

```
> miner.start(1)
null
// 少し時間をおいてトランザクションを確認する
> eth.getTransaction("0xbf3f285215244e2ae455709f3136de7948621492c612e54c691697a1a1a98b2a")
{
  blockHash: "0x75ef7843ed1a80388cf4505ae791633cdb1168b8cc38ce19a4cd1fcc170d3105",
  blockNumber: 164,
  from: "0xf5b492d481fd155699720e34b17e9abf985cb991",
  gas: 90000,
  gasPrice: 18000000000,
  hash: "0xbf3f285215244e2ae455709f3136de7948621492c612e54c691697a1a1a98b2a",
  input: "0x",
```

```
  nonce: 1,
  r: "0xe48c97b0ffc71eb7d19fcf5761423f522fc67dbcb56a7646668c0bfb812968e9",
  s: "0x412d7124c317cc45cc0086edfafe9d8b30e6ea88ed9134dbabbb628c049b9f5d",
  to: "0x2f0b752e6072f2841421cddb950d78d7ed3e93c3",
  transactionIndex: 1,
  v: "0x66",
  value: 5000000000000000000
}
```

トランザクションを確認すると、blockNumberの値がnullではなく数字が表示されています。この数字はトランザクションが何番目のブロックに入っているかを表しています。上記のコマンド例の場合は、164番目のブロックに取り込まれたことを示しています。万が一、値がまだnullの場合は、ある程度の時間が経過した後に、再度eth.getTransactionコマンドを実行してください。

ブロックに取り込まれて送金完了を確認したところで、送金先のeth.accounts[2]の残高を確認してみましょう。

コマンド6.1.5.17: accounts[2]が持っているetherを確認

```
> web3.fromWei(eth.getBalance(eth.accounts[2]), "ether")
5
```

上記コマンド例が示す通り、無事に送金が完了しています。また、eth.getBalanceコマンドはアカウントだけではなくブロックも指定して、アカウントの各ブロックでの状態も確認できます。

下記の通り、163番目のブロックの時点では残高がゼロで、トランザクションが取り込まれた164番目のブロックで残高が5になったことを確認できます。

コマンド6.1.5.18: accounts[2]が持っているetherをブロックごとに確認

```
> web3.fromWei(eth.getBalance(eth.accounts[2], 163), "ether")
0
> web3.fromWei(eth.getBalance(eth.accounts[2], 164), "ether")
5
```

トランザクションレシートの確認

トランザクションは実行されると、レシートが発行されます。eth.getTransactionReceiptコマンドで確認できます。

コマンド6.1.5.19: トランザクションのレシートを確認

```
> eth.getTransactionReceipt("0xbf3f285215244e2ae455709f3136de7948621492c612e54c691697a1a1a98b2a")
{
  blockHash: "0x75ef7843ed1a80388cf4505ae791633cdb1168b8cc38ce19a4cd1fcc170d3105",
  blockNumber: 164,
  contractAddress: null,
  cumulativeGasUsed: 42000,
  from: "0xf5b492d481fd155699720e34b17e9abf985cb991",
  gasUsed: 21000,
  logs: [],
  logsBloom: "0x0000000000000000000000000000000000000000000000000000000000000000
000000000000000000000000000000000000000000000000000000000000000000000000000000000000
000000000000000000000000000000000000000000000000000000000000000000000000000000000000
000000000000000000000000000000000000000000000000000000000000000000000000000000000000
000000000000000000000000000000000000000000000000000000000000000000000000000000000000
0000000000000000000000000000000000000000000000000",
  root: "0x46130b0c3fd92ae88653887af559d9d38bdb11f43e8e0816a30ddb1949eb6684",
  to: "0x2f0b752e6072f2841421cddb950d78d7ed3e93c3",
  transactionHash: "0xbf3f285215244e2ae455709f3136de7948621492c612e54c691697a1a1a98b2a",
  transactionIndex: 1
}
```

　上記レシートのblockNumber項目で、確かに164番目のブロックに取り込まれていることが確認できます。

　本項では、Gethコンソールでのコマンドを例に簡単な使い方を説明しましたが、コンソールにコマンドを入力する際に［TAB］キーを入力すると、コマンド補完機能を利用できます。本項で紹介したコマンド以外にも、さまざまなコマンドが用意されているので、折を見て試してみましょう。

6-2
ブロック構造とトランザクション

　イーサリアムはビットコインと同じく、ブロックチェーンで構成されています。しかし、アプリケーションを動作させるプラットフォームとして開発された経緯があるため、さまざまな違いがあります。本節ではイーサリアムのブロック構造を解説し、トランザクションの発行に関しても、ビットコインとの相違点を中心に説明します。

6-2-1　ブロック構造

　イーサリアムのブロックは、下記のヘッダとトランザクション、トランザクションの実行結果の3要素で構成されています（図6.2.1.1参照）。

図6.2.1.1: イーサリアムのブロック構造（再掲）

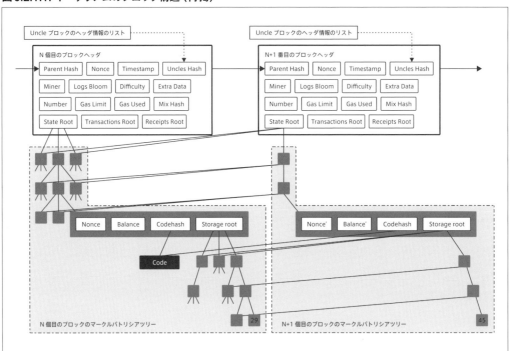

- ヘッダ
- トランザクション
- トランザクションの実行結果

続いて、それぞれの構造を紹介しましょう。

ブロックヘッダ

ブロックヘッダには、下記コード例に示す情報が入っています。

コード6.2.1.2: ブロックのヘッダ情報

```
{
  difficulty: 135379,
  extraData: "0xd6830107018467657468856f312e398664617277696e",
  gasLimit: 114346214,
  gasUsed: 42000,
  hash: "0x75ef7843ed1a80388cf4505ae791633cdb1168b8cc38ce19a4cd1fcc170d3105",
  logsBloom: "0x000000000000000000000000000000000000000000000000000000000000000000
00000000000000000000000000000000000000000000000000000000000000000000000000000000000000
00000000000000000000000000000000000000000000000000000000000000000000000000000000000000
00000000000000000000000000000000000000000000000000000000000000000000000000000000000000
00000000000000000000000000000000000000000000000000000000000000000000000000000000000000
0000000000000000000000000000000000000000000000000",
  miner: "0xf5b492d481fd155699720e34b17e9abf985cb991",
  mixHash: "0x55c9acef7e4aa1123f001ef53df58265c2010b79d4a07c23d2b64a54f5476d8e",
  nonce: "0x24d329cf6f6ae1d0",
  number: 164,
  parentHash: "0x26b3b46bc59556d2a1f42c4215f3c189e3a275dfff5e54ca5aab28d3b69ca6ab",
  receiptsRoot: "0xcbd65c64c8ee1936cc1c24ab918ab4851cd376a4dea9e04b9053e32f3ad8d5f8",
  sha3Uncles: "0x1dcc4de8dec75d7aab85b567b6ccd41ad312451b948a7413f0a142fd40d49347",
  size: 761,
  stateRoot: "0x611c5b35803af5474cc904d20185f41c727ce3220aca83c852d5292bcd5a48dd",
  timestamp: 1513162073,
  totalDifficulty: 22300662,
  transactions: ["0x24b2eccf9feb33f90212662b7a26463dd5947719314eb220a8992425c97217d2", "0xbf3f28
5215244e2ae455709f3136de7948621492c612e54c691697a1a1a98b2a"],
  transactionsRoot: "0xa09fa7ba3ea6c8efcc8b193098f5b7d195fcd8ea1986bd8a93072adb2c8cd5ac",
  uncles: []
}
```

続いて、ブロックヘッダの各項目を説明します。

difficulty

difficultyはブロックを生成する難易度です。これ以前のブロックの難易度とタイムスタンプから算出されます。

extraData

extraDataは、ブロックに関連する任意の情報を記録する場所です。サイズは32 byte以下と定められています。

gasLimit

このブロックで使用できるGasの最大サイズです。

gasUsed

このブロックで使われたGasの使用量です。

hash

ブロックを表すハッシュ値です。

logsBloom

ブロック内のトランザクションから出力されるログがブルームフィルタと呼ばれる形で記録されています。実行したアカウントの情報とそのトランザクションの内容、それに付随する情報が格納されています。全トランザクションを確認することなく、このブロックに特定のログがあるかどうかを判断するために利用されます。

miner

このブロックを生成し、採掘手数料を受け取るアカウントアドレスです（160 bit）。

mixHash

このブロックで十分な量の計算が実行されたことを、nonce（ナンス）と組み合わせて証明する256ビットのハッシュです。

nonce

上述のmixHashと組み合わせて、このブロックで十分な量の計算が実行されたことを表します。64ビットのハッシュです。

number

現在のブロック番号です。ちなみに、最初に生成されたGenesisブロックの番号は0です。

parentHash

親ブロック（前のブロック）のヘッダのハッシュです。KECCAK-256[1]ハッシュ形式です。

receiptsRoot

ブロックに入っているトランザクションの実行結果を保存している、データ構造のルートノードのハッシュです。KECCAK-256ハッシュ形式です。

sha3Uncles(ommersHash)

現在のブロックのUncleブロック配列のハッシュ。KECCAK-256ハッシュ形式です。Uncleブロックとはブロックが生成された際に同時期に生成されたブロックで、ブロック内のトランザクションは無視されますが、生成の報酬をもらうべき対象のブロックです。

size

このブロックのサイズをbyte単位で表しています。

stateRoot

ブロックの全トランザクションが実行された状態のState Treeのルートノードのハッシュです。KECCAK-256ハッシュ形式です。

timestamp

ブロックがチェーンに取り込まれた時刻です。形式はUNIXタイムスタンプです。

totalDifficulty

このブロック以前の難易度の総和です。

transactions

ブロックに取り込まれているトランザクションのハッシュが配列で入っています。

transactionsRoot

ブロックに入っているトランザクションを含んだ木構造のルートノードのハッシュです。KECCAK-256ハッシュ形式です。

1　SHA-3の元となった規格KECCAKですが、イーサリアム開発中に締結しなかったためSHA-3標準には準拠していません。イーサリアム内部ではSHA-3と同義と捉えて構いません。

uncles

Uncleブロックのハッシュ配列です。

上記の項目がヘッダに含まれている情報です。イーサリアムの良いところはブロックヘッダに大まかに重要な情報が入っている点です。

イーサリアムを構成するノードは、イーサリアムネットワークの歴史が始まって以来、最初に生成されたブロックから現在までの全ブロック情報を持っている必要があります、最初に生成されたブロックをGenesisブロックと呼び、現在までの全ブロック情報を持っているイーサリアムノードをフルノードと呼びます。執筆時点では5,077,199ブロックあり、1ブロックのサイズが平均22 KByteなので約106 GBのサイズになります（2018年2月現在）。

しかし、全クライアントがその情報を必要としているわけではありません。単純に送金やコントラクトの呼び出しを利用するクライアントは、ブロックのヘッダ情報のみをダウンロードします。計算の際に必要に応じてヘッダ情報からブロックのトランザクション情報を取得する仕組みになっています。

トランザクション

ブロックに含まれているゼロから複数のトランザクションは、Transaction Treeと呼ばれる木構造に入っています。ブロックは常に時間が経つごとに生成され続けるので、ネットワーク初期やたまたま利用が少ない場合は、トランザクションが入っていない場合もありえます。トランザクションには、メッセージコールとコントラクト生成の2種類が存在します。

メッセージコール

外部アカウントからの送金やコントラクトの実行を記述したトランザクションです。

コントラクト生成

その名の通り、コントラクトを生成する際のトランザクションです。

各トランザクションの内部構造は、下記のコード例に示す通りです。

コード6.2.1.3: トランザクションの情報

```
{
  blockHash: "0x75ef7843ed1a80388cf4505ae791633cdb1168b8cc38ce19a4cd1fcc170d3105",
  blockNumber: 164,
  from: "0xf5b492d481fd155699720e34b17e9abf985cb991",
```

```
    gas: 90000,
    gasPrice: 18000000000,
    hash: "0xbf3f285215244e2ae455709f3136de7948621492c612e54c691697a1a1a98b2a",
    input: "0x",
    nonce: 1,
    r: "0xe48c97b0ffc71eb7d19fcf5761423f522fc67dbcb56a7646668c0bfb812968e9",
    s: "0x412d7124c317cc45cc0086edfafe9d8b30e6ea88ed9134dbabbb628c049b9f5d",
    to: "0x2f0b752e6072f2841421cddb950d78d7ed3e93c3",
    transactionIndex: 1,
    v: "0x66",
    value: 5000000000000000000
}
```

続いて、トランザクション情報の各項目を説明します。

blockHash

トランザクションがどのブロックに含まれているかを表します。この値がnullの場合は、トランザクションはまだブロックに取り込まれていません。

blockNumber

トランザクションが何番目のブロックに入っているかを表しています。この値がnullの場合は、トランザクションはまだブロックに取り込まれていません。

from

トランザクションを発行した送信者のアドレスが入っています。20 byte（160 bit）の値です。

gas

送信者が供給したGasの量です。

gasPrice

トランザクションで払っても良いと決めたGasの金額です。単位はweiで表します。

hash

トランザクションを表す32 byteのハッシュです。

input

トランザクションに送信されたデータです。

nonce

トランザクション以前に送信者が送信したトランザクションの数です。

r

送信者のトランザクションを特定する署名を作るために使われます。

s

送信者のトランザクションを特定する署名を作るために使われます。

to

トランザクションを受け取った受信者のアドレスが入っています。20 byte（160 bit）です。

transactionIndex

トランザクションがブロックの何番目のトランザクションとして入っているかを表しています。nullの場合はトランザクションはまだブロックに取り込まれていません。

v

送信者のトランザクションを特定する署名を作るために使われます。

value

送信者から受信者へ送る量です。単位はweiで表します。

トランザクションの実行結果（レシート）

トランザクションの実行結果（レシート）を木構造で保存しているものをReceipt Treeと呼びます。その内部構造を下記のコード例に示します。

コード6.2.1.4: トランザクションレシート（実行結果）の内部構造

```
{
    blockHash: "0x75ef7843ed1a80388cf4505ae791633cdb1168b8cc38ce19a4cd1fcc170d3105",
    blockNumber: 164,
    contractAddress: null,
    cumulativeGasUsed: 42000,
    from: "0xf5b492d481fd155699720e34b17e9abf985cb991",
    gasUsed: 21000,
    logs: [],
```

```
  logsBloom: "0x0000000000000000000000000000000000000000000000000000000000000000
0000000000000000000000000000000000000000000000000000000000000000000000000000000000
0000000000000000000000000000000000000000000000000000000000000000000000000000000000
0000000000000000000000000000000000000000000000000000000000000000000000000000000000
0000000000000000000000000000000000000000000000000000000000000000000000000000000000
00000000000000000000000000000000000000000000000",
  root: "0x46130b0c3fd92ae88653887af559d9d38bdb11f43e8e0816a30ddb1949eb6684",
  to: "0x2f0b752e6072f2841421cddb950d78d7ed3e93c3",
  transactionHash: "0xbf3f285215244e2ae455709f3136de7948621492c612e54c691697a1a1a98b2a",
  transactionIndex: 1
}
```

blockHash

トランザクションがどのブロックに入っているかを表しています。

blockNumber

トランザクションが何番目のブロックに入っているかを表しています。

contractAddress

コントラクトを作成するトランザクションの場合は、コントラクトのアドレスが入ります。

cumulativeGasUsed

トランザクション全体で使われたGasの使用量、例えば、他の処理もフックして実行された場合はそのGas使用量も合算して計算されます。

from

トランザクションを発行した送信者のアドレスが入っています。20 byte（160 bit）です。

gasUsed

トランザクションで使われたGasの使用量です。

logs

トランザクションで生成されたログです。

logsBloom

ブロック内のトランザクションから出力されるログが、ブルームフィルタと呼ばれる形で記録されます。

root

トランザクションがState Treeを変化させた後のState Rootの値です。

to

トランザクションを受け取った受信者のアドレスが入っています。20 byte（160 bit）です。

transactionHash

32 byteのトランザクションハッシュです。

transactionIndex

トランザクションがブロックの何番目のトランザクションとして入っているかを表しています。

6-2-2 トランザクションの実行

本項では、イーサリアムでトランザクションがどのように実行されているか解説します。「3-3-4 残高参照」で解説した通り、ビットコインのトランザクションはUTXOモデルですが、イーサリアムではアカウント情報を保存しているState Treeの中に残高情報を保持しているため、その処理内容が異なっています。

トランザクションの流れ

仮にAliceからBobに送金した場合、State Treeはどのように変化するのでしょうか。前提としてすべてのトランザクションは下記の5項目を満たす必要があります。

トランザクションが満たすべき条件

- RLPフォーマット[2]に従う形式で追加の後続バイトがないこと。
- 署名が有効であること。
- nonceが有効であること。State Treeのアカウントが保持するnonceと照合して有効であるかを確認します。
- トランザクションに事前に定められたGas量＋送信するデータを送信するために必要となるGas量よりも、Gas Limitが大きく設定されていること。コントラクト生成のトランザクションの場合はさらに追加で32,000 gasが必要となります。

---

2 入れ子構造のバイナリデータを符号化する技術です。Ethereum内部では一般的に広く使われています。

・送信者のアカウント残高は上述のGasを上回っていること。

上記5項目を満たしている場合は次の処理に移り、サブ状態のSubstateを作成します。Substateは次の情報から構成されます。

Self-Destruct Set

トランザクション完了後に破棄されるアカウント情報があれば、ここに収納されます。

Log Series

トランザクションがどこまで実行されたのかを保持するチェックポイントです。フロントエンドなどトランザクションの実行状態を確認するシステムのために必要となります。

Refund Balance

トランザクション完了後にアカウントに戻される金額です。State Treeにデータを書き込むためにはGasが必要ですが、逆にState Treeからデータを消去する場合はState Treeを小さくすることになります。State Treeを削減した報酬として、金額が返ってくる仕組みです。トランザクション実行の進捗にしたがって、状態データを消去していくと、この項目が増加します。実際にはトランザクション実行のコストと相殺されたあとに返却されます。

メッセージコールトランザクション

続いて、トランザクションの実行です。次のステップで実行されます。

・State Treeにあるトランザクション送信者のnonceが1インクリメントされます。
・前提条件で満たしていたトランザクションを実行するため、必要なGasがアカウントの残高から差し引かれます。
・トランザクション実行後、残っているGasと上述のRefund Balanceに記載されているGasから返金される金額を計算して返金します。これによってトランザクションの状態が確定されます。
・Gasの返金を受け取ると、ブロックにトランザクションを取り込んでくれたマイナーや採掘者、もしくはブロック生成ノードに、使用したGas分のETHが送られます。
・もしSelf-Destruct Setにアカウント情報が含まれていたら削除します。
・トランザクションに使用したGas量とログを記録します。ブロックのトランザクション記録を定義するのに使います。

上記のステップが、通常の送金やコントラクトを実行する際のメッセージコールトランザクションの流れです。続いて、コントラクト生成のトランザクションを解説します。

159

コントラクト生成トランザクション

コントラクトを生成するトランザクションの流れです。前述のメッセージコールとは少し異なります。まず、コントラクト生成トランザクションを発行したアカウントやEVM[3]コードからサブ状態を作成します。そして、下記のステップでコントラクトアカウントを作成します。

- トランザクションを発行したアカウントとnonceからコントラクトのアドレスを作成します。
- 一度も実行されていない新規コントラクトなので、nonceに0を指定します。
- コントラクトアカウントにトランザクションに送金したEtherの金額を設定します。
- アカウントのStorageを空に設定します。
- 空の文字列のハッシュをcodeHashに設定します。
- 初期化コードを実行してアカウントを作成します。初期化コードでは、コントラクト作成者の意向でアカウント作成やメッセージ送信などさまざまなことが可能です。初期化コードの実行はGasを消費します。Gasが不足した場合はトランザクションはなかったものとなります。Revert Codeでエラーが出力された場合、その時点で残っているGasが戻り、3番目のステップで設定したEtherも戻ります。
- 初期化コードの実行に成功したら、コントラクトのデータサイズに応じてGasが支払われ、余ったGasはトランザクションの送信者に戻ります。

初期化コードが実行されている間はコントラクト本体は存在しないため、コントラクトの実行はできません。例えば、初期化コードに途中で処理を停止するコードを記述している場合、送金したEtherを取り出すことができなくなるので注意が必要です。

メッセージコールとコントラクト生成でのトランザクションの相違

メッセージコールトランザクションは、基本的にコントラクト生成トランザクションと同じですが、コントラクトを作成するのではないため初期化コードの送信はありません。その代わりに入力データを使用することが可能です。さらにトランザクションで状態を遷移させると、outputデータを得ることができ、outputデータは以降のトランザクションで使用することが可能です。

なお、コントラクト生成と同様、Revert Codeでのトランザクションエラーであれば、残ったGasは戻ってきます。また、valueに指定したEtherも戻ってきます。

3　イーサリアムバーチャルマシン。イーサリアム内でプログラムを実行するための基盤です。

Chapter 7

Solidityによる
アプリケーション開発

Solidityを使ったスマートコントラクト開発の基礎を紹介します。
Remixと呼ばれるブラウザ上の統合開発環境を使って、
プログラムの記述と動作を説明します。
また、Solidityの言語仕様の概略を解説します。

Chapter 7 | **Solidity**によるアプリケーション開発

7-1

はじめてのスマートコントラクト開発

　本節では、Solidityを使ったスマートコントラクトの開発を説明します。Solidityはスマートコントラクトを開発するために生まれたJavaScriptライクな静的型付け言語です。スマートコントラクトの開発では、現在最も利用されている言語でデファクトスタンダードといえます。

　統合開発環境としてはブラウザベースのIDEであるRemixを利用するのがもっとも簡単ですが、IntelliJにもSolidity pluginが用意されている他、EmacsやVimにもモードやプラグインが用意されています。日常的に使用している好みのエディタで利用するのも良いでしょう。

7-1-1 開発環境

　Solidityは、テキストエディタさえあれば開発は可能ですが、統合開発環境（IDE）やエディタの拡張機能を利用すると、シンタックスハイライトや文法エラーのチェックなど、開発が楽になる便利な機能の恩恵を受けることができます。代表的なものを下表に示します（表7.1.1.1）。

表7.1.1.1: Solidity 対応のIDEやエディタの拡張機能一覧

名称	IDE/エディタ名	説明
Remix	ブラウザ	ブラウザでSolidityを実行できる環境です。特別なインストールが必要ないので、本書で採用しています。
Intellij-Solidity	IntelliJ	シンタックスハイライト、コンパイル前のエラーを検知します。 （※）執筆陣は「Chapter 8 アプリケーション開発のフレームワーク」で解説するTruffleフレームワークで開発する際、このプラグインを利用しています。
Visual Studio Solidiy	Visual Studio	Ethereum上のアプリケーション開発をサポートするConsenSys社が提供しています。
Ethereum Solidity language syntax for SublimeText	Sublime Text	シンタックスハイライトの表示が可能です。
vim-solidity	Vim	シンタックスハイライトをしてくれるプラグインです。
Emacs Solidity Mode	Emacs	Solidity開発をサポートするモードです。

7-1-2 Remixでのスマートコントラクト開発

本書では開発環境として、ブラウザベースの統合開発環境であるRemixを利用します。Webブラウザで下記のサイトにアクセスします。

Remix - Solidity IDE
http://remix.ethereum.org/

下図に示すブラウザ画面が表示されます(図7.1.2.1参照)。特に他の開発ツールを用意することなく、開発を進めることができます。

図7.1.2.1: Solidityの画面

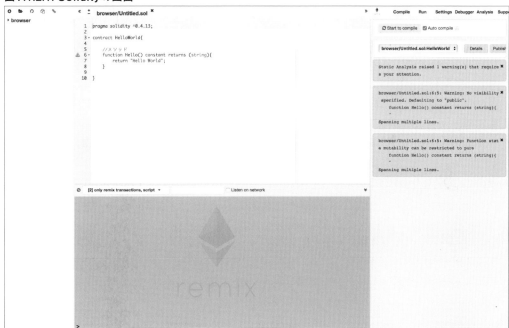

変数を保存するコントラクト

まずは、変数を保持する単純なプログラムを作成し、Remix上で実際にプログラムを動作させて、その上で新たに関数を追加するなど改修します。実際の作業をサンプルにRemixでの開発を説明します。次に示すコード例を見てみましょう(コード7.1.2.2参照)。

Chapter 7 | **Solidity によるアプリケーション開発**

コード7.1.2.2: SimpleStorage.sol

```
// バージョンプラグマの指定
pragma solidity ^0.4.0; // ①

// コントラクトの宣言
contract SimpleStorage {

    // 変数の宣言
    uint storedData; // ②

    // storedDataを変更する  ③
    function set(uint x) {
        storedData = x;
    }

    // storedDataを取得する  ④
    function get() constant returns (uint) {
        return storedData;
    }
}
```

　上記のコード例を順に説明します。

　①では、バージョン「0.4.0」を指定することで、Solidityのバージョン番号が0.4.0未満ではコンパイルせず、「^」で0.5.0以上でも動作しないことを宣言しています。不用意に新しいコンパイラバージョンで、想定していない動作となることを制限しています。キーワードpragmaは、バージョンプラグマ（version pragma）で、一般的にソースコードをどう扱うかをコンパイラに指示するためのものです。

　Solidityで作成するコントラクトは、ブロックチェーン上のコントラクトアドレスが所持するコードとデータの集合からできています。②では、uint型（256bit符合なし整数）のstoredDataを宣言しています。storedDataを使ってコントラクト内に状態を保持できます。

　③では、set関数を定義しています。符号なし整数の値を引数に取ることで、storedDataを変更できます。続いて、④ではget関数を定義しています。

　get関数を呼び出すことで、storedDataに保存されている値を取得できます。constantはコントラクトの状態を変更しない場合に付与する修飾子です。returnsの後に関数が返すデータの型を定義します。storedDataはuintで宣言されており、この関数はstoredDataを返すので、uint型を宣言しています。

　それでは、入力したコード例を動かしてみましょう。「Remix - Solidity IDE」にアクセスしたブラウザ画面に戻ります。左上の［＋］ボタンをクリックして、ファイル名に「SimpleStorage.sol」を指定して新しいファイルを作成します（図7.1.2.3参照）。

図7.1.2.3: Remixのファイル作成フォーム

新規ファイルを作成したら、前述のコード7.2.1.1をブラウザ中央のエディタ内に貼り付けます。

次に右ペインのタブにある［Run］を選択して、［Create］ボタンをクリックします。クリックした［Create］ボタンの下部に［get］と［set］が表示されていれば、コントラクトのデプロイが完了です。意外に簡単にできるものです。

続いて、［get］をクリックしてみましょう（何度押しても大丈夫です）。エディタ部分の下にログが表示されます。まず下記のログが表示されます。

ログ7.1.2.4: SimpleStorageコントラクトへのget呼び出し

```
call to browser/SimpleStorage.sol:SimpleStorage.get
```

続いて、下記のログが表示されたら、get関数の処理は成功です。現時点では何も指定していないため、storedDataが0と返ってきます。get関数でstoredDataの値を取得できます。

ログ7.1.2.5: SimpleStorageコントラクトへのget呼び出しの結果

```
[call] from: - , to:browser/SimpleStorage.sol:SimpleStorage.get(), data:xxxx...xxxxx, return:
{
    "0": "uint256: 0"
}
```

次は［set］をクリックします。［set］ボタンは先ほど押した［get］ボタンの下部にあります。ボタン横のテキストボックスに「2017」と入力して、［set］ボタンをクリックしましょう。

ログ7.1.2.6: SimpleStorageコントラクトへのset呼び出し

```
transact to browser/SimpleStorage.sol:SimpleStorage.set pending ...
from:xxx, to:browser/SimpleStorage.sol:SimpleStorage.set(uint256
```

上記のログが表示されます。実際にどのような処理が行われたかは、ログ表示の横にある［Detail］をクリックすると、詳細を確認できますが、ここでは一旦先に進みましょう。

再度［set］をクリックしたので、もう一度getしてみましょう。先ほどクリックした［get］ボタンをもう一度クリックします。

Chapter 7 | Solidityによるアプリケーション開発

> **ログ7.1.2.7: SimpleStorageコントラクトへのset後のget呼び出し**
>
> ```
> call to browser/SimpleStorage.sol:SimpleStorage.get
>
> [call] from: - , to:browser/SimpleStorage.sol:SimpleStorage.get(), data:xxxxx...xxxxx,  return:
> {
>      "0": "uint256: 2017"
> }
> ```

　上記のログに示した通り、「uinit256: 2017」と表示されたはずです。

　以上で、先ほどのset関数が正しく動作し、イーサリアムブロックチェーンに書き込まれることを確認できました。実際にはJavaScript VMでエミュレートしているので、ブロックチェーンの実体に書き込まれているわけではありません。なお、次項では、Remixからローカルでテストネットワークに接続したGethを利用する方法を説明します。

関数の権限追加

　簡単なSolidityのソースコードをデプロイしましたが、［set］をクリックした際の挙動で注意すべき箇所があります。再度［set］をクリックしてみましょう。右上の［Account］部分にテストアカウントが所持しているetherの残高が表示されていますが、［set］をクリックするたびに減っていきます。

　これは、storedDataに対してデータを送信して状態を変更しているため、Gasが消費されていることを意味します。スマートコントラクトでは、コントラクトに対してデータを送信する、コントラクトで定義された状態を変更する際にGasを消費します。一方、getはstoredDataを変更することなく参照しているだけなので、Gasを消費することはありません。

　また、サンプルのSimpleStorageコントラクトは、ユーザー権限を設定していないため、このコン

図7.1.2.8: Solidityのアカウント選択

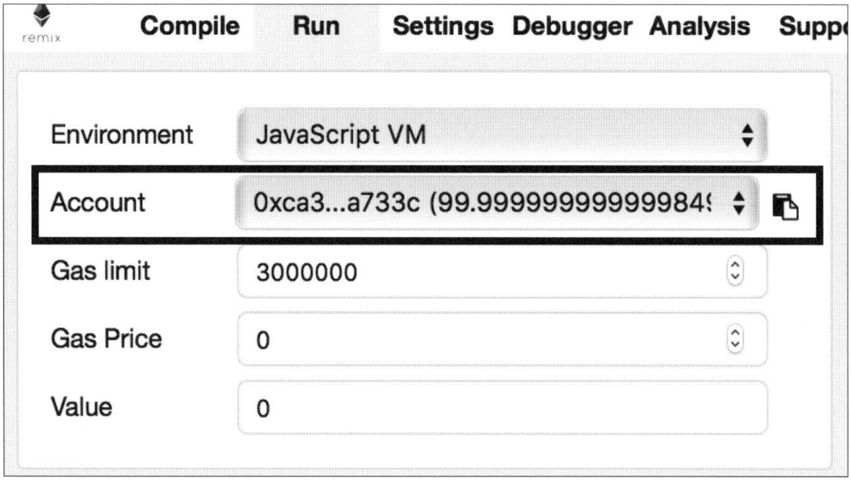

トラクトの存在を知っているアカウントであれば、誰でもstoredDataの値を変更可能です。試しに Remix上で他のユーザーでset関数を動かしてみましょう。ユーザーの切り替えは、右ペインの[Run] をクリックして、[Account]項目のクリックからプルダウンで選択します（図7.1.2.8参照）。

　[Account]リストから任意のアカウントに切り替えます。最上部のアカウントでなければ、どのア カウントでも構いません。アカウント変更後、[set]横のテキストボックスに3017と入力し、[set]を クリックします。続いて、[get]をクリックすると、3017がログに出力されます。

　サンプルのSimpleStorageコントラクトでは特に権限管理をしていないため、storedDataの値は、 イーサリアムの全アカウントが変更可能です。現実的には、作成オーナーのみが変更できるべきでしょ う。コントラクトの改良版を作成しましょう。まずは、SimpleStorage.solと同様の手順で、下記コー ド例に示す通り、SimpleStorageOwner.solを作成します。

コード7.1.2.9: SimpleStorageOwner.sol

```
// バージョンプラグマの指定
pragma solidity ^0.4.0;

// コントラクトの宣言
contract SimpleStorageOwner {

    // 変数の宣言
    uint storedData;
    // コントラクトを作成したアカウントのアドレスを入れる ①
    address owner;

    // ②
    function SimpleStorageOwner() {
        // コンストラクタ
        owner = msg.sender;
    }

    // ③
    modifier onlyOwner {
        // コントラクトへの呼び出しがコントラクトの作成者かを確認する
        // 違ったらrevertが発生します
        require(msg.sender == owner);
        // _ は修飾子が付けられた関数を実行するという意味
        _;
    }

    // storedDataを変更する ④
    function set(uint x) onlyOwner {
```

Chapter 7

167

Chapter 7 | **Solidity によるアプリケーション開発**

```
        storedData = x;
    }

    // storedDataを取得する
    function get() constant returns (uint) {
        return storedData;
    }
}
```

上記コード例を説明します。

①では、コントラクトを作成したアカウントアドレスを保持するため、address型のowner変数を定義しています。②はコントラクトと同じ名前の関数で、コントラクトをデプロイした際に実行されるコンストラクタです。コントラクトを作成したmsg.senderをownerに保存しています。

③では、修飾子「onlyOwner」を定義しています。コントラクトに対して、トランザクションを実行するアカウントmsg.senderがownerであることを、requireで必須条件にしています。もしも、アカウントが異なる場合はrevertが呼び出され、このコントラクトに対するトランザクションは失敗し、トランザクションが実行される前の状態に戻ります。require条件が正しい場合は、修飾子が付けられた関数を実行します。

④では、storedDataを変更する関数に、③で定義した修飾子であるonlyOwnerを追加します。この関数を実行する前に、③の処理を前もって行うようになります。

作成したSimpleStorageOwner.solをデプロイしてみましょう。左上の [+] ボタンをクリックし、ファイル名に「SimpleStorageOwner.sol」を指定して新しいファイルを作成します。

[Run] タブを選択して [Create] ボタンをクリックします。[set] に2017を入力し [set] をクリックします。図7.1.2.8（P.166参照）の手順でアカウントを変更して [set] をクリックしましょう。下記ログに示す通り、revertされているのであれば、コントラクトのオーナー権限を確認して、set関数が実行されません。

┃ ログ7.1.2.10: SimpleStorageOwnerコントラクトで作成者以外でsetする

```
transact to browser/SimpleStorageOwner.sol:SimpleStorageOwner.set errored: VM error: revert.
revert   The transaction has been reverted to the initial state.
    Debug the transaction to get more information.
```

168

7-1-3 RemixとGethの接続

前項で試したRemix環境は、ブラウザ上のJavaScriptでブロックチェーンをエミュレートして、そこにデプロイしたコントラクトを実行しています。「6-1 アプリケーション開発の環境構築」では、Gethでプライベートネットワークを動かしたので、本項ではGethとRemixを接続して、コントラクトをデプロイして実行してみましょう。Gethを起動していない状態であれば、「6-1-4 プライベートネットでの実行（Geth）」を参考にして、起動状態にします。

Remixの右ペインの［Run］を選択し、［Environment］をクリックします。標準では［Environment］の値は［JavaScript VM］になっています。セレクトリストをクリックして［Web3 Provider］を選択します（図7.1.3.1参照）。

図7.1.3.1: Web3 Providerを選択

下図が表示されます（図7.1.3.2参照）。Gethを起動しているので［OK］をクリックします。

図7.1.3.2:イーサリアムノードに接続の確認ダイアログ

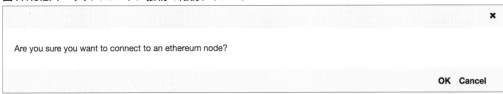

続いて、どのエンドポイントに接続するか尋ねられるので、「6-1-4 プライベートネットでの実行（Geth）」の説明通りに実行しているのであれば、RPCポート8545で起動しているので、「http://localhost:8545」を指定して、[OK]をクリックします（図7.1.3.3参照）。ちなみに、Geth上では3個のアカウントを作成しているので、Remix上でもアカウントは3個あります（図7.1.3.4参照）。

図7.1.3.3: Web3 Providerのエンドポイントを指定

図7.1.3.4: アカウント数の確認

また、マイニングを停止していない場合は、アカウントの所持するEtherが5ずつ増え続けていきます。前述のSimpleStorageOwnerコントラクトは、JavaScript VM上にデプロイしたので、Gethのネットワークにはデプロイされていません。

そこで、Gethのプライベートネットにデプロイし直しましょう。デプロイの手順はまったく同じです。Solidityファイルを作成し、[Run]タブを選択して[Create]ボタンを押します。そして20秒ほど待ちましょう。

ログ7.1.3.5: SimpleStorageOwnerをプライベートネットにデプロイする

```
creation of SimpleStorageOwner pending…
// 少し待つ
[block:2339 txIndex:0] from:0xf5b...cb991, to:SimpleStorageOwner.(constructor), value:0 wei, 0 logs, data:0x606...b0029, hash:0xa34...14590
```

JavaScript VMでは待たなくとも即座にデプロイが完了しますが、今回のデプロイは時間が掛かってしまいます。JavaScript VMは迅速な開発をサポートするため、発行したトランザクションは即座にブロックに取り込まれます。プライベートネットでは、おおよそ15秒に一度ブロックを生成します。コントラクトを作成するトランザクションは発行しても、ブロックに取り込まれないと利用することはできません。プライベートネットへのデプロイでは、コントラクトを生成するトランザクションの後に、ブロックを生成するまで待つ必要があります。

Geth起動時にログを出力する設定をしています。コントラクトが作成されたログを確認しましょう。genesis.jsonを作成したディレクトリにあるerror.logを確認します。

ログ7.1.3.6: コントラクト生成のログ

```
INFO [12-17|19:02:56] Submitted contract creation              fullhash=0xa34da00ddc0f257e729fcb0f5227e13cfcc298a374379a57955209d60ab14590 contract=0xa0C3A5C3b3E51C5C6E3ca6c6f00561E5F13792df
```

上記に示すログが出力されていれば、GethをRemixから利用できた証拠です（ログ7.1.3.6参照）。ここで出力されるハッシュ値は環境によって異なります。Remix上で作成したコントラクトのアドレスと上記ログ出力が一致しているか確認しましょう。ちなみに、コントラクトのアドレスは、デプロイしたコントラクト右のアイコンをクリックするとクリップボードにコピーされます（図7.1.3.7参照）。

図7.1.3.7: コントラクトのアドレスをクリップボードにコピーする

以上が、コントラクト作成とコントラクトのデプロイの流れです。なお、Solidityの言語仕様に関しては、次項以降で説明します。

Chapter 7 | **Solidityによるアプリケーション開発**

7-2

型・演算子・型変換

Solidityは静的な型付言語でメソッドの引数と返す値は型を指定する必要があります。コンパイル時に型をチェックするため、状態やローカルの変数も型付けする必要があります。他の開発言語と同様に、「値型」と「参照型」の2種類が存在します。本節では、値型と参照型それぞれの基本的な型を紹介します。

なお、Solidityを実際に動作させることで理解が深まるはずです。本章ではいずれもコード例を掲載するので、「7-1-2 Remixでのスマートコントラクト開発」で紹介したRemixで試してみてください。なお、Solidityの公式ドキュメント[1]からソースコードを引用している箇所があります。

7-2-1 値型

Solidityの値型では、変数に指定した値が直接メモリ領域に確保され、値そのものが変数に代入されます。後述する参照型では「値を格納するメモリ上のアドレス」が変数に代入されます。この違いによって、値型と参照型では変数を扱う際の挙動に違いが生まれてきます。

まず、本項では値型を説明します。コード例を理解して、後述する参照型を読み進める際に挙動の違いが把握できるようにしましょう。

論理型（Booleans）

論理型はtrueとfalseのいずれかの値を取ります。演算子は以下の通りです。

- ! （論理否定）
- && （論理積 "and"）
- ¦¦ （論理和 "or"）
- == （等式）
- != （不等式）

論理和（¦¦）と論理積（&&）の演算子は短絡評価されます。例えば、f(x) ¦¦ g(y) の場合では、f(x)がtrueであれば、g(y)は評価されません。

---

1 http://solidity.readthedocs.io/en/develop/index.html

コード7.2.1.1: 値型の挙動

```solidity
// バージョンプラグマの指定
pragma solidity ^0.4.0;

// コントラクトの宣言
contract Booleans {

    // aがtrueなのでbを評価せずtrueになります
    function getTrue() constant returns (bool) {
        bool a = true;
        bool b = false;
        return a || b;
    }

    // aがfalseなのでbを評価せずfalseになります
    function getFalse() constant returns (bool) {
        bool a = false;
        bool b = true;
        return a && b;
    }
}
```

整数型（Integers）

　整数型は、さまざまな符号付き整数と符号なし整数です。符号付き整数のint8、int16、int24、…、int248、int256、符号なし整数のuint8、uint16、uint24、…、uint256と、それぞれ8刻みで用意されています。また、intとuintはそれぞれint256とuint256のエイリアスとなっています。

　用意されている演算子は下記の通りです。

- <=、<、==、!=、>=、>　　　　　　　　：比較演算子（bool値に評価されます）
- &（AND）、¦（OR）、^（XOR）、˜（NOT）　：ビット演算子
- +、-、*、/、%、**、<<、>>　　　　　　：算術演算子

　除算は、EVMではDIVのオペコードにコンパイルされ、常に切り捨てとなります。ただし、両方の演算子がリテラル（もしくはリテラル式）の場合は切り捨てられません。

　0の除算は常に例外が投げられます。x << yはx * 2 ** yと等価で、x >> yはx / 2 ** yと等価です。また、負の量でシフトすると、例外が投げられます。

173

Chapter 7 | Solidityによるアプリケーション開発

コード7.2.1.2: 整数型の挙動

```solidity
pragma solidity ^0.4.0;

contract Integers {

    // 3 / 2 は切り捨てられて1になり、1 * 2 で2が返ります
    function getTwo() constant returns (uint) {
        uint a = 3;
        uint b = 2;
        return a / b * 2;
    }

    // リテラルなので 3 / 2 は切り捨てられず 1.5 になり、1.5 * 2 で 3 が返ります
    function getThree() constant returns (uint) {
        return 3 / 2 * 2;
    }

    // Solidityではコンパイルが通りません
    function divByZero() constant returns (uint) {
        return 3 / 0;
    }

    function shift() constant returns (uint[2]) {
        uint[2] a;
        // 16 * 2 ** 2 = 64
        a[0] = 16 << 2;
        // 16 / 2 ** 2 = 4
        a[1] = 16 >> 2;
        return a;
    }
}
```

固定小数点数型（Fixed Point Numbers）

固定小数点型は定義できますが、まだ完全にサポートされていないため利用不能です。

アドレス型（Address）

イーサリアムのアドレスサイズである20 bytesの値を保持します。演算子の他にメンバ関数も持っており、すべてのコントラクトのベースとして機能します。

用意されている演算子は、次の通りです。

・ <=、<、==、!=、>=、>

また、用意されているメンバ関数は以下の通りです。

・ balance
  アドレスが持つetherの量をweiで返します。
・ transfer
  アドレスにetherを送金します。
・ send
  アドレスにetherを送金します。失敗した場合falseが返ってきます。
・ call
  アドレスにetherを送金します。失敗するとfalseが返ってきます。Gasの量を調整できます。
  ABIに準拠していないコントラクトとのインタフェースを取るため、任意のタイプの任意の引数を
  取る関数呼び出しです。
・ delegatecall
  別のコントラクトを呼び出すためのメソッドです。

コード7.2.1.3: Address型の挙動

```solidity
pragma solidity ^0.4.0;

contract Address {

    function () payable {}
    function getBalance(address _t) constant returns (uint) {
        if (_t == address(0)){
            _t = this;
        }
        return _t.balance;
    }

    function transfer(address _to, uint _amount) {
        _to.transfer(_amount);
    }

    function send(address _to, uint _amount) {
        if (!_to.send(_amount)){
```

```
            throw;
        }
    }

    function call(address _to, uint _amount) {
        if(!_to.call.value(_amount).gas(1000000)()){
            throw;
        }
    }

    function withDraw() {
        address to = msg.sender;
        to.transfer(this.balance);
    }

    function withDraw2() {
        address to = msg.sender;
        if(!to.call.value(this.balance).gas(1000000)()){
            throw;
        }
    }
}
```

バイト配列型（Bytes）

バイト配列型には、bytes1, bytes2, bytes3からbytes32まで存在します。byteは、bytes1のエイリアスです。byteは動的サイズのバイト配列で参照型です。また、動的サイズでUTF-8エンコーディングされたものにstringがあります。こちらも参照型です。

コード7.2.1.4: バイト配列の挙動

```
pragma solidity ^0.4.0;

contract Bytes {

    // bytes2は2バイトの表現が可能です
    function bybb() returns (bytes2) {
        bytes2 b = "ba";
        return b;
    }
```

```
    // bytesは動的サイズです。参照型です
    function bybaab() returns (bytes) {
        bytes memory a = 'baaaaaaaaaa';
        return a;
    }

}
```

列挙型（Enum）

　列挙型はユーザー定義の型を作成する方法の1つです。明示的にすべての整数型に変換できますが、暗黙の変換はできません。明示的な変換では実行時に値の範囲がチェックされ、エラーにより例外が発生します。列挙型には少なくとも1つの定数が必要です。

　返り値は自動的にuint8になります。定数が多い場合にはuint16になります。

コード7.2.1.5: 列挙型の挙動

```
pragma solidity ^0.4.0;

contract Enum {
    enum Colors { Red, Blue, Green }
    Colors color;
    Colors constant defaultColor = Colors.Green;

    function setColor() {
        color = Colors.Blue;
    }

    // setColorを呼ばない場合は、0(Red)が返ります
    // setColorを呼んだあとでは、1(Blue)が返ります
    function getColor() returns (Colors) {
        return color;
    }

    // 2(Green)が返ります
    function getDefaultColor() returns (uint) {
        return uint(defaultColor);
    }
}
```

関数型（Function）

本項で説明したサンプルコードで、functionで定義したものが関数型です。

コントラクト内に関数を記述した場合は基本的にpublicになり、つまり外部から参照できる（パブリックな）関数になります。internalを記述した場合は、内部からのみ参照可能となります。

また、外部から参照できるpublicな関数はselectorメソッドを持っています。これはABIで関数を定義した際のセレクタで、関数のシグネチャ先頭の4 bytesを返します。

なお、コントラクト内の関数を呼び出す際に、「this.関数名」とすると外部呼び出し、「関数名」で呼び出すと内部呼び出しになります。

コード7.2.1.6: 関数型の挙動

```solidity
pragma solidity ^0.4.0;

contract Selector {

  function e() returns (bytes4) {
    // thisがつくと外部呼び出し
    return this.e.selector;
  }


  function f() returns (uint) {
    // 内部呼び出しでselectorがないのでエラー
    //return f.selector;
    return g();
  }

  // internalをつけると関数外からは呼べない
  function g() internal returns (uint) {
    return 0;
  }

}
```

以上、値型の説明でした。次項では参照型を説明します。

7-2-2 参照型

前項で説明した値型は変数の領域をメモリ確保し、直接値を書き込みます。一方、参照型は別の場所に値を書き込み、変数にはその値がある場所のアドレスのみを書き込みます。

値型は基本的に大きなデータを保持できません。その場合に使用するのが参照型です。ただし、大きなデータを作成する際は、使用するデータ量に注意する必要があります。処理の実行にはGasの消費を伴うため、注意していないと膨大な量のGasを消費するプログラムになります。memoryに保存するか、もしくはstorageに保存するか、よく検討する必要があります。

データの保存場所

参照型すべてにはデータの保存場所があります。下記のコード例で利用しているmemoryとstorageです（コード7.2.2.1参照）。明示しない場合はデフォルトのデータ保存場所が使用されますが、明示することでオーバーライドできます。関数の戻り値のデフォルトはmemoryです、ローカル変数として宣言した場合はstorageとなります。

また、関数の引数が格納される変更不可能な非永続領域である第3のデータ位置、calldataがあります。外部関数の関数パラメータ（戻り値ではないパラメータ）は、データを呼び出すように強制され、ほとんどメモリのように動作します。

データの場所は、割り当ての振る舞いを変えるため重要です。storageとmemoryの割り当て、状態を持つ変数に対する割り当ては、常に独立したコピーを作成します。

ローカルストレージ変数への代入は参照を代入するだけであり、その参照はその間に変更されたとしても常に状態変数を指し示します。一方、メモリに格納された参照型から別メモリに格納される、参照型への代入はコピーを作成しません。

コード7.2.2.1: データの保存場所

```
pragma solidity ^0.4.0;

contract DataLocation {
    uint[] x; // ローカル変数の宣言なのでstorageです

    // memoryArrayは関数内で使用されるのでmemoryです
    function f(uint[] memoryArray) {
        x = memoryArray;          // storageにmemoryArrayがコピーされます
        var y = x;                // xのポインタが入ります。yはstorageを指しています
```

Chapter 7 | Solidityによるアプリケーション開発

```
            y[7]; // yの8番目の要素です
            y.length = 2;                // y経由でxの長さを変更します
            delete x;                    // xを削除するとyも削除されます
            // 以下は動作しません。yはstorageとして静的に確保されています
            // y = memoryArray;
            // こちらも同様に動作しません。yを指し示すべき値が存在しないからです
            // delete y;
            g(x); // xへの参照をそのままgに渡します
            h(x); // xはstorageなのでmemoryをコピーしてhを実行します
        }

    function g(uint[] storage storageArray) internal {}
    function h(uint[] memoryArray) {}
}
```

　なお、保存先を明示しない場合にstorageに保存されるか、memoryに一時的に保存されるかの判断は、下記の通りです。

強制されるデータの場合
- 外部関数のパラメータ（戻り値ではない）：calldata
- 状態変数：storage

デフォルトデータの場合
- 関数のパラメータ（戻り値）：memory
- その他すべてのローカル変数：storage

固定配列および動的配列

　Solidityでは固定または動的な配列が利用できます。要素は任意のものを指定できます。固定サイズがkで型がTの配列は、T [k]と表現されます。kにサイズを入れずに[]と表現すると動的サイズの配列になります。uintが5つの動的配列の配列であれば、uint [] [5]と表現します。

コード7.2.2.2: 配列の挙動

```
pragma solidity ^0.4.0;

contract Arrays {

    // 固定配列
    uint[5] fArray = [uint(1), 2, 3, 4, 5];
```

180

```
    // 動的配列
    uint[] dArray;

    function getFifteen() returns (uint) {
        uint res = 0;
        for(uint i = 0; i < fArray.length; i++){
            res = res + fArray[i];
        }
        return res;
    }

    function getDArray() returns (uint[]) {
        dArray.push(2);
        dArray.push(3);
        return dArray;
    }

}
```

　配列の要素にアクセスするには、例えば、3番目の動的配列の2番目のuintにアクセスするには、x
[2] [1]と表現します。また、文字列sに対してUTF-8のバイト表記にアクセスするためには、「bytes(s).
length」もしくは、bytes(s)[7]と記述します。

memory配列の割り当て

　可変長の配列をmemoryで作成する際は、newキーワードを使用します。storageとは異なり、
lengthメソッドに数字を割り当ててサイズを変更することはできません。

■ コード7.2.2.3: memory配列の割り当て

```
pragma solidity ^0.4.0;

contract MemoryArrays {
    function f(uint len) {
        // uintの動的配列を7つ作成します
        uint[] memory a = new uint[](7);
        // サイズがlenの固定バイト配列を作成します
        bytes memory b = new bytes(len);
        a[6] = 8;
    }
}
```

Chapter 7 | **Solidity によるアプリケーション開発**

配列リテラル

　配列リテラルは式として記述されます。すぐに変数に代入されるわけではありません。配列リテラルの型は固定長のmemory配列です。この場合はuint(1)を最初に記述しているので、型はuint8（uintのもっとも小さなサイズ）になります（コード7.2.2.4参照）。

コード7.2.2.4: 配列リテラルでインライン配列定義をする

```
pragma solidity ^0.4.0;

contract ArrayLiterals {
    function f() {
        g([uint(1), 2, 3]);
    }
    function g(uint[3] _data) {
        // ...
    }
}
```

　現在、固定サイズのmemory配列は動的サイズのmemory配列に割り当てられません。下記のコード例はエラーになります（コード7.2.2.5参照）。ただし、この制限は将来的には取り除かれる予定です。

コード7.2.2.5: 配列リテラルでは動的配列に代入できない

```
// This will not compile.

pragma solidity ^0.4.0;

contract ArrayLiteralsNotCompiled {
    function f() {
        // uint[3]の配列リテラルなので動的なuint[]に代入することができません
        uint[] x = [uint(1), 3, 4];
    }
}
```

　なお、配列のメンバ関数には下記のものが用意されています。

length

　lengthは要素数を保持する変数です。動的配列はlength変数を変更することで、storage宣言であればサイズを変更できます。memoryの場合はサイズが固定されているので不可能です。現在の長さ以外にアクセスした際に自動的に呼ばれることはありません。

182

push

storageの動的配列とbytes配列には、配列の最後に要素を追加するためにpush関数が存在します。戻り値は新しいサイズになります。

コード7.2.2.6: 配列の挙動

```solidity
pragma solidity ^0.4.0;

contract ArrayContract {
    uint[2**20] m_aLotOfIntegers;

    // 固定サイズ2のboolの動的配列です
    bool[2][] m_pairsOfFlags;

    // newPairsはmemory配列です
    function setAllFlagPairs(bool[2][] newPairs) {
        // storage配列を固定長配列で上書きします
        m_pairsOfFlags = newPairs;
    }

    function setFlagPair(uint index, bool flagA, bool flagB) {
        // 存在しないインデックスを参照した場合はexceptionが投げられます
        m_pairsOfFlags[index][0] = flagA;
        m_pairsOfFlags[index][1] = flagB;
    }

    function changeFlagArraySize(uint newSize) {
        // 新しいサイズが小さければ削除された配列の要素は消去されます
        m_pairsOfFlags.length = newSize;
    }

    function clear() {
        // 配列を完全に消去します
        delete m_pairsOfFlags;
        delete m_aLotOfIntegers;
        // 配列の要素を0にするので、上記と同様です
        m_pairsOfFlags.length = 0;
    }

    bytes m_byteData;

    function byteArrays(bytes data) {
        // bytesはuint8[]と同じ扱いです
        m_byteData = data;
        m_byteData.length += 7;
```

```
        m_byteData[3] = 8;
        delete m_byteData[2];
    }

    function addFlag(bool[2] flag) returns (uint) {
        return m_pairsOfFlags.push(flag);
    }

    function createMemoryArray(uint size) returns (bytes) {
        // 動的memory配列はnewキーワードを使って作成します
        uint[2][] memory arrayOfPairs = new uint[2][](size);
        // 動的バイト配列を作成します
        bytes memory b = new bytes(200);
        for (uint i = 0; i < b.length; i++)
            b[i] = byte(i);
        return b;
    }
}
```

構造体

　Solidityでは、structキーワードを使って、文字列や整数など複数の値を持つ構造体を定義できます。構造体を定義したコントラクト内では利用できますが、他のコントラクトアカウントや外部アカウントには直接返すことができないので注意する必要があります。

　構造体として宣言した型はmappingと配列の内部で使用することができます、また、宣言した構造体自体もmappingと配列を持つことができます。ただし、構造体の内部にはユーザーがあらかじめ定義した変数を含めることはできません。構造体のサイズが有限でなければならないため、このような制限が存在しています。

　構造体型はローカル変数にどのように割り当てられているかに注意してください。これは構造体を変数にコピーしているのではなく、参照を格納しているだけです。次に示すコード例で、getUser(uint _id)のコメントアウトしている箇所を動かすと、getUserで呼び出す全ユーザーのnameがchangedになってしまいます。また、users[0].name などと同様に直接参照することも可能です。

┃ コード7.2.2.7: 構造体

```
pragma solidity ^0.4.0;
```

```
contract Structs {

    struct User {
        string name;
        string email;
    }

    User[] public users;

    function addUser(string _name, string _email) {
        users.push(User(_name, _email)) ;
    }

    function getUser(uint _id) returns (string, string){
        // User storage u = users[_id];
        // u.name = "changed";
        return (users[_id].name, users[_id].email);
    }
}
```

7-2-3 mapping型

mapping型は、mapping(_KeyType => _ValueType)と定義された、keyの値でvalueを参照することが可能な集合です。一般的には、マップ、連想配列、辞書、など言語でその呼び名は異なりますが、同様のものと捉えて構いません。

keyとして利用できる型は、mapping、動的サイズの配列、コントラクト、列挙型、構造体を除くほとんどすべての型です。valueはmappingを含むどのような型でも構いません。mapping型は、可能なすべてのキーが存在するように事実上初期化されます。値はそれぞれの型のデフォルト値になります。

内部的には、keyはmappingに格納されておらず、keyをハッシュ化した値が代わりに保存されます（keccak256形式）。mapping型そのものにサイズの制限はありません。コントラクトのローカル変数とstorageとしてのみ利用が可能です。memory変数としての利用はできません。

コード7.2.3.1: mapping型

```
pragma solidity ^0.4.0;
```

Chapter 7 | **Solidityによるアプリケーション開発**

```
contract Mappings {

    struct User {
        string name;
        string email;
    }

    mapping(address => User) public users;

    function addUser(string _name, string _email) {
        users[msg.sender].name = _name;
        users[msg.sender].email = _email;
    }

    function getUser() returns (string, string){
        return (users[msg.sender].name, users[msg.sender].email);
    }
}
```

7-2-4 左辺を含む演算子（代入演算子）

　Solidityでは左辺を含む演算子を使用することが可能です。一般的には代入演算子と呼ばれます。コード量を減らして簡潔に記述したい場合に有効ですが、多用するとソースコードの可読性が低下する恐れがあるので、注意しましょう。下記コード例に代入演算子の例をあげます。

┃コード7.2.4.1: 左辺を含む演算子例

```
int a = 10;
int e = 3;
// a = a + e
a += e;
// a = a - e
a -= e;
// a = a * e
a *= e;
// a = a / e
a /= e;
// a = a % e
a %= e;
// a = a | e
```

186

```
a |= e;
// a = a & e
a &= e;
// a = a ^ e
a ^= e;
// インクリメントとデクリメント
a++;
a--;
```

7-2-5 削除演算子

deleteは削除演算子です。delete aとすると、型の初期値をaに代入します。整数の場合はa = 0と同様で、配列でも使用できます。固定配列の場合、すべての要素を型の初期値に設定し、動的配列の場合はサイズをゼロに設定します。構造体ではすべてのフィールドをリセットします。

ただし、mappingの場合はキーが任意のため、deleteはmapping全体を初期化することはありません。

コード7.2.5.1: deleteの挙動例

```
pragma solidity ^0.4.0;

contract DeleteExample {
    uint data;
    uint[] dataArray;

    function f() {
        uint x = data;
        // xが0で初期化される
        delete x;
        // dataが0で初期化される
        // xはdataの値型をcopyしているため影響はありません
        delete data;
        uint[] y = dataArray;
        // dataArray.lengthを0にする
        // yはdataArrayへの参照のため、y.lengthも0になります
        // 参照から実体をdeleteできないため、delete yはエラーになります
        delete dataArray;
    }
}
```

Chapter 7 | Solidityによるアプリケーション開発

7-2-6 型の変換

　基本的にコンパイラは可能な限り暗黙的に型変換を行います。uint8からuint256への変換は可能ですし、int8からint16へも可能です。しかし、int8からuint8は、uint8が負の値を表現できないため、変換は不可能です。また、大きな型への変換は可能ですが、小さな型への変換は、型空間で表現できない部分は切り捨てられるため、元の値が保証されません（uint128→uint16など）。uint160に変換できる型はaddress型に変更可能です。

　明示的な変換も可能ですが、その場合はどのように変換されるのか明確に理解しておく必要があるでしょう。下記コード例に、int8→uint8への変換の場合を示します。

▌コード7.2.6.1: 暗黙的な変換の例

```
pragma solidity ^0.4.0;

contract Conversions {

    function f() returns (uint8){
        int8 y = -3;
        uint8 x = uint8(y);
        // 256 - 3 で 253が返ります
        return x;
    }
}
```

　また、型が明示的により小さい型に変換された場合、上位ビットは切り捨てられます（コード7.2.6.2参照）。

▌コード7.2.6.2: 暗黙的な変換での切り捨て例

```
pragma solidity ^0.4.0;

contract ConversionTruncate {

    function f() returns (uint16){
        // 305419896がセットされます
        uint32 a = 0x12345678;
        // 切り捨てられて0x5678になります
        uint16 b = uint16(a);
        // 22136が返ります
        return b;
    }
}
```

7-3

予約単位、グローバル変数・関数

　Solidityでは、あらかじめ通貨や時間の単位が定義されています。これらは既に定義されているので、プログラム内で定義せずとも、即座に利用可能です。また、ブロックやトランザクションのプロパティを呼び出す関数も、同様にあらかじめ定義されています。

7-3-1 Etherの単位

　ブロックチェーン内で使用する通貨の単位を下表に示します（表7.3.1.1参照）。Gasの場合はweiを利用することが多く、ただ、weiによる通貨のやり取りは桁が大きくなるため、その他の通貨単位を利用した方が良いでしょう。

　なお、「3-3-1 イーサリアムの内部通貨」でも説明しましたが、weiとetherのみを把握しておけば問題ありません。

表7.3.1.1: 通貨の単位

Units	Wei
wei	1
kwei、ada、babbage、femtoether	1,000
mwei、lovelace、picoether	1,000,000
gwei、shannon、nanoether、nano	1,000,000.000
szabo、microether、micro	1.000.000.000.000
finney、milliether、milli	1,000,000,000.000.000
ether	1,000,000,000,000,000,000
kether、grand	1,000,000,000,000,000,000,000
mether	1,000,000,000,000,000,000,000,000
gether	1,000,000,000,000,000,000,000,000,000
tether	1,000,000,000,000,000,000,000,000,000,000

コード7.3.1.2: 通貨の単位

```
pragma solidity ^0.4.0;

contract Units {
```

189

```
function f(){
    // 1 wei
    1 wei;
    // 1,000,000,000,000 wei
    1 szabo;
    // 1,000,000,000,000,000 wei
    1 finney;
    // 1,000,000,000,000,000,000 wei
    1 ether;
  }
}
```

7-3-2 時刻の単位

　時刻の単位として、秒、分、時、日、週、年が用意されています。実際は閏秒の影響があるので、正確な時刻を使用したい場合は、「9-4 オラクルの利用」で紹介するオラクルの利用を推奨します。

　また、時刻の単位として使われている単語は予約語であるため、変数に使用することはできません。

表7.3.2.1: 時刻の単位

単位	説明
second	1 second
minute	60 seconds
hour	60 minutes
day	24 hours
week	7 days
year	365 days

7-3-3 ブロックおよびトランザクションのプロパティ

　次表にブロックとトランザクションの変数とその説明をあげます。

　msg.senderとmsg.valueを含むmsgのすべての変数の値は、すべての外部関数呼び出しごとに変更可能です。これにはライブラリ関数の呼び出しが含まれます。

　また、block.timestampやblock.blockhash、nowは、その使用方法によっては信頼に足る値ではありません。何故なら、現在実行しているトランザクションが必ずしもそのブロックに取り込まれる保証はないからです。

190

表7.3.3.1: ブロックとトランザクションの変数

変数	説明
block.blockhash(uint blockNumber) returns (bytes32)	指定されたブロックのハッシュを返します。現在のブロックを除いた最新の256個に対してのみ動作します。これはスケーラビリティの問題に起因しており、それ以外のブロックでは0が返ります。
block.coinbase (address)	現在のブロックのマイナー(採掘者)のアドレスを返します。
block.difficulty (uint)	現在のブロックの難易度を返します。
block.gaslimit (uint)	現在のブロックのGas Limitを返します。
block.number (uint)	現在のブロック番号を返します。
block.timestamp (uint)	現在のブロックのタイムスタンプをunixtimeで返します。
msg.data (bytes)	完全な呼び出しデータを返します。
msg.gas (uint)	残りのGas量を返します。
msg.sender (address)	メッセージの送信者を返します。
msg.sig (bytes4)	calldataの最初の4バイトを返します。これは関数の識別子として使用されます。
msg.value (uint)	メッセージと共に送信されたweiの量を返します。
now (uint)	block.timestampのエイリアスです。
tx.gasprice (uint)	該当トランザクションのgas priceです。
tx.origin (address)	トランザクションの送信者を返します。

7-3-4 エラーハンドリング

　Solidityのエラーハンドリングには、assert、requireとrevertの3つが用意されています。assertとrequireはいずれも、条件を満たさない場合にrevertを呼び出しますが、assertは内部的な処理状況が不正な場合、requireは外部からの入力が不正な場合に利用されます。

assert(bool condition):
内部エラーの表現に使用されます。条件が満たされない場合に投げられます。

require(bool condition):
入力、または外部コンポーネントのエラーの表現に使用されます。条件が満たされない場合に投げられます。

revert():
実行を注視して状態をトランザクション処理の前に戻します。

Chapter 7 | **Solidityによるアプリケーション開発**

7-3-5 数学関数と暗号関数

Solidityで利用できる、数学や暗号系の関数を紹介します。文字列や状態をハッシュ化する際などに利用します。

addmod(uint x, uint y, uint k) returns (uint):
(x + y) % k を返します。

mulmod(uint x, uint y, uint k) returns (uint):
(x * y) % k を返します。

keccak256(...) returns (bytes32):
Ethereum-SHA-3（KECCAK-256）ハッシュを計算します。

sha256(...) returns (bytes32):
SHA-256ハッシュを計算します。

sha3(...) returns (bytes32):
keccak256のエイリアスです。

ripemd160(...) returns (bytes20):
RIPEMD-160ハッシュを計算します。

ecrecover(bytes32 hash, uint8 v, bytes32 r, bytes32 s) returns (address):
楕円曲線の署名から公開鍵に関連付けられたアドレスを返します。

7-3-6 アドレスの関数

アドレス型が持つ関数を紹介します。アドレスが持つ残高の状態を取得したり、コントラクトアカウントや外部アカウントに送金をする際に利用します。

<address>.balance (uint256):
アドレスが持つ残高をweiで返します。

192

<address>.transfer(uint256 amount):
アドレスにamountに指定されたweiを送ります。失敗時は例外が投げられます。

<address>.send(uint256 amount) returns (bool):
アドレスにamountに指定されたweiを送ります。失敗時はfalseが返ります。

<address>.call(...) returns (bool):
低レベルのCALLの呼び出しです。失敗時はfalseが返ります。

<address>.callcode(...) returns (bool):
低レベルのCALLCODEの呼び出しです。失敗時はfalseが返ります。

<address>.delegatecall(...) returns (bool):
低レベルのDELEGATECALLの呼び出しです。失敗時はfalseが返ります。

　なお、sendの利用は危険が伴います。送信スタックが1,024であるため、それ以上になると失敗してしまいます。transferを利用するか、送金側のアカウントで引き出しを用意するなどの仕組みを検討すべきでしょう。

7-3-7 コントラクトの関数

　コントラクト内部で利用できる関数を紹介します。スマートコントラクトはデプロイすると、ここで紹介している関数を使わない限り、基本的に削除できません。問題があった時の停止措置として実装すべきですが、外部からの攻撃なども考慮して、取り扱いには十分に注意しましょう。

this (current contract's type):
現在のコントラクトです。明示的にコントラクトのアドレスに変換が可能です。

selfdestruct(address recipient):
現在のコントラクトを破棄し、指定されたアドレスに資金を送付します。

suicide(address recipient):
上記のselfdestructへのエイリアスです。

Chapter 7 **Solidity によるアプリケーション開発**

7-4

式・構文・制御構造

Solidityでの式の扱いと制御構造を解説します。CやJavaScriptに由来する、一般的な制御構造が利用でき、if、else、while、do、for、break、continue、returnなどが利用できます。ただし、switchやgotoは存在しません。

7-4-1 入力パラメータと出力パラメータ

Solidityの関数は、入力としてパラメータを取ることができます。また、出力として任意の数のパラメータを返すことが可能です。

入力パラメータ

入力パラメータは変数と同じ方法で宣言されます。例外として、未使用のパラメータでは変数名を省略できます（コード7.4.1.1参照）。

コード7.4.1.1: 入力パラメータの省略

```
pragma solidity ^0.4.0;

contract InputParams {

    function taker(uint _a, uint _b) {
        _a;
    }
    // _bを使っていないのであれば_bは書かなくても良い
    function taker(uint _a, uint) {
        _a;
    }
}
```

194

出力パラメータ

returnsパラメータの後に同じ構文で出力パラメータを宣言できます。 例えば、与えられた2つの整数の和と積の2つの結果を返す場合を、下記のコード例に示します。また、入力パラメータと出力パラメータは、関数本体の式として使用できます。 左辺としても利用可能です。

コード7.4.1.2: 出力パラメータの宣言

```
pragma solidity ^0.4.0;

contract OutputParams {
    function arithmetics(uint _a, uint _b) returns (uint o_sum, uint o_product) {
        o_sum = _a + _b;
        o_product = _a * _b;
    }
}
```

出力パラメータの名前は省略できます。 出力パラメータはreturn文を使用した指定もでき、return文は複数の値を返すことも可能です。リターンパラメータの初期値は明示的に設定しなければゼロです。下記は、複数の値を返すコード例です(コード7.4.1.3)。

コード7.4.1.3: return文を使った出力

```
pragma solidity ^0.4.0;

contract OutputWithReturn {

  // 複数の値をreturnで返します
    function arithmetics(uint _a, uint _b) returns (uint o_sum, uint o_product) {
        o_sum = _a + _b;
        o_product = _a * _b;
        // return (a, b) で2つの値を返します
        return (o_sum, o_product);
    }
}
```

Chapter 7 | Solidityによるアプリケーション開発

7-4-2 制御構造

　SolidityではJavaScriptの制御構造をほとんど利用できます。条件文のカッコは省略できませんが、単一ステートメントの場合はカッコの省略が可能です。ただし、CやJavaScriptとは違い、非bool型からbool型への型変換はありません。

コード7.4.2.1: 制御構造例

```
pragma solidity ^0.4.0;

contract Controls {
    function f(uint _a, uint _b) returns (uint res) {
        res = _a;
        // 数値からboolへの変換ができないのでエラーになります
        if (1) {
            res += _b;
        }
        // 括弧を省略できます
        if (true) res += _b;
    }
}
```

内部関数の呼び出し

　コントラクトの関数は直接的にも内部的にも呼び出すことが可能です。もちろん、再帰的な呼び出しも大丈夫です。これらの呼び出しはEVM内の単純なジャンプに変換され効率的に呼び出されます。

　なお、同一コントラクトの関数のみが内部的に呼び出しが可能です。下記に内部関数の呼び出しのコード例を示します（コード7.4.2.2）。このコード例は関数の再帰呼び出しになっているため、必ずGas Limitに達して処理が失敗するので、実際には使用しないでください。

コード7.4.2.2: 内部関数の呼び出し

```
pragma solidity ^0.4.0;

contract InternalFunctionCalls {
    // g()の中でf()を呼び出します
    function g(uint a) returns (uint ret) { return f(); }
    // f()の中でg()を呼び出し、かつf()を再帰的に呼び出します
    function f() returns (uint ret) { return g(7) + f(); }
}
```

外部関数の呼び出し

前述のコード7.4.2.2で定義した関数gをthis.g(8)として呼び出すこともできます。この場合は外部呼び出しと呼ばれ、メッセージ経由で呼び出されます。ジャンプ経由の直接呼び出しではありません。

既にデプロイされたコントラクトでないと外部呼び出しはできないため、コンストラクタで呼ぶことはできないことに注意してください。

コード7.4.2.3: 外部関数の呼び出し

```
pragma solidity ^0.4.0;

contract InfoFeed {
    function info() payable returns (uint ret) { return 42; }
    function getBalance() public returns (uint){ return this.balance; }
}

contract Consumer {
    InfoFeed feed;
    function Consumer() payable {}
    function setFeed(address addr) { feed = InfoFeed(addr); }
    function callFeed() { feed.info.value(10).gas(800)(); }
    function getBalance() public returns (uint){ return this.balance; }
}
```

他のコントラクト内の関数は外部関数呼び出しとなり、すべての関数の引数をメモリにコピーする必要があります。他のコントラクトの関数を呼び出すときに消費するwei量とGas量は、.value()と.gas()で指定できます。また、呼び出し側の関数には修飾語payableを付ける必要があります。payableを付けていないとvalueを指定できません。

上記コード例のInfoFeed(addr)は、指定アドレスのコントラクトの型がInfoFeedであると、明示的な型変換をします（コード7.4.2.3）。既にデプロイされているコントラクトを指定するので、コンストラクタは実行されないことに注意してください。アドレスを指定した明示的な型変換は、型が何か分かっていない場合は、そのコントラクトの関数を呼び出さないようにしてください。また、アドレスを指定するのではなく、function setFeed(InfoFeed _feed) { feed = _feed; } と、InfoFeedを引数にとって直接代入することも可能です。

feed.info.value(10).gas(800)は、関数呼び出しで送信される通貨とGas量を設定しています。ここで消費される残高はコントラクトの残高です。最後の括弧で実際の呼び出しを実行することに注意してください。なお、呼び出すコントラクトが存在しないときや呼び出したコントラクトが例外をスローする場合、もしくはGasが足りなかった場合は例外が投げられます。

外部コントラクトとのやり取り、特にコントラクトのソースコードが不明な場合は潜在的なリスクがあります。呼び出し元のコントラクトが外部コントラクトにコントロール権を与えてしまうことは、意

Chapter 7 | **Solidityによるアプリケーション開発**

図しない処理を実行される可能性があります。そのコントラクトが既知のコントラクトの実装を継承している場合であっても、その継承元の正しいインターフェース仕様を持つことだけしか保証されていません。中身の実装は完全に任意なので、どのような処理が実装されているかは分かりません。

　また、外部関数の中で呼び出し元のコントラクトを呼ばないように気を付けてください。これは、外部関数を持つコントラクトが、呼び出し元のコントラクトの状態変数を変更できることを意味します。詳細は「9-1-1 リエントラント(再入可能)」で解説します。

名前付きの関数呼び出しと匿名関数のパラメータ

　関数呼び出しの引数は、{}(ブレイス)で囲むことで任意の順序で指定できます。

▌ **コード7.4.2.4: 名前付きの関数呼び出し**

```
pragma solidity ^0.4.0;

contract NamedCalls {
    function f(uint key, uint value) {
        // ...
    }

    function g() {
        // key, valueの順番以外で呼び出します。ここではvalue, keyで関数f()を呼びます
        f({value: 2, key: 3});
    }
}
```

パラメータ名を省略した関数

　未使用のパラメータ名は省略できます。特に戻りのパラメータが複雑でない場合、省略することが多いでしょう。パラメータ自体はスタックに存在しますが、参照することはできません。

▌ **コード7.4.2.5: パラメータ名を省略した関数呼び出し**

```
pragma solidity ^0.4.0;

contract Omitted {
    // funcの2つめのuintは省略されています
    function func(uint k, uint) returns(uint) {
        return k;
    }
}
```

newキーワードを使ってコントラクトを作成する

コントラクトはnewキーワードを使って作成することが可能です。作成されるコントラクトのコードは事前に知っておく必要があるので、再帰的な依存関係は不可能です。

コード7.4.2.6: コントラクトの作成

```solidity
pragma solidity ^0.4.0;

contract Target {
    uint x;
    function Target(uint a) public payable {
        x = a;
    }
}

contract CreateContract {
    Target t = new Target(4); // CreateContractのコンストラクタとして実行されます

    function createTarget(uint arg) public {
        Target newTarget = new Target(arg);
    }

    function createAndEndowTarget(uint arg, uint amount) public payable {
        // 作成と共にetherを送ります
        Target newTarget = (new Target).value(amount)(arg);
    }
}
```

.value()オプションを使用して、Targetのインスタンスを作成しながらEtherを転送することは可能ですが、Gasの量は制限できません。作成が失敗した場合（スタック不足、十分なバランス不足やその他の問題など）、例外がスローされます。

割り当て

変数定義時に複数の割り当てが可能です。また、複数の値を返す関数の呼び出しは、同時に複数の変数に割り当てることが可能です。

コード7.4.2.7: 複数の変数定義

```solidity
pragma solidity ^0.4.0;

contract Assignment {
```

Chapter 7 | Solidity によるアプリケーション開発

```solidity
    uint[] data;

    // uint, bool, uintの3つの値を返す関数です
    function f() returns (uint, bool, uint) {
        return (7, true, 2);
    }

    function g() {
        // 複数値で各々を取ります。型を明示することはできません
        var (x, b, y) = f();
        // 既に定義されている変数にまとめて代入します
        (x, y) = (2, 7);
        // swapする際の便利な手法です
        (x, y) = (y, x);
        // length に7を代入します
        // タブルが空の値で終わってる場合は残りは破棄されます
        (data.length,) = f();
        // 同様に左側を破棄することもできます
        // data[3]に2が代入されます
        (,data[3]) = f();
    }
}
```

　配列や構造体など、値型ではない場合はもう少し複雑です。状態変数に代入すると常に独立したコピーが作成されます。一方、ローカル変数に代入すると、32バイトに収まる静的な型に対してのみ独立したコピーが作成されます。構造体や配列が状態変数からローカル変数に割り当てられる場合、ローカル変数は参照となります。

スコープと宣言

　変数には「デフォルト値」が存在します。boolのデフォルト値はfalseです。 uintまたはint型のデフォルト値は0です。固定サイズの配列およびbytes1〜bytes32の場合、各要素はその型に対応するデフォルト値に初期化されます。動的サイズの配列bytesやstringの場合は、デフォルト値は空の配列や空の文字列になります。
　関数内で宣言された変数は、関数全体のスコープに入ります。同一の関数内で変数の二重定義はできません、したがって、下記に示すコード例はコンパイルエラーになります（コード7.4.2.8）。

コード7.4.2.8: スコープ例

```solidity
pragma solidity ^0.4.0;

contract ScopingErrors {
```

```
    function scoping() {
        uint i = 0;

        while (i++ < 1) {
            uint same1 = 0;
        }

        while (i++ < 2) {
            // 同一関数内でsame1を二度定義できません
            uint same1 = 0;
        }
    }

    function minimalScoping() {
        {
            uint same2 = 0;
        }

        {
            // 同一関数内でsame2を二度定義できません
            uint same2 = 0;
        }
    }

    function forLoopScoping() {
        for (uint same3 = 0; same3 < 1; same3++) {
        }

        // 同一関数内でsame3を二度定義できません
        for (uint same3 = 0; same3 < 1; same3++) {
        }
    }
}
```

また、変数が宣言されてさえいれば、関数の先頭で初期値に初期化されます。 その結果、下記に示すコード例は、記述が不適切ですが動作します。

コード7.4.2.9: 不自然な変数の初期化

```
pragma solidity ^0.4.0;

contract Declarations {
    function foo() returns (uint) {
        // bazは関数の実行段階で暗黙的に0で初期化されています
        uint bar = 5;
```

```
        if (true) {
            bar += baz;
        } else {
            // if 文の条件がtrueなのでbazに10が入ることはありません
            uint baz = 10;
        }
        // 5が返ります
        return bar;
    }
}
```

エラー処理

例外処理は、呼び出しでコントラクトの状態に加えられたすべての変更を取り消し、呼び出し元にエラーを返すものです。assertとrequireを使用して条件をチェックし、条件が満たされない場合は例外を投げることが可能です。assertは内部状態の確認に使われます。requireは入力やコントラクトの状態の有効条件をチェックしたり、外部コントラクトの呼び出し結果を検証するために使用します。

例外を呼び出すには2つの方法、revertとthrowがあります。しかし、throwはSolidityの0.4.13以降は非推奨となっており、将来的には廃止される予定なので、revertを使用しましょう。

コントラクトから別コントラクトを呼び出して、その処理中で例外が発生した際は、呼び出し元のコントラクトへ例外が再度投げられます。低レベルな関数呼び出しのcall、delegatecall、callcodeでは、再度の例外を投げるのではなく、falseを返します。呼び出し先のコントラクトが存在しない場合、低レベル呼び出しのcall、delegatecall、callcodeはtrueを返します。

下記に、requireで入力条件を簡単に確認して、内部エラーチェックでassertを使用するコード例を示します(コード7.4.2.10参照)。

┃ コード7.4.2.10: エラー処理例

```
pragma solidity ^0.4.0;

contract Sharer {
    function sendHalf(address addr) payable returns (uint balance) {
        // 2で割れる金額しか許可しません
        require(msg.value % 2 == 0);
        uint balanceBeforeTransfer = this.balance;
        addr.transfer(msg.value / 2);
        // transferは失敗時に例外を出しますが、状態を戻せないため、
```

```
        // 必ず送金できているかを確認します
        assert(this.balance == balanceBeforeTransfer - msg.value / 2);
        return this.balance;
    }
}
```

下記のケースでassertの例外が発生します。

・ 配列に対して大きなインデックスまたは負のインデックスを指定する
・ 固定サイズのバイト列に対して大きなインデックスまたは負のインデックスを指定する
・ 0で除算する
・ 負の量をシフトする
・ Enum型を非常に大きな値か負の値に変換する
・ コントラクト関数内部の、0で初期化されている変数を呼び出す
・ falseに評価される引数を指定してassertを呼び出す

下記のケースでrequireの例外が発生します。

・ 例外をコールする
・ falseに評価される引数でrequireを呼び出す
・ メッセージコール経由で関数を呼び出したが、Gasが足りない、関数が存在しない、例外が投げられたなどの理由で処理が適切に終わらない
・ newキーワードを使ったコントラクト生成が適切に完了しない
・ コードがないコントラクトを外部呼び出しする
・ payable修飾子がない外部呼び出し可能な関数経由でEtherを受け取る
・ 外部呼び出し可能なgetter関数でEtherを受け取る
・ transferが失敗する

なお、assertはトランザクションでの例外発生時に使用可能なすべてのGasを消費します。requireはその処理までのGasだけを消費し、残りのGasは戻ってきます。

Chapter 7 | **Solidityによるアプリケーション開発**

7-5

コントラクト

コントラクトは状態を保存する変数と、変数に対して参照や変更する関数を持ちます。コンストラクタはコントラクトのデプロイ時に一度だけ実行されます。コンストラクタはオプションなので、必要に応じて宣言してください。

7-5-1 状態変数及び関数の可視性

可視性には下表の4つがあります。状態変数と関数でデフォルト値が異なります。何も宣言しない場合、変数はinternalがデフォルト値で、関数はpublicとなります。

表7.5.1.1: 関数の可視性

可視レベル	説明
external	外部のコントラクトやトランザクションから呼び出されます。
public	コントラクト内部からやメッセージ経由で外部から呼び出されます。
internal	コントラクト内部やコントラクトから派生したコントラクトから呼び出されます。
private	コントラクト内部からのみ呼び出されます。

7-5-2 関数の修飾子

modifierを使って関数の修飾子を作成します。「7-1-2 Remixでのスマートコントラクト開発」では、コントラクトの作成オーナーのみが実行可能な関数を実現するために使用しています。その他にも、残高が一定以上であることを確認するなど、さまざまな条件を付与するために使用できます。修飾子は複数を指定でき、指定した順番で評価されます。

コード7.5.2.1: modifierを使った関数修飾子の作成

```
// バージョンプラグマの指定
pragma solidity ^0.4.0;

// コントラクトの宣言
```

204

```
contract SimpleStorageOwner {

    // 変数の宣言
    uint storedData;
    // コントラクトを作成したアカウントのアドレスを入れる ①
    address owner;

    // ②
    function SimpleStorageOwner() {
        // コンストラクタ
        owner = msg.sender;
    }

    // ③
    modifier onlyOwner {
        // コントラクトへの呼び出しがコントラクトの作成者かを確認する
        // 違ったらrevertが発生します
        require(msg.sender == owner);
        // _ は修飾子がつけられた関数を実行するという意味
        _;
    }

    // storedDataを変更する ④
    function set(uint x) onlyOwner {
        storedData = x;
    }

    // storedDataを取得する
    function get() constant returns (uint) {
        return storedData;
    }
}
```

7-5-3 定数

　constant修飾子を使って、定数を宣言できます。定数は変更できません。また、状況によって変化する可能性のある時刻、ブロックの時刻、トランザクション実行者、トランザクションIDなどを宣言することはできません。

Chapter 7 | Solidityによるアプリケーション開発

コード7.5.3.1: constantによる定数宣言

```
pragma solidity ^0.4.0;

contract Constant {
    uint constant public data = 42;

    // エラー。定数は変更できません
    function set() returns (uint) {
        data = 20;
    }
}
```

7-5-4 view修飾子

　関数で状態を変更しないことを宣言します。変更する処理では警告が出力されるようになります。状態変数に代入する、イベントを発行する、他のコントラクトを生成する、viewもしくは下記で解説するpureを明示していない関数を呼び出す、などの場合は状態を変更するとみなされます。

コード7.5.4.1: view修飾子

```
pragma solidity ^0.4.16;

contract View {
    function f(uint a, uint b) public view returns (uint) {
        return a * (b + 42) + now;
    }
}
```

7-5-5 pure修飾子

　前項のview修飾子に加え、関数内で状態変数の参照もしないことを宣言します。ブロックやトランザクションのプロパティへのアクセス、コントラクトの残高確認も禁じられます。変更や参照がある場合はコンパイルエラーになります。

コード7.5.5.1: pure修飾子

```
pragma solidity ^0.4.16;
```

206

```
contract Pure {

    function add(uint _x, uint _y) public pure returns (uint) {
        return _x + _y;
    }
}
```

7-5-6 fallback関数

名前のない関数を作成できます。コントラクトの呼び出し時に動作します。また、payable修飾子を付けることで、コントラクトに送金があった際に動作するようになります。

コード7.5.6.1: コントラクトに送金があった場合に動作するfallback関数

```
pragma solidity ^0.4.16;

contract Fallback {

    uint public counter = 1;

    function() payable {
        if (msg.value <= 0){
            revert();
        }
        counter++;
    }
}
```

7-5-7 event修飾子

トランザクションへのログを出力します。この場合はdeposit関数を呼ぶとDepositイベントが呼ばれます。これらのログはトランザクションレシートに記録されます。

コード7.5.7.1: Depositイベントの定義と利用

```
pragma solidity ^0.4.16;
```

Chapter 7 | **Solidityによるアプリケーション開発**

```solidity
contract ClientReceipt {
    event Deposit(
        address indexed _from,
        bytes32 indexed _id,
        uint _value
    );

    function deposit(bytes32 _id) public payable {
        Deposit(msg.sender, _id, msg.value);
    }
}
```

7-5-8 継承

コントラクトは、is句を使って継承可能です。下記に示すコード例では、コントラクトBはコントラクトAを継承し、countAやincrementAを実行可能です。

コード7.5.8.1: コントラクトの継承

```solidity
pragma solidity ^0.4.16;

contract A {

    uint countA;

    function incrementA() returns (uint) {
        countA++;
        return countA;
    }
}

contract B is A {

    uint countB;

    function incrementB() returns (uint, uint) {
        countB++;
        return (countA, countB);
    }
}
```

Chapter 8

アプリケーション開発の
フレームワーク

Truffleフレームワークを使ってコントラクトを作成し、
テストコードを記述して安全に開発する手法を解説します。
また、プライベートネットのみではなくテストネットにデプロイし、
MetaMask経由でコントラクトの所持を確認するまでを説明します。

Chapter 8 │ アプリケーション開発のフレームワーク

8-1

Truffleフレームワークの活用

「Truffle」（トリュフ）は、スマートコントラクトの開発に必要となる、コンパイル、リンク、デプロイ、そしてバイナリ管理の機能を持つ統合開発管理フレームワークです。

「Chapter 6 アプリケーション開発の基礎知識」と「Chapter 7 Solidityによるアプリケーション開発」で、Solidityでのスマートコントラクトの開発を説明していますが、テストコードはどう書くのだろうかと疑問があることでしょう。

開発にテストは必須ともいえます。また、イーサリアムへのデプロイはRemixでも可能ですが、手作業ではなく可能な限りスクリプトで管理したいものです。Truffleを利用すると簡単にテストを記述できます。デプロイやマイグレーションもスクリプトで管理できるので、これからのSolidityでスマートコントラクトを開発する上では、デファクトスタンダードになり得るフレームワークです。

公式サイトで謳われているTruffleフレームワークの特徴は、下記の通りです。

- スマートコントラクトのコンパイル、リンク、デプロイ、バイナリ管理
- 迅速な開発を目的とするスマートコントラクトのテスト
- スクリプトで記述できる拡張可能なデプロイとマイグレーションのフレームワーク
- パブリックネットとプライベートネットにデプロイできるネットワーク管理
- ERC190規格を使用したEthPMとNPMによるパッケージ管理
- コントラクトと直接やり取りできる対話式コンソール
- インテグレーションをサポートする設定変更可能なビルドパイプライン
- Truffle環境内でスクリプトを実行する外部スクリプトランナー

8-1-1 環境構築

本項では、Truffleフレームワークのインストールを説明しましょう。Truffleフレームワークは、JavaScript用パッケージマネージャのnpm[1]でインストール可能です。まず、npmがインストールされていない環境であれば、npmをインストールするところから始めましょう。既にインストール済みの場合は先に進みましょう。

---

1 https://nodejs.org/en/

Windows環境

下記の公式ダウンロードサイトの［Windows Installer］をクリックし、MSIパッケージをダウンロードしてインストールします。

https://nodejs.org/en/download/

macOS環境

下記の公式ダウンロードサイトの［macOS Installer］をクリックし、pkgファイルをダウンロードしてインストールします。

https://nodejs.org/en/download/

また、Homebrew[2]でもインストールできます。Homebrewをインストールしている環境では、下記のコマンドでインストールしてください。

コマンド8.1.1.1: npmのインストール（Homebrew）

```
$ brew install npm
```

Linux環境

環境にcurlがインストール済みの場合は、シェルからcurlでインストールしましょう。

コマンド8.1.1.2: npmのインストール（curl）

```
$ curl -L https://www.npmjs.com/install.sh | sh
```

Truffleのインストール

npmのインストールが完了したら、npmでTruffleをインストールします。Windows環境の場合は、PowerShellを利用します。

コマンド8.1.1.3: Truffleのインストール（npm）

```
$ npm install -g truffle
```

---

2 https://github.com/Homebrew

Chapter 8 | アプリケーション開発のフレームワーク

8-1-2 プロジェクトの作成

Truffleフレームワークのインストールが完了したところで、新規プロジェクトを作成しましょう。まずは、コンソール（ターミナル）上で下記のコマンドを実行し、新しくディレクトリを作成してディレクトリ内に移動します。

コマンド8.1.2.1: プロジェクトのディレクトリ作成

```
$ mkdir myproject
$ cd myproject
```

続いて、次のコマンドでTruffleのプロジェクトを新規作成しましょう。

コマンド8.1.2.2: Truffleプロジェクトの新規作成

```
$ truffle init
```

上記のコマンドで新規プロジェクトを作成すると、下記のファイルを含むプロジェクト構造が作成されます。

contracts/ ：	スマートコントラクトのディレクトリ
migrations / ：	スクリプトで記述できるデプロイメントファイルのディレクトリ
test / ：	テストファイルのディレクトリ
truffle.js ：	Truffleの設定ファイル
truffle-config.js ：	Truffleの設定ファイルの雛形

8-1-3 イーサリアムクライアントの選択

前述の「7-1-3 RemixとGethの接続」では、Gethを使ってプライベートネットを作成しました。もちろん、プライベートネットで開発することも可能ですが、コントラクトの開発時にはブロックチェーンの初期化やマイニングにCPUリソースを割きたくないケースもあるはずです。また、メインネットやテストネットなどのライブネットにデプロイする場合は、事前にクライアントでブロックを同期しておく必要があります。

開発状況に応じてさまざまなイーサリアムクライアントを選択できるので、適材適所のクライアントを選択しましょう。

212

Ganache

　イーサリアム開発用のパーソナルブロックチェーンです。アプリケーションがブロックチェーンに与える影響をGUIで確認でき、アカウント、残高、契約作成、ガスコストなどの詳細を調べることが可能です。また、トランザクションが発生したら自動的にマイニングすることも可能で、ブロック生成のタイミングも秒単位で調整できます。 Ganacheは下記の公式サイトからダウンロードできます。

http://truffleframework.com/ganache/

Truffle Develop

　Truffleフレームワークにも直接組み込まれた開発ブロックチェーン、Truffle Developが用意されています。デフォルトのブロック生成時間を待つことなく、即座にトランザクションを処理できるのでコードの動作を素早くテストできます。スマートコントラクトでエラーが発生すると、即座に通知させることも可能です。また、自動テストの優れたクライアントが用意されており、高速にテストを走らせることが可能です。

　Truffle Developは、Truffleに組み込まれているため、外部にブロックチェーンを用意する必要はありません。Truffle Developを実行するには、下記のコマンドを入力します。

┃ コマンド8.1.3.1: Truffle Developの実行

```
$ truffle develop
```

　上記のコマンドで、http://localhost:9545でTruffle Developのクライアントが実行されます。初期状態で10個の初期アカウントが用意されており、各アカウントのアドレスと、アカウントを作成するニーモニックが表示されます。Truffle Developは毎回同じニーモニックを使用するので、開発が容易です。

　また、コマンド実行後のコンソールは、下記のコマンド例に示す通り、Truffle Developコンソールが表示された状態のはずです。Truffe Developコンソールは対話式であり、シェルと同様にプロンプトが表示されます。

┃ コマンド8.1.3.2: Truffleコンソールのプロンプト表示

```
truffle(develop)>
```

Chapter 8 | アプリケーション開発のフレームワーク

　例えば、ターミナルでtruffleコマンドを使ってコントラクトをコンパイルする際（コマンド8.1.3.3参照）、Truffe Developコンソールでは、単に「compile」と入力するだけでコンパイル可能です（コマンド8.1.3.4参照）。

コマンド8.1.3.3: コントラクトのコンパイル

```
$ truffle compile
```

コマンド8.1.3.4: コントラクトのコンパイル (truffe developコンソール)

```
truffle(develop)> compile
```

　なお、Truffle Developの対話式コンソールの使用方法は後述します。動作の確認ができたら、[Ctrl]＋[D]で対話式コンソールから抜けましょう。

ライブネットワークへのデプロイ

　本番環境のメインネットや前段階のテストネットなど、ライブネットワークへのデプロイでは、下記のイーサリアムクライアントを利用します。
　また、これらのクライアントは、プライベートネット設定に変更することで、プライベートネットへのデプロイも特殊な設定をせずとも可能です。なお、本書ではイーサリアムクライアントをホスティングするINFURAを用いてデプロイを実行します。

・Geth（go-ethereum）
　　　https://github.com/ethereum/go-ethereum
・WebThree（cpp-ethereum）
　　　https://github.com/ethereum/cpp-ethereum
・Parity
　　　https://github.com/paritytech/parity

8-1-4 コントラクトのコンパイル

　すべてのコントラクトは、プロジェクト配下のcontractsディレクトリに収納されています。標準では、Solidityのコントラクトファイルとライブラリファイルが作成されています。
　まずは、コンパイルを実行してみましょう。下記のコマンドを実行します。

214

コマンド8.1.4.1: コントラクトのコンパイル

```
$ truffle compile
```

Truffleでは差分コンパイルが採用されており、直近のコンパイル以降に変更されたコントラクトファイルのみをコンパイルするので、コンパイルに要する時間を減らすことができます。

差分コンパイルを無効にして、全ファイルをあらためてコンパイルし直す場合は、下記のコマンド例に示す通り、-allオプションを付与します。

コマンド8.1.4.2: コントラクト全体のコンパイル

```
$ truffle compile --all
```

コンパイルの成果物は、プロジェクト配下のbuild/contractsディレクトリに置かれます。ディレクトリが存在しない場合は自動的に作成されます。成果物はTruffleの内部動作に不可欠であり、アプリケーションのデプロイに重要な役割を果たします。ここに収納されるファイルは、コントラクトのコンパイルとデプロイで上書きされるので、手作業での編集はしないでください。

コントラクトのインポート

TruffleはSolidityのimportコマンドを使用してコントラクトの依存関係を宣言できます。コントラクトを正しい順序でコンパイルし、すべての依存関係がコンパイラに送られます。依存関係の指定は、次の2つの方法で指定できます。

ファイル名を指定してコントラクトを取り込む

別ファイルからコントラクトをインポートするには、コントラクト宣言の前に、下記コード例に示すインポート文を記述します。相対パスで指定したファイル、AnotherContract.sol内のすべてのコントラクトが使用可能になります。

コード8.1.4.3: 別ファイルからのコントラクトのインポート

```
import "./AnotherContract.sol";
```

外部パッケージからコントラクトを取り込む

Truffleは、npmとEthPMを介してインストールされた依存関係をサポートします。依存関係からコントラクトをインポートするには、次のコード例に示す構文を使用します。

Chapter 8 | アプリケーション開発のフレームワーク

コード8.1.4.4: 外部パッケージからのインポート

```
import "somepackage/SomeContract.sol";
```

上記コード例の「somepackage」はnpmまたはEthPMでインストールしたパッケージを表します。続く「/SomeContract.sol」は指定パッケージが提供するSolidityソースファイルへのパスです。

ちなみに、Truffleは、npmでインストールされたパッケージの前に、EthPMでインストールされたパッケージを検索します。パッケージ名の競合が発生した場合は、EthPM経由でインストールされたパッケージが使用されます。

8-1-5 マイグレーション

マイグレーションファイルは、イーサリアムネットワークにコントラクトをデプロイする際に利用されます。JavaScriptで記述されており、各々がデプロイタスクのステージングを担当します。開発の進捗と共にプロジェクトに新たなコントラクトが追加されることを前提に書かれており、プロジェクトに新たなコントラクトを追加する際には、新規でスクリプトを追加します。また、実行されたマイグレーションの履歴は、特別なマイグレーションコントラクトによってブロックチェーン上に記録されます。

マイグレーションを実行するコマンドは下記の通りです。

コマンド8.1.5.1: マイグレーションの実行

```
$ truffle migrate
```

上記コマンドの実行で、プロジェクトのmigrations配下にあるすべてのマイグレーションファイルが実行されます。最も単純なマイグレーションは、デプロイスクリプトのセットです。

なお、以前にマイグレーションが正常に実行されている場合は、truffle migrateは最後に実行されたマイグレーションから実行を開始し、新たに作成されたマイグレーションのみを実行します。新たなマイグレーションが存在しない場合は何も実行しませんが、--resetオプションを付与すると、全マイグレーションを最初から実行します。

216

8-1-6 公式サンプルMetaCoin

Truffleフレームワークには、独自コインを作成してアカウント間でやり取りするコントラクトのサンプルが用意されています。

本項ではサンプル利用時に使用するtruffle unboxコマンドの使用方法と、サンプルのコントラクトでは何が実装されているかを解説します。

サンプルプロジェクトのダウンロード

公式サンプルMetaCoinの内容を確認しましょう。下記のコマンドを入力します。ディレクトリを作成して、その中でtruffle unboxコマンドを実行します。

コマンド8.1.6.1: プロジェクトのダウンロード

```
$ mkdir metacoin
$ cd metacoin
$ truffle unbox metacoin
```

truffle unboxコマンドは、Truffleフレームワークが提供するサンプルをローカル環境に展開するコマンドです。本項で利用するMetaCoin以外にも、さまざまなサンプルが「Truffle Boxes[3]」として用意されているので是非試してみてください。

コントラクトの解説

コマンド入力後は少々時間を要しますが、contractsディレクトリにsolファイルがダウンロードされます。まずはダウンロードされたMetaCoin.solを確認しましょう。

コード8.1.6.2: MetaCoin.sol

```
pragma solidity ^0.4.18;

import "./ConvertLib.sol";

contract MetaCoin {
    mapping (address => uint) balances; // ①
    event Transfer(address indexed _from, address indexed _to, uint256 _value); // ②

    // ③
```

---

3 http://truffleframework.com/boxes/

```
    function MetaCoin() public {
            balances[tx.origin] = 10000;
    }


    // ④
    function sendCoin(address receiver, uint amount) public returns(bool sufficient) {
        if (balances[msg.sender] < amount) return false;
        balances[msg.sender] -= amount;
        balances[receiver] += amount;
        Transfer(msg.sender, receiver, amount);
        return true;
    }


    // ⑤
    function getBalanceInEth(address addr) public view returns(uint){
        return ConvertLib.convert(getBalance(addr),2);
    }


    // ⑥
    function getBalance(address addr) public view returns(uint) {
        return balances[addr];
    }
}
```

　サンプルとして提供されているMetaCoin.solを順に解説します。

　①では、mapping型のbalancesを宣言します。keyがaddress型（ユーザーアカウントのアドレス）でvalueがuintです。MetaCoinをいくら保持しているのかここで管理します。また、値変化の過程はブロックチェーンに保存されますが、値そのものはブロックチェーン外のState Treeに保存されます。

　②では、event型のTransferを宣言します。Transferはアドレス（_from）からアドレス（_to）にいくら（_value）が送金されたか記録します。このログでウォレットなどがイベントを追跡可能になります。

　③にあるコントラクトと同じ名前の関数は、コンストラクタ関数です。コントラクトが展開されて初期化される際に実行される関数です。①で定義したbalancesに、key = tx.originで10,000を入れます。tx.originはコントラクトを呼び出したアドレスです。このコントラクトを最初に作成したアカウントは無条件に10,000 MetaCoinを入手することになります。

　④のsendCoinは、送り先アドレスのreceiverと送る数量のamountを受け取ります。実行するアカウントmsg.senderが保持するMetaCoinをbalancesで確認します。amountよりも少ない場合はfalseを返し、そうでなければ次の処理に続きます。msg.senderのbalancesからamountを引き、receiverのbalancesにamountを加えたのち、Transferイベントを実行します。実際にsenderからreceiverへ

amountのMetaCoin増減が発生したことをログに記録します。処理が成功したらtrueを返します。

　⑥ではアドレス型のaddrを取得して、balancesに保持するMetaCoinの数量をuintで返しています。その1つ前の⑤でもアドレス型のaddrを取得して、getBalanceInEthでもConvertLibのconvertメソッドに投げてgetBalance(addr)を呼び出しています（コード8.1.6.3参照）。

コード8.1.6.3: ConvertLibの呼び出し

```
ConvertLib.convert(getBalance(addr),2);
```

続いて、呼び出しているConvertLibの内容を確認しましょう。

コード8.1.6.4: ConvertLib

```
pragma solidity ^0.4.4;

library ConvertLib{
    // ①
    function convert(uint amount,uint conversionRate) public pure returns (uint convertedAmount)
    {
        return amount * conversionRate;
    }
}
```

　コード例では、contractではなくlibraryとしてConvertLibを宣言しています。libraryとcontractでは、libraryの関数を呼び出す場合、呼び出し元のコントラクトの処理として実行されるところが異なります。libraryとして宣言することで、処理自体はライブラリに存在していても、呼び出し元の状態変数を参照可能になります。

　convert関数は、uint型のamountとuint型のconversionRateを取り、それらを掛け合わせてuint型のconvertedAmountとして返す関数です。getBalanceInEthで呼び出す際にgetBalance(addr)と2を渡しているので、単純にアドレスが保有するMetaCoinの数量を2倍したものが返されます。

コンパイルとマイグレーションの実行

　先ほどのTruffleでのコンパイルを実行してみましょう。まずはtruffle developコマンドを入力して、develop環境に入りコンパイルします。

コマンド8.1.6.5: truffle developでコンパイルする

```
$ truffle develop
> compile
```

Chapter 8 | アプリケーション開発のフレームワーク

compile実行時には、最初にアカウント情報が発行されるので、メモを取りましょう。デフォルトは
アカウント0です。警告は表示されますが無事にコンパイルできるはずです。続いて、develop環境の
ブロックチェーンにMetaCoinをデプロイします。

コマンド8.1.6.6: マイグレーションの実行

```
> migrate
```

migrateの実行が完了するとログが出力されます。MetaCoinのアドレスを忘れずにメモしてくださ
い。下記のログで強調している箇所です。実行環境で値は異なるので適宜読み替えてください。

ログ8.1.6.7: マイグレーションの実行結果

```
Using network 'develop'.

Running migration: 1_initial_migration.js
  Deploying Migrations...
  ... 0x7e439358f57d3e6995e901ed0d9a3203f9555530912f7a51966a78ece3b2086b
  Migrations: 0x8cdaf0cd259887258bc13a92c0a6da92698644c0
Saving successful migration to network...
  ... 0xd7bc86d31bee32fa3988f1c1eabce403a1b5d570340a3a9cdba53a472ee8c956
Saving artifacts...
Running migration: 2_deploy_contracts.js
  Deploying ConvertLib...
  ... 0x5fe9c0551cc42202bcc3ae903449aacf39a8cfe8b36f9aed49a945d77ce54fda
  ConvertLib: 0x345ca3e014aaf5dca488057592ee47305d9b3e10
  Linking ConvertLib to MetaCoin
  Deploying MetaCoin...
  ... 0x5e3ae2b5364828b52bf8c39fb663ffbe1f2dcae31f35ba891609f2cde0663648
  MetaCoin: 0xf25186b5081ff5ce73482ad761db0eb0d25abfbf
Saving successful migration to network...
  ... 0x059cf1bbc372b9348ce487de910358801bbbd1c89182853439bec0afaee6c7db
Saving artifacts...
```

デプロイの確認

以上で、MetaCoinがデプロイされたので、正常にデプロイされているか確認しましょう。コンソー
ルからgetBalanceを呼び出して、アカウント0が10,000 MetaCoinを保持していることを確認します。

毎回MetaCoinのコントラクトアドレスを呼び出すことは煩雑なので、変数にアドレスを保存します。
at()には上記で取得したMetaCoinのアドレスを指定します。下記の通り、変数に保存することで、以
降はmを呼び出すことで、MetaCoinのコントラクトを参照できます。

220

コマンド8.1.6.8: MetaCoinを変数に保存する

```
truffle(develop)> m = MetaCoin.at("0xf25186b5081ff5ce73482ad761db0eb0d25abfbf")
```

続いて、下記コマンド例に示す通り、getBalance()でMetaCoinをいくら所持しているか確認します。getBalance()にはアカウント0のアドレスを表す、web3.eth.accounts[0]を指定します。

コマンド8.1.6.9: getBalanceの呼び出し

```
truffle(develop)> m.getBalance(web3.eth.accounts[0])
```

上記のコマンドを実行すると、下記の結果が出力されます。

ログ8.1.6.10: getBalanceの呼び出し結果

```
{ [String: '10000'] s: 1, e: 4, c: [ 10000 ] }
```

MetaCoinは10,000と出力され問題ありません。続いて、アカウント1のMetaCoin保持量を確認してみましょう。

コマンド8.1.6.11: getBalanceの呼び出し

```
truffle(develop)> m.getBalance(web3.eth.accounts[1])
{ [String: '0'] s: 1, e: 0, c: [ 0 ] }
```

保持量は0と出力されて成功です。

次は、アカウント0からアカウント1に1,000コインを送りましょう。

コマンド8.1.6.12: sendCoinでアカウント1にコインを送る

```
truffle(develop)> m.sendCoin(web3.eth.accounts[1], 1000)
```

状態を変更する処理はトランザクションと呼ばれ、本来のブロックチェーンであれば、ブロックに取り込まれるまで、状態の変更を待つ必要がありますが、本項ではTruffleの開発ネットワークを利用しているので、トランザクションは即座に反映されます。アカウント0とアカウント1の数量を確認します。

コマンド8.1.6.13: アカウント0と1の残高を確認する

```
truffle(develop)> m.getBalance(web3.eth.accounts[0])
{ [String: '9000'] s: 1, e: 3, c: [ 9000 ] }
truffle(develop)> m.getBalance(web3.eth.accounts[1])
{ [String: '1000'] s: 1, e: 3, c: [ 1000 ] }
```

Chapter 8 | アプリケーション開発のフレームワーク

上記のログに示す通り、アカウント1に1,000 MetaCoinを渡しているので、アカウント0は900となっていることが確認できます。

念のために、失敗するケースも確認しておきましょう。

コマンド8.1.6.14: 所持量を超えた数量を送金する

```
truffle(develop)> m.sendCoin(web3.eth.accounts[1], 9500)
```

保持量よりも多い9,500 MetaCoinを送ります。先ほど1,000 を送ったときとは異なり、トランザクションログのlogsが空であることが確認できます。

ログ8.1.6.15: logsが空になったトランザクション

```
{ tx: '0x77d5ebc3833a7a7ef61861278cae17ff922ef4e9698be2a6b749c04fbf595649',
  receipt:
   { transactionHash: '0x77d5ebc3833a7a7ef61861278cae17ff922ef4e9698be2a6b749c04fbf595649',
     transactionIndex: 0,
     blockHash: '0x572022a6fab927aab3139133ccf2af77eb87ebde747d7617630b2fc80a4fb214',
     blockNumber: 7,
     gasUsed: 23561,
     cumulativeGasUsed: 23561,
     contractAddress: null,
     logs: [] },
  logs: [] }
```

上記のログは、eventを送信するところまで、プログラムが実行されなかったことを意味します。したがって、アカウント0の保持量は変化していないはずです。アカウント0とアカウント1の残高を確認してみましょう。上記コマンド例の通り、残高はそれぞれ9,000と1,000で変更はありません。

コマンド8.1.6.16: アカウント0の残高を確認する

```
truffle(develop)> m.getBalance(web3.eth.accounts[0])
{ [String: '9000'] s: 1, e: 3, c: [ 9000 ] }
```

コマンド8.1.6.17: アカウント1の残高を確認する

```
truffle(develop)> m.getBalance(web3.eth.accounts[1])
{ [String: '1000'] s: 1, e: 3, c: [ 1000 ] }
```

8-1-7 テストコード

本項ではテストコードtest/metacoin.jsを説明しましょう。テストは、SolidityもしくはJavaScript
で記述しますが、今回はJavaScriptで記述されたものを解説します。

コード8.1.7.1: test/metacoin.js

```javascript
var MetaCoin = artifacts.require("./MetaCoin.sol"); // ①

contract('MetaCoin', function(accounts) { // ②
  it("should put 10000 MetaCoin in the first account", function() { // ③
    return MetaCoin.deployed().then(function(instance) {  // ④
      return instance.getBalance.call(accounts[0]);  // ⑤
    }).then(function(balance) {  // ⑥
      assert.equal(balance.valueOf(), 10000, "10000 wasn't in the first account");  // ⑦
    });
  });

  it("should call a function that depends on a linked library", function() {  // ⑧
    // 各値を保持する変数の宣言
    var meta;
    var metaCoinBalance;
    var metaCoinEthBalance;

    // ⑨
    return MetaCoin.deployed().then(function(instance) {
      meta = instance;
      return meta.getBalance.call(accounts[0]);

    // ⑩
    }).then(function(outCoinBalance) {
      metaCoinBalance = outCoinBalance.toNumber();
      return meta.getBalanceInEth.call(accounts[0]);

    // ⑪
    }).then(function(outCoinBalanceEth) {
      metaCoinEthBalance = outCoinBalanceEth.toNumber();

    // ⑫
    }).then(function() {
      assert.equal(metaCoinEthBalance, 2 * metaCoinBalance, "Library function returned unexpected
function, linkage may be broken");
    });
```

```
});

it("should send coin correctly", function() {
  // コントラクトを保持する変数の宣言
  var meta;

  // Get initial balances of first and second account.
  // アカウントの数量を保持するための変数の宣言
  var account_one = accounts[0];
  var account_two = accounts[1];

  var account_one_starting_balance;
  var account_two_starting_balance;
  var account_one_ending_balance;
  var account_two_ending_balance;

  // 送る量を定義
  var amount = 10;

  // ⑬
  return MetaCoin.deployed().then(function(instance) {
    meta = instance;
    return meta.getBalance.call(account_one);

  // ⑭
  }).then(function(balance) {
    account_one_starting_balance = balance.toNumber();
    return meta.getBalance.call(account_two);

  // ⑮
  }).then(function(balance) {
    account_two_starting_balance = balance.toNumber();
    return meta.sendCoin(account_two, amount, {from: account_one});

  // ⑯
  }).then(function() {
    return meta.getBalance.call(account_one);

  // ⑰
  }).then(function(balance) {
    account_one_ending_balance = balance.toNumber();
    return meta.getBalance.call(account_two);

  }).then(function(balance) {
    account_two_ending_balance = balance.toNumber(); // ⑱
```

```
        assert.equal(account_one_ending_balance, account_one_starting_balance - amount, "Amount
wasn't correctly taken from the sender"); // ⑲
        assert.equal(account_two_ending_balance, account_two_starting_balance + amount, "Amount
wasn't correctly sent to the receiver"); // ⑳
    });
  });
});
```

①では、artifacts.require(ファイル名)でcontracts配下のSolidityファイルを読み込みます。ここでは変数名MetaCoinで定義しています。

②では、MetaCoinをテストするので、contract関数の第1引数に'MetaCoin'を設定し、第2引数のfunction(accounts)で暗黙的にdevelop環境で作成されたアカウント情報が渡され、後続のテストメソッドで利用されます。

③のit()にテスト内容を記述します。"should put 10000 MetaCoin in the first account"なので、最初のアカウント、つまりコントラクトを作成したアカウントに10,000 MetaCoinが配布されていることをテストします。第2引数に無名のfunction()を持ってきて続くブレース内に処理を記述します。

④では、MetaCoin.deployed()でMetaCoinをdevelop環境にデプロイします。デプロイ後にデプロイしたMetaCoinをthenに続くfunction()に変数instanceとして渡します。

function(instance)を見てみましょう。⑤では、instanceはデプロイされたMetaCoinなので、MetaCoinのgetBalanceを呼び出しています。呼び出し時には関数名に.callを付けます。getBalanceの引数は(address addr)なので、0番目のアカウントアドレスを指定します。その値はさらに次の関数に渡されます。⑤で呼び出されたgetBalanceの値は、⑥のfunctionにbalance変数として渡されます。

⑦のassert.equalは、第1引数と第2引数が一致しているか確認する関数です。balance.valueOf()でbalanceが持っている基本データ型を返します。第2引数には想定している値を入力します。このプロジェクトの場合、デプロイ後の0番目のアカウントは10,000 MetaCoinを保持しているはずなので10,000を指定します。第3引数に失敗時のアラート文字列を入力します。ここでは「10000は最初のアカウントの値ではない」の意味です。

テストの実行

テストコードが動作する流れが分かったところで、developコンソールでtestと入力してみましょう。

コマンド8.1.7.2: truffleでテストを実行する

```
truffle(develop)> test
```

Chapter 8 | アプリケーション開発のフレームワーク

実行後のログに下記の記述が出力されていれば、テストは成功です。この記述に続いて2つのテスト結果が出力されます。

ログ8.1.7.3: テスト実行結果

```
✓ should put 10000 MetaCoin in the first account
```

続いて、⑦のassert.equalで指定している数値10000を、下記コード例に示す通り、10001に変更してテストを失敗させます。コンソールでtestを動かしてみましょう。

コード8.1.7.4: 10000の箇所を10001に変更する

```
}).then(function(balance) {
  assert.equal(balance.valueOf(), 10001, "10001 wasn't in the first account");
});
```

下記のログが出力されれば、想定通りにテストが失敗しています。

ログ8.1.7.5: 変更後のテスト実行結果

```
1) Contract: MetaCoin should put 10000 MetaCoin in the first account:
   AssertionError: 10000 wasn't in the first account: expected '10000' to equal 10001
```

アラート文字列に続いて、1000と1001がイコールにならないと出力されています。テストを利用すると、安心してコントラクトの開発を進められます。assert.equalで指定する数値を元に戻しておきましょう。

⑧ではConvertLibの処理が正常かテストします。

⑨ではMetaCoinをデプロイしてinstance変数として次の関数に渡し、冒頭で定義したmeta変数にinstanceを代入します。アカウント0のMetaCoin数量を次の関数にoutCoinBalanceとして渡します。

⑩はoutCoinBalanceをNumber型にして冒頭に定義したmetaCoinBalanceに代入します。値は10000になっているはずです。getBalanceInEthを呼び出した値を次の関数にoutCoinBalanceEth変数として渡します。

⑪では、outCoinBalanceEthをNumber型にして冒頭に定義したmetaCoinEthBalanceに代入します。値は20000になっているはずです。⑫では、metaCoinEthBalanceとmetaCoinBalanceを2倍にした値が同値になるか、assertしています。

続いて、最後に正しくMetaCoinが送信できているかをテストします。

⑬では、デプロイしたMetaCoinをinstance変数として関数に渡します。冒頭で宣言したmetaにinstanceを代入します。account_one(アカウント0番目)の数量をbalance変数として、次の関数に

226

渡します。

⑭では、balanceをNumber型でaccount_one_starting_balanceに代入します。10000になるはずです。account_two（アカウント1番目）の数量をbalance変数として次の関数に渡します。

⑮では、balanceをNumber型でaccount_two_starting_balanceに代入します。0になるはずです。meta.sendCoinでaccount_oneからaccount_twoへ10を送金します。

⑯では、meta.getBalance.call(account_one); でaccount_oneの数量を確認し、balance変数として次の関数に渡します。

⑰では、account_one_ending_balanceにbalanceをNumberで代入します。10を送信しているので9990になっているはずです。meta.getBalance.call(account_two);でaccount_twoの数量を確認し、balance変数として次の関数に渡します。

⑱では、account_two_ending_balanceにbalanceをNumberで代入します。account_one_ending_balanceは9990になっているはずです。

⑲では、account_one_starting_balanceは10000でamountが10なので、10000 - 10 = 9990となり、このassertionは通ります。

⑳では、account_two_ending_balanceは10になっているはずです。account_two_starting_balanceは0でamountが10なので0 + 10 = 10となり、このassertionは通ります。

上記の通り、テストを記述しておけば、正常に動作することをチェックできます。テストの記述は手間が掛かり面倒なこともありますが、どのような場合でも、お金を取り扱うコントラクトを作成するのであれば、十分すぎるほどテストを実行しておくことをおすすめします。

Chapter 8 | アプリケーション開発のフレームワーク

8-2

ERC20準拠のトークン作成

本項では、「5-1 ブロックチェーンサービスのアーキテクチャ」でも紹介したICOなどで発行される
トークンを作成します。

イーサリアム上のトークンを標準化する仕様をERC20と呼びます。そして、ERC20に準拠する
トークンをERC20準拠のトークンと呼びます。ERC20に準拠することで、異なるトークン同士での
やり取りが簡単になり、ERC20対応のウォレットでの取り扱いが可能となります。ちなみに、ERCは
Ethereum RFCの略で、ERC20は20番目の仕様を意味します。

トークン作成で実装しなければならないメソッドが定義されています。最低限、下記のメソッドを定
義することになります。

```
function totalSupply() constant returns (uint totalSupply);
function balanceOf(address _owner) constant returns (uint balance);
function transfer(address _to, uint _value) returns (bool success);
function transferFrom(address _from, address _to, uint _value) returns (bool success);
function approve(address _spender, uint _value) returns (bool success);
function allowance(address _owner, address _spender) constant returns (uint remaining);
```

また、下記の2つのイベントを実装する必要があります。

```
event Transfer(address indexed _from, address indexed _to, uint _value);
event Approval(address indexed _owner, address indexed _spender, uint _value);
```

8-2-1 Truffleプロジェクトの作成

前節「8-1 Truffleフレームワークの活用」で作成したプロジェクトとは別に、新たなディレクトリを
作成して、新しいプロジェクトを作成します。

トークンの名前をdapps-tokenとするので、その名前でディレクトリを作成します。ディレクトリ
を作成したら、Truffleで初期化を行い新規プロジェクトを作成します。

228

コマンド8.2.1.: Truffle のイニシャライズ

```
$ mkdir dapps-token
$ cd dapps-token
$ truffle init
```

truffle initを実行すると、下記に示すディレクトリ構成とファイルが作成されます。

contracts/ ：	スマートコントラクトのディレクトリ
Migrations.sol	
migrations/ ：	マイグレーションファイルのディレクトリ
1_initial_migrations.sol	
test/ ：	テストファイルのディレクトリ
truffle.js ：	Truffleの設定ファイル
truffle-config.js ：	Truffleの設定ファイルの雛形

8-2-2 OpenZeppelinのインストール

Truffleは、npmやEthePMをパッケージとして管理する機能が用意されています。コントラクトを安全かつ安心して作成できるコードのサンプル集ともいえるライブラリである、OpenZeppelinを導入しましょう。OpenZeppelinを導入することで、スクラッチから実装を考えるのではなく、少ない作業量で堅牢なコントラクトを実装できます。

前項で作成した新規プロジェクトのディレクトリ内で、下記のコマンドを実行して、zeppelin-solidityをインストールします。

コマンド8.2.2.1: OpenZeppelinのインストール

```
$ npm init -f
$ npm install zeppelin-solidity
```

8-2-3 トークンコントラクトの作成

本項ではトークンのコントラクトを作成します。トークンコントラクトのコード例を示し、順を追って説明しましょう。作成されたdapps-tokenディレクトリ内のcontractsにファイル「DappsToken.sol」を作成し、次に示すコード例を入力します（コード8.2.3.1参照）。

コード8.2.3.1: トークンのコントラクト

```
pragma solidity ^0.4.18; // ①
import "zeppelin-solidity/contracts/token/ERC20/StandardToken.sol"; // ②

contract DappsToken is StandardToken { // ③
  string public name = "DappsToken"; // トークンの名称を設定
  string public symbol = "DTKN"; // トークンを単位として表す場合にどのように表記するかを設定
  uint public decimals = 18; // 小数点の桁をどこまで許可するかを設定

  // ④
  function DappsToken(uint initialSupply) public {
    totalSupply_ = initialSupply;
    balances[msg.sender] = initialSupply;
  }
}
```

上記コード例の①ではプラグマバージョンを指定しています。Solidityが0.4.18以降でないと動作しないことを表しています。続く②のimportでは、OpenZeppelinライブラリのERC20の実装クラス、StandardToken.solをインポートします。

③では、DappsTokenはStandardTokenを継承します。ちなみに、「contract 名前 is 継承の参照」と記述できます。

図8.2.3.2: ERC20準拠トークンのクラス継承関係図

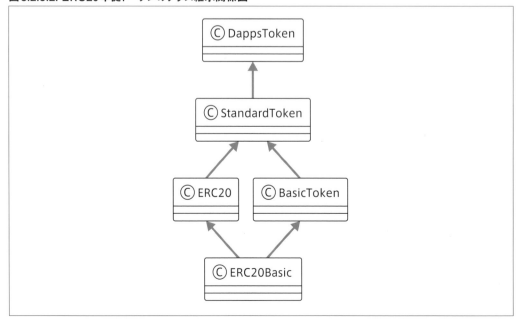

続く④では、コントラクトが作成された際に呼ばれるコンストラクタを定義します。initialSupply で渡された供給量（＝トークン発行数）がtotalSupply_（全体の供給量）に代入されています。totalSupply_は、StandardTokenの継承関係にあるBasicTokenで定義されています。

balances[msg.sender] = initialSupply; で msg.senderをkeyにするbalancesにトークンの発行数をすべて入れています。msg.senderはトークンを発行したオーナーのアドレスです。

なお、前図にクラスの継承関係を示します（図8.2.3.2）。

トークンコントラクトの実装は以上です。本節の冒頭で必要なメソッドとイベントを紹介していますが、StandardTokenを継承することですべてがきちんと動作します。続いて、デプロイする際に動作するスクリプトを書く必要があります。dapps-tokenのmigrationsディレクトリ内に、下記コード例に示すスクリプトを作成します。

コード8.2.3.3: 2_deploy_dapps_token.js

```
var DappsToken = artifacts.require("./DappsToken.sol"); // ①

// ②
module.exports = function(deployer) {
    var initialSupply = 1000;
    deployer.deploy(DappsToken, initialSupply);
}
```

スクリプトのファイル名は番号から開始し、アンダースコアで作業内容、さらにアンダースコアでコントラクト名称を入れることが一般的です。上記のファイル名は、デプロイすることを宣言し、デプロイ対象はDappsTokenであることを表しています。

コード例の内容は、①でDappsToken.solを呼び出し、成果物をDappsToken変数に代入します。続く②では、initialSupplyに1000を設定し、deployer.deploy(DappsToken, initialSupply)で、DappsTokenの供給数1,000でデプロイされます。

8-2-4 テストコードの作成

本項では、前項の最後に紹介したマイグレーションスクリプトに続いて、テストコードの記述を解説します。dapps-token内のtestディレクトリに、下記コード例に示すテストコードを作成します。

コード8.2.4.1: DappsToken.js

```
var DappsToken = artifacts.require("./DappsToken.sol"); // ①
```

Chapter 8 | アプリケーション開発のフレームワーク

```
contract('DappsToken', function(accounts) { // ②

    // ③
    it("should put 1000 DappsToken in the first account", function() {
        return DappsToken.deployed().then(function(instance) {
            return instance.balanceOf.call(accounts[0]);
    // ④
        }).then(function(balance) {
            assert.equal(balance.valueOf(), 1000, "1000 wasn't in the first account");
        });

    });
});
```

　前項のマイグレートスクリプト（コード8.2.3.3参照）と同様に、上記コードの①ではDappsToken.solを呼び出し、成果物をDappsToken変数に代入します。

　続く②では、contract DappsTokenのテストであることを宣言します。accountsを呼ぶことでテストで使用できるアカウントを次の関数に渡しています。

　③では、テスト内容を記述します。「最初のアカウントに1000 DappsTokenが保持されていること」をテストします。DappsTokenをデプロイして、DappsTokenがinstance変数に入り次に渡され、instance変数のaccounts[0]の数量が次に渡されます。

　この場合、accounts[0]はトークンを発行したオーナーなので、1,000トークンを保持しているはずです。次の関数にbalance変数として渡され、④でbalanceが1000と等しいかを確認します。

　truffle developコマンドでdeveloperコンソールに入って、テストを実行します。問題なくテストを通過することを確認して、migrateコマンドでdevelopネットワークにデプロイします。設定した名前などを確認しましょう。

コマンド8.2.4.2: テストの実行

```
$ truffle develop
truffle(develop)> test
```

コマンド8.2.4.3: マイグレーションの実行

```
truffle(develop)> migrate
truffle(develop)> dappsToken = DappsToken.at(DappsToken.address)
```

コマンド8.2.4.4: 名前の確認

```
truffle(develop)> dappsToken.name()
'DappsToken'
```

symbolと総発行量を確認します。

コマンド8.2.4.5: symbolの確認

```
truffle(develop)> dappsToken.symbol()
'DTKN'
```

コマンド8.2.4.6: 総発行量の確認

```
truffle(develop)> dappsToken.totalSupply()
{ [String: '1000'] s: 1, e: 3, c: [ 1000 ] }
```

　続いて、アカウント別の発行量を確認します。アカウント一覧は、web3.eth.accountsで確認できます。アカウントの1番目は発行者なので、トークンを全額保持しています。

コマンド8.2.4.7: アカウント1番目の発行量確認

```
truffle(develop)> dappsToken.balanceOf(web3.eth.accounts[0])
{ [String: '1000'] s: 1, e: 3, c: [ 1000 ] }
```

コマンド8.2.4.8: アカウント2番目の発行量確認

```
 truffle(develop)> dappsToken.balanceOf(web3.eth.accounts[1])
{ [String: '0'] s: 1, e: 0, c: [ 0 ] }
```

　2番目のアカウントは、保持量が0です。下記のコマンドで送金してみます。

コマンド8.2.4.9: 送金

```
truffle(develop)> dappsToken.transfer(web3.eth.accounts[1], 100)
```

　送金完了後に各アカウントが所持するトークン数を確認すると、下記の通りです。トークンが正常に動作していることが分かります。

コマンド8.2.4.10: アカウントの所持しているトークン数を確認

```
truffle(develop)> dappsToken.balanceOf(web3.eth.accounts[0])
{ [String: '900'] s: 1, e: 2, c: [ 900 ] }
truffle(develop)> dappsToken.balanceOf(web3.eth.accounts[1])
{ [String: '100'] s: 1, e: 2, c: [ 100 ] }
```

Chapter 8 | アプリケーション開発のフレームワーク

8-3

ネットワークへのデプロイ

本節では、前項「8-2 ERC20準拠のトークン作成」で作成した、ERC20準拠のトークンをTruffleからGethプライベートネットにデプロイします。続いて、Ropstenテストネットにもデプロイします。

8-3-1 プライベートネットへのデプロイ

「6-1 アプリケーション開発の環境構築」で設定したGeth（Go Ethereum）を起動します。万が一、消去した場合は、再度設定しましょう。

コントラクトをデプロイ後にはブロックに取り込まれるように、マイニングを動かしましょう。下記のコマンドをGethのコンソールで実行して、マイニングの実行を確認します。

┃ コマンド 8.3.1.1: マイニングの確認

```
> eth.mining
```

falseが返された場合はマイニングが実行されていません。下記のminer.startコマンドでマイニングを実行します。再度eth.miningコマンドでマイニングの実行を確認しましょう。

┃ コマンド 8.3.1.2: マイニングの実行と確認

```
> miner.start(1)
null
> eth.mining
true
```

eth.miningからtrueが返されることで、マイニングの実行を確認したところで、ブロックが生成される状態となります。続いて、前節「8-2 ERC20準拠のトークン作成」のTruffle環境に戻りましょう。

作成したプロジェクトのディレクトリ、dapps-token配下のtruffle.jsを下記コード例に示す通り、書き換えます。

┃ コード 8.3.1.3: truffle.js

```
module.exports = {
    networks: {
```

234

```
        development: {
            host: "localhost",
            port: 8545,
            network_id: "10"
        }
    }
};
```

上記コード例では、ネットワーク「development」を定義しています。ローカルの8545ポートで動作しているnetwork idが10番のネットワークを表しています。

このネットワークにTruffleからデプロイしてみましょう。開発中はtruffle developコンソールの上でmigrateを実行していましたが、本項では直接truffle migrateコマンドを実行します（truffle developを実行している場合は［Ctrl］＋［D］で終了させます）。--networkオプションで上記で設定したdevelopmentを指定します。

dapps-tokenディレクトリ内で下記のコマンドを実行します。

コマンド8.3.1.4: developmentネットワークにデプロイ

```
$ truffle migrate --network development
```

実行から結果が出力するまで少し時間を要しますが、下記に示すログが出力されれば、問題なくデプロイが完了しています。なお、ログに表示されているコントラクトのアドレス（DappsTokenの強調部分）は、環境によって異なるので適宜読み替えてください。

ログ8.3.1.5: developmentネットワークへのデプロイ結果

```
Using network 'development'.

Running migration: 1_initial_migration.js
  Deploying Migrations...
  ... 0x1a58281e8edd0561a45b51e137e862d374cdd6e18c17080bcac62fc4606d7f1d
  Migrations: 0xc6cf7bafe78f76bca1d954bf4dabadf273e5bf1c
Saving successful migration to network...
  ... 0x0947e5f2b0c77d9bb1355422188a4867bb9def63848351bf4daf0542e5aa2710
Saving artifacts...
Running migration: 2_deploy_dapps_token.js
  Deploying DappsToken...
  ... 0x9c5aacc1ec2e822ba4a70091d7366455458d126efa0275683cc13a90a6a51e55
  DappsToken: 0xa9248fcacb4c4e70a11da0a29207bd2d59ff6484
Saving successful migration to network...
  ... 0x44ec844b4ff3a37aec3161b89729fc34dffdd3d0fc576610562c61368e5d3872
Saving artifacts...
```

Chapter 8

235

Chapter 8 | アプリケーション開発のフレームワーク

デプロイされたコントラクトを操作してみましょう。プロジェクトディレクトリ「dapps-token」内で下記のコマンドを実行して、developmentネットワークに接続します。

コマンド8.3.1.6: developmentネットワークへの接続

```
$ truffle console --network development
```

コンソールに「truffle(development)>」と表示されます。続いて、下記のコマンドに示す通り、ログ8.3.1.5で出力されたDappsTokenのアドレスをDappsToken.at()に指定して、変数に設定します。

コマンド8.3.1.7: DappsTokenを変数に設定

```
truffle(development)> d = DappsToken.at("0xa9248fcacb4c4e70a11da0a29207bd2d59ff6484")
```

下記のコマンドをコンソールで実行して、公開されている変数がSolidityでの記述通りであることを確認しましょう。

コマンド8.3.1.8: DappsTokenの確認

```
truffle(development)> d.name()
'DappsToken'
truffle(development)> d.symbol()
'DTKN'
```

Geth上で作成した各アカウントのトークン保持数を確認して、web3.eth.accounts[0]からweb3.eth.accounts[1]にトークンを送ります。反映されるには少々時間が掛かります。

コマンド8.3.1.9: 各アカウントの残高確認

```
truffle(development)> d.balanceOf(web3.eth.accounts[0])
{ [String: '1000'] s: 1, e: 3, c: [ 1000 ] }
truffle(development)> d.balanceOf(web3.eth.accounts[1])
{ [String: '0'] s: 1, e: 0, c: [ 0 ] }
truffle(development)> d.balanceOf(web3.eth.accounts[2])
{ [String: '0'] s: 1, e: 0, c: [ 0 ] }
```

コマンド8.3.1.10: web3.eth.accounts[0]からweb3.eth.accounts[1]へのトークン送付

```
truffle(development)> d.transfer(web3.eth.accounts[1], 100)
```

再度、各アカウントの残高を確認します。無事トークンが送られていれば、下記に示す通りに結果が表示されるはずです。

コマンド8.3.1.11: アカウントの残高確認

```
truffle(development)> d.balanceOf(web3.eth.accounts[0])
{ [String: '900'] s: 1, e: 2, c: [ 900 ] }
truffle(development)> d.balanceOf(web3.eth.accounts[1])
{ [String: '100'] s: 1, e: 2, c: [ 100 ] }
truffle(development)> d.balanceOf(web3.eth.accounts[2])
{ [String: '0'] s: 1, e: 0, c: [ 0 ] }
```

8-3-2 テストネットへのデプロイ

テストネットにはさまざまな選択肢があります。代表的なテストネットは、Ropsten、Kovan、Rinkebyの3種ですが、それぞれブロック生成のコンセンサスアルゴリズムに違いがあります。

Ropstenはメインネットと同じく、Proof of Workを採用しています。KovanとRinkebyは共に、Proof of Authorityと呼ばれる仕組みで動いています。これは選ばれたユーザーのみがブロックを作成できる仕組みです。本項ではRopstenネットワークに対してデプロイを行なっていきます。

MetaMaskのインストール

MetaMaskは、Google Chromeで利用できるイーサリアムのウォレットです。MetaMaskを利用して、Ropstenネットワークへのデプロイを準備します。ネットワークにコントラクトをデプロイするためには、Gasコストが掛かります。つまり、ある程度の残高が必要です。

Gethでプライベートネットを構築する場合は、マシン内でマイニングを実行するため、残高に困ることはありませんが、Ropstenネットワークにコントラクトをデプロイするには、RopstenネットワークのEtherが必要です。MetaMaskを使って、Etherを入手できるサイトで残高を増やしましょう。

MetaMaskはGoogle ChromeのExtensionとして提供されています。インストールしていない場合はGoogle Chromeをインストール[1]しましょう。Google Chromeを起動して「Chromeウエブストア[2]」にアクセスします。

Chromeウェブストアで左上の[ストアを検索]欄に「metamask」と入力して、Chromeの拡張機能を検索します(図8.3.2.1参照)。検索結果のトップに表示される[MetaMask]が求める拡張機能です。「https://metamask.io提供」と記載されています(図8.3.2.2参照)。右端の[＋CHROMEに追加]をクリックしてインストールします。

---

1 https://www.google.co.jp/chrome/browser/desktop/index.html

2 https://chrome.google.com/webstore/

図8.3.2.1: Chromeウェブストア

図8.3.2.2: ChromeウェブストアでMetaMaskを検索

続いて確認画面が表示されるので、[Add extension]をクリックします（図8.3.2.3参照）。これで、MetaMaskのインストールは完了です。

図8.3.2.3: MetaMaskを追加

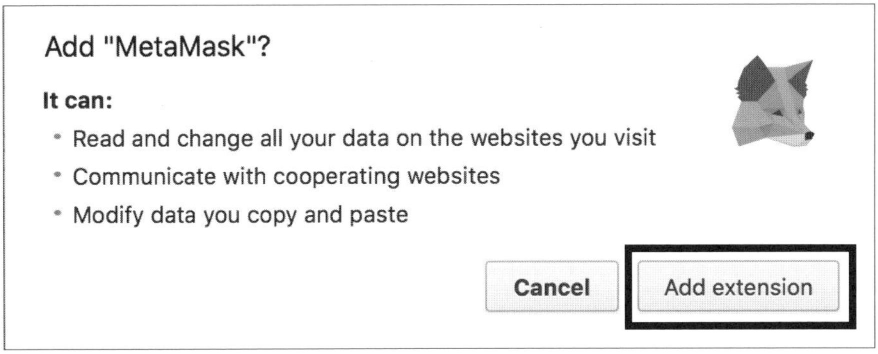

インストールが完了すると、Google Chromeのステータスバー右にキツネのアイコンが表示されます。このアイコンをクリックします。MetaMaskがベータ版であることなどの注意書き「PRIVACY NOTICE」が表示されます。最後までスクロールして表示内容を確認し、[Accept]をクリックします(図8.3.2.4)。

続いて表示される画面ではパスワードを入力します。パスワードは忘れないようにしてください。

図8.3.2.4: MetaMaskの実行

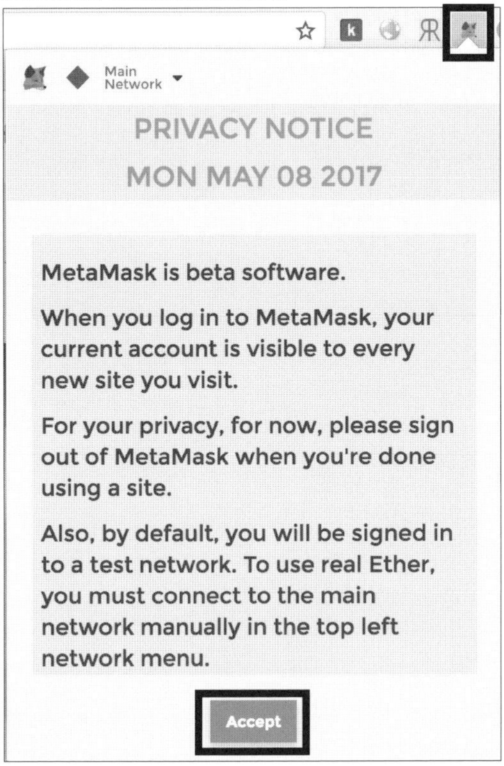

Chapter 8

次の画面では、MetaMaskを復元する際の秘密鍵がニーモニックで表示されます。12個の単語が並びます。これを忘れてしまうと復元できなくなるので、画面キャプチャを撮って［I'VE COPIED IT SOMEWHERE SAFE］をクリック、もしくは、［SAVE SEED WORDS AS FILE］をクリックして、ファイルとして保存してください（図8.3.2.5参照）。

これで、MetaMaskの設定は完了です。

図8.3.2.5: MetaMaskのニーモニック

Etherの入手（MetaMask Ether Faucetへの接続）

MetaMask設定の次は、MetaMask Ether Faucetにアクセスして、RopstenネットワークのEtherを入手しましょう。Google Chromeのアドレスバーに下記のURLを入力してアクセスします。［faucet］と［user］それぞれのアドレスと残高を確認できる画面が表示されます。

MetaMask Ether Faucet
URL：https://faucet.metamask.io

MetaMask Ether Faucetにアクセスした状態で、Google ChromeのステータスバーでMetaMaskのアイコンをクリックし、ネットワークをRopsten Test Networkに変更します（図8.3.2.6参照）。画面左上のMetaMaskのアイコン右横をクリックすると、ネットワークを選択できます。

図8.3.2.6: MetaMaskをRopstenテストネットに接続

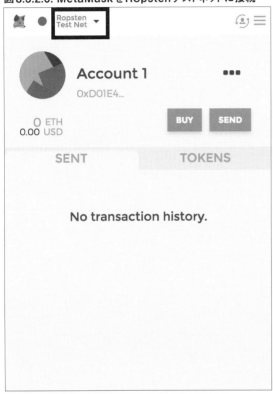

　［faucet］の残高表示が大量に増えているはずです。残高表示の下部にある［request 1 ether from faucet］をクリックすると、トランザクションが発行されたことが画面下部に表示されます（図8.3.2.7参照）。

図8.3.2.7: MetaMask Ether Faucetでのトランザクション発行

　続いて、MetaMaskの残高を確認して、1.000ETHの保持が確認できたら成功です（図8.3.2.8参照）。

図8.3.2.8: MetaMaskでの残高確認

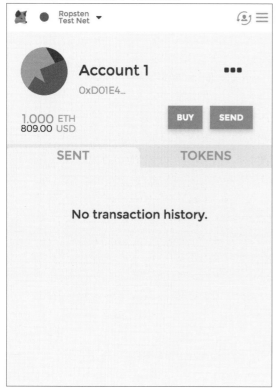

Infuraへの登録

　MetaMask Ether Faucetのおかげで、MetaMaskにRopstenネットワークでのEtherを保有できた段階で、「Infura」と呼ばれるサービスに登録します。

　Infuraは、Gethに代表されるイーサリアムクライアントを利用しなくとも、テストネットやメインネットにコントラクトをデプロイできる仕組みを提供しています。もちろん、Gethでデプロイすること可能ですが、各ネットのブロックチェーンと同期する必要があるため、時間とディスク容量を大量に消費してしまいます。

　下記のURLを入力して、Infuraにアクセスします。

Infura
URL：https://infura.io/index.html

図 8.3.2.9: Infuraのトップページ

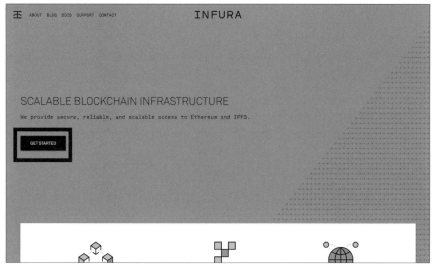

　Infuraの画面左側の[GET STARTED]クリックします(図8.3.2.9参照)。ユーザー登録画面で適切な氏名とメールアドレスを入力し、[I'm not a robot]にチェックをいれて[Submit]ボタンをクリックします(図8.3.2.10参照)。

図 8.3.2.10: Infura登録画面

　なお、登録完了時に各種テストネットなどのURLが、[CHOOSE A NETWORK]画面に一覧で表示されます。画面キャプチャなどでメモしておきましょう。入力メールアドレス宛に登録完了通知が届けば、Infuraへのユーザー登録は完了です。

Chapter 8 | アプリケーション開発のフレームワーク

TruffleでのRopstenネットワークの設定

TruffleのプロジェクトにRopstenネットワークを設定します。下記のコード例に示す通り、dapps-tokenディレクトリのtruffle.jsにネットワーク設定を追記します（追記箇所は太字）。

コード8.3.2.11: truffle.jsにRopstenを設定

```
var HDWalletProvider = require("truffle-hdwallet-provider");
var mnemonic = $MNEMONIC; // ①
var accessToken = $INFURA_ACCESS_TOKEN; // ②

module.exports = {
    networks: {
        development: {
            host: "localhost",
            port: 8545,
            network_id: "10"
        },
        ropsten: {
            provider: function() {
                return new HDWalletProvider(
                    mnemonic,
                    "https://ropsten.infura.io/" + accessToken
                );
            },
            network_id: 3,
            gas: 500000
        }
    }
};
```

上記コード例の①では、$MNEMONICに、MetaMaskインストール時に保存したニーモニックを入力します。文字列はダブルクオートで括ってください。②の$INFURA_ACCESS_TOKENは、Infuraにユーザー登録した際にメモしたURLの「https://ropsten.infura.io/」の後ろを入力します。こちらも①と同様にダブルクオートで括ります。

また、コード例の1行目では、truffle-hdwallet-providerを利用すると記述しているので、別途インストールする必要があります。dapps-tokenディレクトリに移動して、次に示すコマンドを入力して、truffle-hdwallet-provideをインストールします。

コマンド8.3.2.12: truffle-hdwallet-providerのインストール

```
$ npm install truffle-hdwallet-provider
```

また、マイグレーションファイルも修正する必要があります。Gasを明示しないと下記に示すエラーが出力されて、デプロイが完了できません。

ログ8.3.2.13: Gas不足でのマイグレーション失敗

```
Error encountered, bailing. Network state unknown. Review successful transactions manually.
Error: The contract code couldn't be stored, please check your gas amount.
```

下記コード例に示す通り、migrations/2_deploy_dapps_token.jsを変更してGasを明示します（追記箇所は太字）。また、発行数が少なく、MetaMaskのUI的に見辛いので増やします。

コード8.3.2.14: 2_deploy_dapps_token.jsにgasを明示する

```
var DappsToken = artifacts.require("./DappsToken.sol");

module.exports = function(deployer) {
    var initialSupply = 1000e18
    deployer.deploy(DappsToken, initialSupply, {
        gas: 2000000
    })
}
```

Ropstenネットワークへのデプロイ

Ropstenネットワークにデプロイします。プライベートネットへのデプロイと同様に、truffle migrateコマンドを使用します。--networkオプションにはropstenを指定します。下記のコマンドを実行してデプロイします。完了にはしばらく時間が掛かります。

万が一、デプロイに失敗したら、もう一度設定を見直しましょう。最初からデプロイし直す場合は、truffle migrateコマンドに--resetオプションを追加して実行します。

コマンド8.3.2.15: Ropstenネットワークへのデプロイ

```
$ truffle migrate --network ropsten
```

ログにはコントラクトのアドレスが出力されるので、控えておきましょう。環境によって出力されるアドレスは異なるので適宜読み替えてください。

ログ8.3.2.16: truffle migrateの実行結果

```
Using network 'ropsten'.

Running migration: 1_initial_migration.js
```

```
  Replacing Migrations...
  ... 0x54da91a5d920e895f9bb7c498a5d85604b215a6c0b0d88d1671eeecf7ae685b1
  Migrations: 0x978873eeab21eaeb46e9227a8a436b796054bb60
Saving successful migration to network...
  ... 0x3c5c13b3813a41941f4aa8a957c8725995ef52597f96bdb622ee104db2a263e7
Saving artifacts...
Running migration: 2_deploy_dapps_token.js
  Replacing DappsToken...
  ... 0x95511e03e98e613afcbadda360f7b5bb8550da0a269b2b4db2490667c66c4ddc
  DappsToken: 0x063f0a85016f60342c9df022023f5dda6fea082e
Saving successful migration to network...
  ... 0x23645490da55d28dd863f8abeb93ccba493d2593e0753b07c90c6bc2fa9de13d
Saving artifacts...
```

デプロイ完了後は、再度MetaMaskの画面を確認します。用意されている［SENT］と［TOKEN］タブから［TOKEN］を選択して、［ADD TOKEN］ボタンをクリックします。Token Contract Addressの箇所にデプロイしたトークンのアドレスを入力します。入力が完了したら［Add］を押して登録を完了します（図8.3.2.17参照）。

図8.3.2.17: トークンの登録

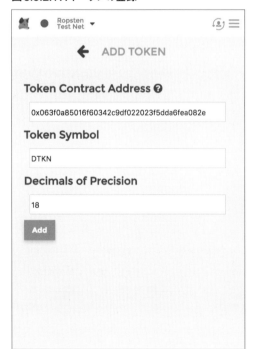

MetaMaskの [TOKEN] タブに 1000 DTKNが表示されていれば、デプロイユーザーへの付与は完了しています（図8.3.2.18参照）。

図8.3.2.18: トークンの付与確認

プライベートネットでの確認と同様、トークンを送ります。truffle consoleコマンドにRopstenネットワークを指定して実行します。

コマンド8.3.2.19: Ropstenネットワークに接続
```
$ truffle console --network ropsten
```

デプロイしたトークンを変数に設定します。プライベートネットのトークンとはアドレスが異なるので注意してください。

コマンド8.3.2.20: 変数にトークンを設定
```
truffle(ropsten)>   d = DappsToken.at("0x063f0a85016f60342c9df022023f5dda6fea082e")
```

自分のアドレスの残高を確認しましょう。

コマンド8.3.2.21: 残高の確認
```
truffle(ropsten)> d.balanceOf("0xD01E468E2c6cA79a0D788eA92a0bf95C65b0cbd9")
{ [String: '10000000000000000000000'] s: 1, e: 20, c: [ 10000000 ] }
```

別途、違うアカウントを作成して送金してみましょう。MetaMaskでアカウントを作成します。右上のアカウントマークをクリックし、[Create Account] でアカウントを作成します。
アカウント作成後、アカウントアドレスを選択してアドレスをメモします。アカウント右の [≡] をクリックして、[Copy Address to clipboard] でクリップボードにアドレスをコピーします。

Truffleコンソールに戻り、下記のコマンドを入力します。アドレス部分にクリップボードの内容をコピーします（アドレスはダブルクオートで括ります）。

コマンド8.3.2.22: トークンの送金
```
truffle(ropsten)> d.transfer("0xa2ACFa5dd346004D07F560B767FC7CA8E7db73a1", 1e18)
```

トランザクションが発行されたら、下記のコマンドでトークンの残高を確認しましょう。

コマンド8.3.2.23: トークンの残高確認

```
truffle(ropsten)> d.balanceOf("0xD01E468E2c6cA79a0D788eA92a0bf95C65b0cbd9")
{ [String: '9990000000000000000000'] s: 1, e: 20, c: [ 9990000 ] }
truffle(ropsten)> d.balanceOf("0xa2ACFa5dd346004D07F560B767FC7CA8E7db73a1")
{ [String: '10000000000000000000'] s: 1, e: 18, c: [ 10000 ] }
```

MetaMask上でも、下図に示す通り、トークンの残高が変更されています (図8.3.2.24)。

図8.3.2.24: 送付先アカウントの残高確認

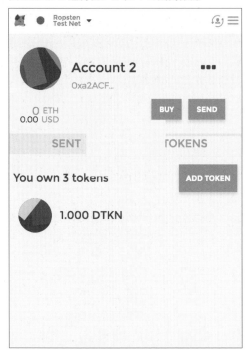

Chapter 9

アプリケーション設計の注意点

イーサリアムのブロックチェーンには、
その特性から避けられない制約や注意すべき項目があります。
セキュリティ上の注意点やストレージの利用方法、
外部からの情報取得に着目して解説します。

Chapter 9 | アプリケーション設計の注意点

9-1

スマートコントラクトへの
攻撃手法と対策

ブロックチェーンアプリケーションといえども、プログラムはセキュリティ上のリスクを抱えるため、開発する内容はもちろん、デプロイする内容にも細心の注意を払うべきです。どのようなプログラムでも完璧なものはありません。

スマートコントラクトは特別なものではなく単なるプログラムです。一旦、メインネットにデプロイされてしまえば、どのようなユーザーでも利用することが可能です。コントラクトのソースコードは公開することが推奨されていますが、公開されていなくともetherscanにアドレスを問い合わせれば、誰でも参照可能です[1]。そのため、晒された状態で常に攻撃を受けるものと認識すべきでしょう。

残念ながら、プログラムを利用するユーザーがすべて善良であるとは限りません。悪意のあるクラッカーがさまざまな攻撃を仕掛けてくることが考えられます。現実問題として、日夜を問わず攻撃されているコントラクトも多数存在します。また、悪意のある攻撃で数十億円から数百億円にのぼる損失が出た事例もあります。本節では、よく知られている攻撃手法を紹介し、攻撃に耐えうるコントラクトにする対策手法を説明します。

9-1-1 リエントラント（再入可能）

外部のコントラクトを呼び出す際、その主な危険性として、呼び出した関数が期待していないデータを変更してしまうことがあげられます。「4-2 スマートコントラクトプラットフォーム」で解説したThe DAO事件はまさにこのバグを突かれています。呼び出した関数の処理を終わらないうちに、他の関数を呼ばれてしまい、開発者の意図しない動作が発生してしまったのです。

その実装として、残高を減らす前に送金してしまっているソースコードであったのが問題でした。攻撃者は送金処理を呼び出し、送金を受け取ったらさらに送金処理を呼び出すコントラクトを作成します。送金処理の次に送金処理が行われ、さらに送金処理が行われます。この循環的な処理は送金処理がエラーになるまで、つまり、払い出すEtherがコントラクト内になくなるか、設定されたGas Limitに達するまでずっと続きます。

---

1 例えば、Crypto Kittiesのコントラクトのソースコードはこちらで参照可能です（https://etherscan.io/address/0x06012c8cf97bead5deae237070f9587f8e7a266d#code）。

簡略化した例として、送金された残高を管理するコントラクト（C1）を考えてみましょう。利用する際の処理内容を解説します。まずは、入金を受ける処理と出金を受ける処理を次にあげます。

入金を受け付ける処理

① ユーザーから送金を受け取る
② 送金された金額を保持する

出金を受け付ける処理

① ユーザーから出金依頼を受け取る
② ユーザーの残高を確認する
③ ユーザーへ残高分を送金する
④ ユーザーの残高をゼロにする

善意のユーザーが残高を管理するコントラクトを利用する場合、つまり、一般的に想定される処理の流れは下図の通りです（図9.1.1.1参照）。

図9.1.1.1: 送金された残高を管理するコントラクトの想定されているフロー

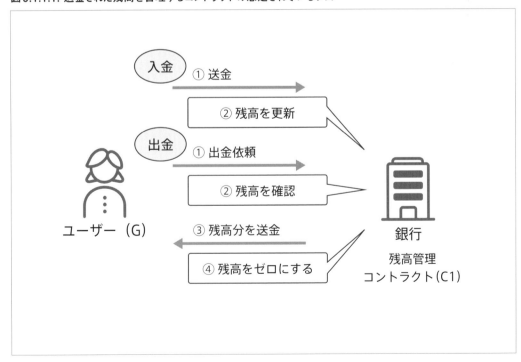

そして、善意のユーザー（G）がコントラクトを利用する場合の流れは、下記の通りです。

善意のユーザー（G）が利用する場合

① Gは、C1に1 etherを送金する
② Gは、C1に出金依頼する
③ C1は、Gに1 etherを送金する

続いて、悪意ある攻撃者がコントラクトが利用する場合の処理内容を解説します。悪意のある攻撃者（E）が利用する場合は、悪意あるコントラクト（EC1）を作成します。EC1には下記の処理が実装されています。

C1に送金する処理

① EからEC1に送金をする
② EC1はEC1のアドレスでC1に送金する

C1から出金する処理

① C1にEC1のアドレスの残高の出金依頼をする
② C1はEC1に残高を送金する
③ 送金が終わったらC1は保持していたEC1の残高をゼロにする

EC1に実装されたfallback関数で、送金を受け取ると自動で動く処理

① 上記のC1から出金する処理を呼び出す

上記C1の送金・出金処理とEC1のfallback関数をまとめると、悪意のある攻撃者（E）が、EC1経由でC1を動作させる際は以下のフローになります。

悪意のある攻撃者（E）がEC1経由で利用する場合

① Eは、EC1に1 etherを送金する
② EC1は、Eから受け取った1 etherをEC1のアドレスでC1に1 ether送金する。この状態でEC1のアドレスは、C1に1 etherを持っていることになる
③ Eは、EC1のC1から出金する処理を呼び出す
④ C1は、EC1の残高に1 ether以上があることを確認し、1 etherをEC1に送金する

⑤ EC1は、C1からの送金を受け取ると、③で動かしたC1から出金する処理を自動的に呼び出す
⑥ 上記④の処理が動作
⑦ C1の持つEtherがなくなるか、Gasが切れるまで④→⑤→⑥→④のループを繰り返す

下図は、悪意のある攻撃者が悪意あるコントラクトを経由して攻撃する、上述の流れを図示したものです（図9.1.1.2参照）。

図9.1.1.2: 送金された残高を管理するコントラクトを攻撃する

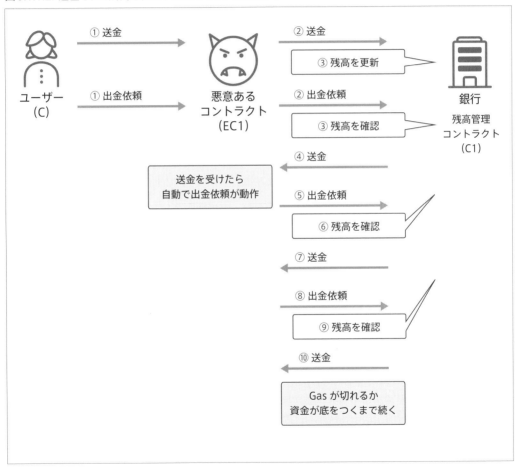

本章の冒頭で紹介したTheDAO事件では、トークンの払い戻し処理の際に攻撃のコントラクトからトークンの量を増やす処理を呼ぶことで、払い戻し処理をトークンの数量を増やしながら何度も行われました。

この悪意ある攻撃に対する解決策の1つは、競合状態にある変数を不用意に変更されないように

ミューテックスを利用する方法があります。コントラクトを呼び出したアカウントだけが変更可能なロック状態を作ることで、不意のメソッドが呼ばれるのを防ぐ方法です。

前述の悪意のあるコントラクトを経由して攻撃する例を、ミューテックスを使って防ぐ場合の流れは、下記の通りです。攻撃対象となっているコントラクトC1の各メソッドが動作する前後に、ロックを掛けます。

ミューテックスを利用して攻撃を回避する場合

① Eは、1 etherをEC1に送金する
② EC1は、EC1のアドレスでC1に1 etherを送金する。この状態でEC1のアドレスは、C1に1 etherを持っていることになる
③ Eは、EC1経由でC1から出金する処理を呼び出す
④ C1は、処理を行う前に残高変更フラグがfalseになっていることを確認する。falseであれば、他に残高を変更しようとしている状態ではないことが分かり、次の処理に進む。残高を変更することを宣言するため、残高変更フラグをtrueにする。EC1の残高が1 ether以上あることを確認して、1 etherをEC1に送金する
⑤ EC1は、C1からの送金を受け取ると、③で動かしたC1から出金する処理を呼び出す
⑥ 上記④の処理が動作するが、残高変更フラグがまだtrueのままなので、処理は失敗する

上記の流れにある通り、残高変更フラグでのロック状態を利用すれば、不本意な変更を防ぐことができます。もしくは、残高を先に変更して送金する処理に変更するなど、手順を逆にする方法でも構いません。

9-1-2 トランザクションオーダー依存 (TOD)

トランザクションオーダー依存 (TOD: Transaction Order Dependence) の問題は、異なるユーザーがコントラクトを操作する場合、操作対象のトランザクションを送信した順序と、実際にブロックに取り込まれる順序が前後してしまい、意図しない動作になるようなことを指しています。

例えば、オークションの仕組みを構築する場合を考えてみましょう。売り手が売りたいアイテムと売りたい金額をコントラクトに登録します。買い手は該当アイテムが欲しい場合に購入依頼をコントラクトに送信します。正常に動作する場合の流れは次の通りです。

オークションの流れ

前提条件：オークションコントラクト（AC）をデプロイする。

① 売り手（S）がACに売りたいアイテムを1 etherでACに登録する
② 買い手（B）はACにアイテムを購入するトランザクションを発行する
③ 売り手（S）はアイテムの金額を2 etherにするようにACの情報を更新する

結果：②→③の順番でトランザクションが取り込まれたので、買い手（B）はアイテムを1 etherで購入できた。

図9.1.2.1: オークションコントラクト

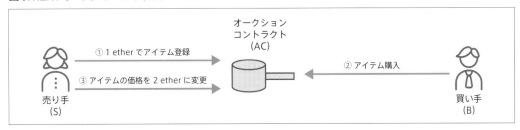

上記の処理のどこに問題があるのでしょうか。「Chapter 2 ブロックチェーン技術の理解」でブロックチェーンとは実時間と違う時間が流れていると説明しました。トランザクションは、その発行した実時刻がどうであれ、ブロックに取り込まれる順番でしか前後関係を把握できません。つまり、このケースでは、時系列が②→③の順番ではなく③→②の可能性もあります。

トランザクションがブロックに取り込まれる優先順位はどのように決定されるのでしょうか。ここで注目すべきはGasの存在です。すべてのトランザクションはGasを利用すると説明しましたが、Gasはブロック生成者の報酬になるため、各々のマイナーはGasが多いトランザクションを優先して取り込みます。そして、取り込んだ順番でState Treeにあるコントラクトの状態を変更します。

つまり、②で発生したトランザクションを売り手（S）が検知することができれば、即座に③のトランザクションをGasを多めにして発行することで、買い手（B）にアイテムを2 etherで売ることが可能です。

そもそも、トランザクションの順序はマイナーに依存するため、この問題をブロックチェーン上で防ぐ手立てはありません。このケースでは、Webアプリケーションなどを前段に配置して、金額の更新は現在発行されている購入トランザクションがすべて完了後に実施するなどの対策を取る必要があるでしょう。

Chapter 9 | アプリケーション設計の注意点

　金融業界では同様の問題をフロントランニングと呼びます。フロントランニングとは、顧客から売り注文が入った際に、売り注文が入ったことを証券会社が知ることで、事前に証券会社自らが売り抜けてしまうことを指します。トランザクションオーダー依存の問題は、このフロントランニングの状態を引き起こしてしまいます。

　また、トランザクションオーダー依存の問題は、トランザクションの送信アドレスが同一の場合には発生しません。トランザクションが発行するたびに、アカウントに紐付くnonceは1つずつインクリメントされます。同一アドレスからのトランザクションでは、このnonceで前後関係が判断されるため、意図しないトランザクションの順序入れ替えは発生しません。

9-1-3 タイムスタンプ依存

　ブロックのタイムスタンプに依存する処理を記述する際も最新の注意が必要です。ブロックのタイムスタンプはノードがブロックを生成した時刻です。トランザクション発行時の時刻ではないので、各ノードに依存してしまいます。もちろん、ノードのタイムスタンプが極端にずれることはありませんが、一定範囲内であれば、ノード運営者の裁量に任されています。

　例えば、クジ引きのコントラクトを考えてみましょう。投票者は3桁の数字を投稿しておき、ブロックのタイムスタンプ下3桁と一致した際に、当たりと判定して報酬を得られるとします。もしも、投票者の中にブロック生成を行うマイナーがいるとしたらどうでしょう。マイナーは意図したタイムスタンプのタイミングでブロックのマイニングを実行するように調整可能です。そうすれば、ブロック生成を行ったマイナーが、クジ引きを当てて報酬を得ることが容易です。タイムスタンプは、操作できる可能性があることを覚えておきましょう。

9-1-4 整数オーバーフロー

　符号なし整数で表現される変数は注意しないと、オーバーフローする可能性があります。例えば、アイテムの在庫を管理するコントラクトを考えてみましょう。在庫数をuint8で表現すると、最大値が255までになります。在庫を表す変数が255のときに1を足すと、オーバーフローして在庫が0になってしまいます。

　オーバーフローを避けるためには、符号なし整数の型を大きくするか、または最大数に達するかどうかをエラー判定する必要があります。

9-1-5 予期しないrevert

revertはコントラクトが失敗に終わった時に実行前に巻き戻す条件付きの処理です。しかし、悪意あるユーザーによって、巻き戻しが必ず実行されるようになる可能性もあります。ロジックには実行者の状態に依存する処理を含めることは避けるべきです。

コード9.1.5.1: 予期しないrevertを含むコントラクト

```
contract Auction {
    address currentLeader;
    uint highestBid;

    function bid() payable {
        require(msg.value > highestBid);

        require(currentLeader.send(highestBid));

        currentLeader = msg.sender;
        highestBid = msg.value;
    }
}
```

上記のコード例は簡単なオークションのコントラクトを表しています（コード9.1.5.1参照）。新しい入札者がbid()を呼び出した際の流れを説明しましょう。現在の最高入札金額よりも新しい入札者が送金した金額が大きいかを確認します。大きかった場合は現在の入札者に現在の入札額を返金します。返金後は、新しい入札者は現在の入札者となり、新しい入札者が送金した金額が現在の最高入札金額になります。

このロジックでは2つ目のrequireが問題になります。条件を満たさなかった場合、コントラクトの状態をトランザクション実行前に巻き戻します。もし、悪意のあるコントラクト経由で入札しており、返金処理が必ず失敗するのであれば、このコントラクトは必ずトランザクション実行前に巻き戻ります。つまり、誰も入札することができない状態となります。

このような状態を避けるために、ユーザーから能動的に返金を取得してもらうべきでしょう。いわゆる「Pull Payment System」と呼ばれるプル型の返金です。例えば、次に示すコード例に示す通り、各々のユーザーに対する返金額を保持しておき、その金額を返却します（コード9.1.5.2参照）。

Chapter 9 | アプリケーション設計の注意点

コード9.1.5.2: 返金処理を追加したコントラクト

```
contract Auction {
    address currentLeader;
    uint highestBid;
    mapping(address => uint) usersBalance;

    function bid() payable {
        require(msg.value > highestBid);
        // 現在の最高価格入札者の返金額を更新する
        usersBalance[currentLeader] += highestBid;
        currentLeader = msg.sender;
        highestBid = msg.value;
    }

    function withdraw() {
        require(usersBalance[msg.sender] > 0 );
        // 返金額を取得
        uint amount = usersBalance[msg.sender] ;
        // 返金
        assert(msg.sender.send(amount));
    }
}
```

9-1-6 ブロックのGas Limit

　各々のブロックにもGas Limitがあります。トランザクションは実行された結果と共にブロックに入りますが、ブロックのGas Limitを超える場合は必ずトランザクションは失敗します。

　例えば、配列をループする処理を実装していたときに、対象配列は悪意ある攻撃者が変更可能な状態にあると仮定します。配列サイズと処理内容を掛け合わせた状態をブロックGas Limitを超えるようにしておけば、ループの処理は必ず失敗します。これは悪意のある攻撃だけにとどまらず、意図せず記述してしまう可能性もあるので、ループ処理には細心の注意を払う必要があります。

9-1-7 強制的な送金

　前述の「9-1-1 リエントラント（再入可能）」で説明した、fallbackを使った脆弱性を利用すると、etherを送ることが可能ですが、実は他の方法でもetherを送信することが可能です。

258

コード例を下記に示します（コード9.1.7.1参照）。

コード9.1.7.1: etherをfallbackで受け取らない

```
contract Vulnerable {
    function () payable {
        revert();
    }

    function doSomething() {
        require(this.balance > 0);
        // この下のコードが実行される可能性があります
    }
}
```

　上記コード例では、送金時に動作するfallback関数内にrevert()を指定しているので、必ずトランザクション実行前の状態に戻ります。このコントラクトが持つ残高がゼロの場合、doSomething関数は残高をチェックしているので、その下の記述は実行されません。

　しかし、実はこのコントラクトに送金することは別経路でも可能です。それは、コントラクトを破棄するselfdestructを呼ぶことで実現できます。selfdestructは引数にアドレスを指定し、その時点でコントラクトが所持しているetherをアドレス宛に送ります。受け取り側がコントラクトでfallback関数を指定していたとしてもfallback関数は動作しません。また、コントラクトがデプロイされる前に、コントラクトのアドレスを予測して前もって送金することでも残高を増やすことができます。このような可能性に留意してロジックを実装しましょう。

Chapter 9 | アプリケーション設計の注意点

9-2

セキュリティを高めるための手法

　前項の攻撃手法の説明に引き続き、本項ではセキュリティを高めるライブラリを紹介します。「8-2 ERC20準拠のトークン作成」で利用したOpenZeppelinです。典型的な雛形が用意されているので、利用できるものは可能な限り使用しましょう。

9-2-1 OpenZeppelin

　OpenZeppelin[1]は、Solidityでセキュアなスマートコントラクトを作成する目的で作られた、基本的なスマートコントラクトのフォーマットを提供するライブラリ群です。Solidityで開発する上でのベストプラクティスであり、ERC20準拠のトークン、クラウドセールやオーナー権限など、さまざまな雛形が用意されています。

　スマートコントラクトはチューリング完全で自由度が高く、任意のプログラムを作成して実行することが可能です。しかし、自由度が高いことは反面、予期せぬ動作を発生させることにも繋がります。そこで、OpenZeppelinに沿って作成することで、不具合や抜け漏れなどの障害を抑えることが可能となります。

　特に、ユーザーから通貨を集めるもの、権限を管理するものなどには、細心の注意を払うべきでしょう。具体例をあげると、参加者から事業への投資を募り、見返りに事業で利用できるトークンを発行する、ICO（Initial Coin Offering）と呼ばれるものがあります。ICOは多額の資金を集めることになるので、万が一バグがあったら、第三者による資金の盗難や知らない場所への送金、引き出せなくなるなど、事業を脅かしかねない状況が発生するかもしれません。もちろん、人間なのでバグを100％消し去ることは無理かもしれませんが、可能な限りミスはなくすべきです。

　開発元であるZeppelin Solutions[2]は、セキュリティに関する具体的な設計指針を挙げています。その内容は「Onward with Ethereum Smart Contract Security[3]」として公開されています。

1　https://github.com/OpenZeppelin/zeppelin-solidity
2　https://zeppelin.solutions/
3　https://blog.zeppelin.solutions/onward-with-ethereum-smart-contract-security-97a827e47702

260

コントラクトの失敗は可能な限り早く失敗させ、かつ隠さない

コントラクトの状態を常に把握するように心掛けましょう。assertやrequireなどを使用して、常にチェックすることを心掛けましょう。

送金を引き出す機能を実装する

前節「9-1 スマートコントラクトへの攻撃手法と対策」で紹介したPull Payment Systemです。送金をコントラクト側から行ってしまっては、fallback関数内で悪意ある処理を実行されると、対処ができなくなってしまいます。

状態確認、影響確認、動作の各機能に分割して実装する

上述した第一の指針である「可能な限り早く失敗する」を実現する設計にも繋がります。Condition-Effects-Interactionパターンとも呼ばれます。まず、関数を実行する前に関数を実行するための条件が揃っていることを確認します。条件が揃っていなかったら処理を終了させます。続いて、状態を更新します。更新が実行されなかったらこの時点で処理を中断し、トランザクション前の状態に戻します。最後に他のコントラクトやユーザーへのメッセージを返却します。

EVMプラットフォームの制限に注意する

EVM（Ethereum Virtual Machine）プラットフォームの制限を把握しておきましょう。配列が255以上になると、配列のループは必ずGasが枯渇して終わります。また、開発者がまったく想定できない操作を行うのがユーザーです。予期しない値も入力されることを前提にして、明示的に最適な型を指定しましょう。

コールスタックには限界があります。EVMの仕様上、コールスタックは1024回までです。関数の処理にどの程度のスタックが必要なのか、常にコールスタックの限界を意識しましょう。

テストを書く

「8-2 ERC20準拠のトークン作成」で、Truffleフレームワークでのテストを説明しています。テストは必要以上にやっても損はありません。複雑なテストは設計が複雑化していることを認識させてくれますし、リファクタリングや機能追加でも手助けになります。必ずテストを書きましょう。

バグ報告機能と緊急停止機能を実装する

　深刻な不具合を発見することは重要ですが、どんな開発者でもすべての脆弱性を把握することは困難でしょう。そこでバグを発見したユーザーに報酬を払う仕組みを用意しておくと、バグ発見率が上がるはずです。バグ発見の報酬トークンを対価として支払ったり、コミュニティ内で何らかのインセンティブを付与するのも良い考えです。

　また、コントラクトは上書きできないので、緊急度が高いバグを発見した際は、一時的にメンテナンスモードにするなどの要望もあります。利用せずに済むのが一番ですが、非常時のためにコントラクトをデプロイしたオーナーは、いつでもプログラムを停止状態にできる機能を実装しておくと、万が一のときの甚大な被害を回避できます。

大量の資金を失うリスクを避けるため、デポジットの制限機能を用意する

　悪意ある攻撃者には愉快犯もいますが、実利を享受、例えば、盗みを主目的とする攻撃者が多い傾向にあります。攻撃対象は脆弱性がある、人気があるなど、さまざまですが、コントラクト上に多くの資産を保有しているプログラムが最も狙われやすいです。不用意に攻撃対象と認識されないためにも、コントラクトに預けるユーザーの資金量を制限する機能を実装するのは良い試みです。

ファイルを独立させてシンプルな実装にする

　一般的なプログラム言語と同様、モジュール構成でシンプルな実装を心掛けましょう。シンプルに小さくコードを記述することは、開発する上で理解の向上にも繋がります。関数は短く、コードの依存関係を最小限にすることが重要です。また、変数や関数は理解しやすい命名を心掛けましょう。

ゼロから書き上げず、OpenZeppelinのフォーマットを利用する

　OpenZeppelinは、安全なコントラクトを作成するベストプラクティスを提供しています。ゼロから実装することは開発者の楽しみですが、実績があり安全なコードがある場合は再利用することも選択肢の1つです。万が一、不具合があっても同じものを利用している開発者と知恵を出し合えます。個人的なライブラリより問題の解決も早いはずです。ただし、周囲が安全だからといって無条件に受け入れるのではなく、常に懐疑的な気持ちは忘れないようにしましょう。

9-2-2 Mythril

　MythrilはSolidity用のセキュリティ分析ツールです。コンパイル後のコードやSolidityのファイルから脆弱性を検知できます。なお、インストールにはPython 3系以上が必要です。インストールの方法はGithub[4]を参照してください。

　最新バージョンは0.8.6です。Solidityのコードを分析できます。前節で紹介した主な攻撃手法への脆弱性などを解析してくれます。また、GethにデプロイしたコントラクトのアドレスをMythrilで指定することで、デプロイしたコントラクトも分析診断が可能です。逆アセンブルしてスタックしたオペコードを直接確認でき、処理フローをグラフで表示することも可能です。

　スマートコントラクトの開発は念には念を入れたテストを実施し、攻撃は起き得るものと認識しましょう。もしも、攻撃が発生した場合は、コントラクトを緊急停止して、セキュリティ的に穴がないか、分析ツールで調べるなどの手段を講じる準備をしておきましょう。

4　https://github.com/b-mueller/mythril/

Chapter 9 | アプリケーション設計の注意点

9-3

ストレージの課題

　ブロックチェーンアプリケーションを実装する上で、アプリケーションが利用するデータをどのように保持するかは慎重に検討しなければなりません。本節では、アプリケーションが利用するデータの特性に応じた、データの保存場所を検討してみましょう。

9-3-1 データ保存の注意点

　ブロックチェーンに書き込まれた情報は、一旦ブロックに書き込まれると世界中の誰もが参照でき、後続のブロックが一定数繋がっていくほど改竄が困難になる特性があります。これはブロックチェーンのメリットでもある一方、いくつかの制約を持っています。

　具体例として、ソーシャルゲームをブロックチェーンアプリケーションとして実装するケースを考えてみましょう。このソーシャルゲームでは、ユーザーはゲームアイテムとしてのカードを所有でき、カードの育成や交換ができるものとします。

　まず、ブロックのデータは、世界中のノードすべてに対して共有されるデータとなるため、ほんの少しのデータであっても何重にもコピーされ、物理的なリソースを多く消費します。したがって、イーサリアムブロックチェーンの場合、ブロックにデータを書き込むためにGasという形で手数料を支払う必要があります。もし、ソーシャルゲームにおけるカードの画像ファイルなど、大容量のデータをブロックに書き込むと、大量の手数料を消費することになります。

　また、ブロックチェーン上に保存したデータを全ユーザーが参照可能であることは、データを外部に秘匿したい場合は不適切です。例えば、ソーシャルゲーム上でユーザー同士がチャット機能でやり取りした、プライベートなメッセージをブロックチェーン上に記録すると、全ユーザーがチャット履歴を参照できてしまうことになります。仮にデータを暗号化しても、将来的にその暗号アルゴリズムが破られ、解読されてしまうかもしれません。ブロックチェーン上に一度保存したデータを消去することはできないので、データの流出を防ぐ手段はありません。

　一度保存したデータが改竄できないという特性は、頻繁に更新されるデータには不向きな場合があります。例えば、ソーシャルゲームにおけるカードのレベルやステータスなどは、ゲームの進行に応じて頻繁に変更される可能性があります。こうした情報の更新すべてをブロックチェーン上に記録すると、

264

その存在証明や改竄耐性は高まるものの、多くの手数料を消費することになります。

したがって、ブロックチェーン上に保存すべきデータは、存在証明や改竄耐性が必要となる最小限の
データに留めることが望ましいでしょう。本項のソーシャルゲームの例では、例えば、アカウント情報
やカードの保持情報などです。それ以外のデータの保存は、本節で紹介する選択肢を検討して、最適な
ストレージを活用することが望ましいです。

9-3-2 ユーザーのローカルストレージ

個人の秘匿すべき情報や不特定多数が知る必要がない情報は、ブロックチェーン上に公開せず、ユー
ザーのデバイスのみに保存するのが好ましいでしょう。情報のセキュリティ区分次第ですが、これらは
非公開の安全な場所に保存しておくべきです。もしくは、そもそも、そのような情報を保持しないアプ
リケーション設計を考慮すべきかもしれません。

9-3-3 サービス提供者のデータベース

サービスを提供する場合は、頻繁に情報を変更することもままあります。

例えば、「9-3-1 データ保存の注意点」で例にしたソーシャルゲームでは、ゲームバランス調整のため、
運営側は日々カードのレベルや能力値などのステータスを変更することになります。また、キャンペー
ンの開催で複数のカードを安価で提供したり、ステータスの一時的変更も必要になります。

ごく少ない情報であれば問題はありませんが、複数の値を変更することは、そのたびにコストを要し
てしまいます。もしも、過去のどのタイミングで変更したのか記録する必要がない情報であれば、従来
のWebサービスと同様、リレーショナルデータベースの利用を検討すべきかもしれません。

9-3-4 分散ファイルストレージ

多くの人に向けて公開したいものの、ブロックチェーンに保存する必要のないデータは、分散ファイ
ルストレージを活用することが可能です。分散ファイルストレージとは、P2Pネットワークでファイル
を冗長化して保存するストレージです。ブロックチェーンと同様に動的な更新は難しいものの、すべ
てのノードに同じデータを保持するわけではなく、適切なレプリケーション数でファイルを保持するた
め、ブロックチェーンよりも安価にストレージを利用できます。

例えば、ソーシャルゲームで利用するカードの絵柄などの画像ファイルは、分散ファイルストレージに保存することで、アクセス負荷を分散させつつ、全世界にファイルを共有することが可能です。本項では、代表的な分散ファイルストレージとして、SwarmとIPFSを紹介します。

Swarm

イーサリアムオリジナルの分散ファイルストレージとして「Swarm」があります。分散ストレージプラットフォームでDDoS耐性があり、ゼロダウンタイムの特性を持ちます。ただし、現時点ではProof of Concept 0.2の段階で、2018年第2四半期に安定版が提供される予定です。また、ファイルの暗号化ができないため、秘匿したい情報はSwarm上に公開するのを避けるべきです。

Ethereumノードでネットワークを作り動作しているため、1台のホストがダウンしたところで停止することはありません。データを登録すると、データからハッシュ値を生成し返却します。このハッシュ値さえ知っていれば、いつでも該当データにアクセス可能です。

データからハッシュ値を生成するため、同一のデータは同一のハッシュ値になります。ハッシュ値は唯一のものとして扱われるため重複はなく、データに少しでも変更があると、違うハッシュ値になります。また、データは削除されず、過去バージョンも常に存在し続けるので、過去を遡ることが可能です。後述のIPFSと類似していますが、SwarmはEthereumのサービスとして開発され提供されているため、Ethereum Name Service[1]（ENS）との連携が考慮されており、名前解決の方法がIPFSと異なります。

IPFS（InterPlanetary File System）

IPFS[2]とはP2P型の分散ファイルストレージです。前述のSwarmと同様、一度書いてしまうと改竄できない特性を持っています。常にハッシュ値が変わるのは面倒なため、ファイルに対して名前解決するIPNSと呼ばれる機能が用意されています。実際にデータはP2Pネットワークのどこかのノードに保存されていますが、ファイル自体が暗号化されているためハッシュ値を知らない限り、データにアクセスすることができません。

IPFSはThe Permanent Webともいわれ、データの永続化やデータロスト対策には有用なサービスですが、欠点も存在します。応答速度が保証されないため、性能要件として「n秒以内にデータを返す」などが必要なケースでの利用は難しいでしょう。ブロックチェーンと同様、享受できるメリットがあれば利用し、そうでない箇所は既存、もしくは別の技術を利用することを検討しましょう。

1　https://ens.domains/
2　https://ipfs.io/

9-4 オラクルの利用

　アプリケーションの開発では、さまざまなAPIをリクエストしたい要求が出てきます。しかし、実はスマートコントラクトは、ブロックチェーンの外にある情報を取得できません。コントラクトが動作するEVM（Ethereum Virtual Machine）はブロックチェーン外とは遮断された状態にあります。情報を取り込むことは取り込みを行う者を全面的に信頼することに他ならないからです。

　イーサリアムはProof of Workによる分散合意アルゴリズムを使って、ブロックに書き込まれる情報の正当性を担保しています。誰かに依存する仕組みを作ってしまうのは、せっかくのトラストレスな仕組みを破壊しかねず、ブロックチェーンの思想と矛盾します。そのため、第三者を信用せずとも外部情報を取得する方法が考えられています。

　この問題を解決するための仕組みがオラクル（神託、神の言葉）と呼ばれるサービスです。一般的にオラクルはブロックチェーンの外の情報をコントラクト内にもたらすものとして定義されています。2017年11月に開催されたイーサリアムの開発者カンファレンス、Devcon3[1]では、3つのオラクル関連のプロジェクトが発表されています。本項では各プロジェクトの特徴を紹介します。

図9.4.1: オラクルの利用

9-4-1 BlockOne IQ

　BlockONE IQ[2]は、トムソン・ロイター社[3]が提供するサービスです。同社は通信社として、金融やリスク、税務会計、法律などの信頼できる情報を提供しています。これらの情報をイーサリアムや複数の金融機関が参加する団体R3 CEVで開発された「Corda」にオラクルとして提供しています。

1　Ethereum Developers Conference (Devcon3): https://ethereumfoundation.org/devcon3
2　https://blockoneiq.thomsonreuters.com/
3　https://www.thomsonreuters.com/

Chapter 9 │ アプリケーション設計の注意点

具体的な応用例としては、為替レートを取得してサービス内でユーザーのリスクを最小限にしたり、企業の動向情報から注目企業を選出し、監視対象にするなどの事例が考えられます。トムソン・ロイター自身が情報を提供する点で、情報の正当性を担保しています。

9-4-2 Chain Link

Chain Linkは、SmartContract社がブロックチェーン専門の研究機関であるIC3[4]と協力し、ブロックチェーンと外部を仲介するミドルウェアとして開発されているサービスです。

IC3が開発主導しているTown Crier[5]が提供する情報を、Chain Linkを介してブロックチェーン内に持ってくることが可能となります。また、ブロックチェーンから外部に対してもChain Linkネットワーク経由で、我々が日々利用している法定通貨の決済やVISAやPayPalなどの支払を含め、あらゆるAPIと接続することを目指しています。ChainLinkネットワークの機能は、LINKトークンと呼ばれる独自のトークンを利用して利用することを想定しています。

Town CrierはIntel Software Guard Extension（SGX）と呼ばれるIntel製プロセッサの保護領域を活用することで、EVMでの処理に改竄耐性を持たせることができ、情報の正当性を担保しています。また、Intel SGXによるハードウェア処理にコントラクト処理を移譲することで、処理性能の向上が見込めます。

9-4-3 Oraclize

Oraclizeはブロックチェーンと外部APIを接続するデータキャリアとして振る舞います。イーサリアム以外にもビットコインやRootstock、Cordaに対応しています。TLSNotaryと呼ばれる、「その時に確かに指定サーバが提供したデータである」ことを、暗号証明を使い情報の正当性を保証しています。

既にエストニア政府発行のIDとイーサリアムのアドレスを紐付けたサービスの提供などの実績があります。その他にもAndroid端末が最新の利用状況になっているかを証明したり、Oraclizeが開発したアプリケーションがハードウェアウォレットのLedger上で正しく動作していることを、第三者に証明するサービスも提供しています。

---

4 http://www.initc3.org
5 http://www.town-crier.org

Chapter 10

技術的課題と解決案

ブロックチェーン技術はまだまだ発展段階の技術であり、
実用的な運用には解決すべき技術的な課題が多く残されています。
ブロックチェーン技術における主要な課題を解説し、
現在提案されている解決案やその事例を紹介します。

Chapter 10 | 技術的課題と解決案

10-1

ファイナリティ

ブロックチェーン技術をさまざまな分野のシステムに応用することを考えるとき、しばしば「ファイナリティ」の課題に直面します。ファイナリティ（決済完了性：Settlement Finality）とは、金融分野における用語で、決済が最終的に完了し、取り消しが不可能となった状態を指します。本節では、ブロックチェーンにおけるファイナリティの概念とその課題を解説します。

10-1-1 暗号通貨決済の不可逆性

ビットコインをはじめとする暗号通貨技術は、特定の国家や企業による中央集権的な仕組みによらず、誰にも止められないEnd-to-Endの送金を実現するために発展してきました。したがって、暗号通貨によって成立した決済取引は、管理主体がいないため誰にも取り消すことができないとされています。

確かに、Proof of Workを用いたブロックチェーンに記録された取引を、特定の誰かが悪意を持って削除したり改竄したりすることは、現実的に極めて難しくなっています。

しかし、悪意を持った攻撃でなくとも、ネットワークの遅延やプログラムの誤作動などを原因とする、データの不整合が発生する可能性があります。実際、ビットコインのブロックチェーンでは、マイニングされたブロックが採用されず孤立してしまう「孤立ブロック」（Orphaned Block）は、年間50～60個程度が発生しており[1]、孤立ブロックに含まれるトランザクションも、いずれは新たなブロックに取り込まれる可能性が高いとはいえ、一度ブロックに取り込まれたトランザクションが無効になってしまうケースが存在することになります。

この事実から、ブロックチェーンを用いたシステムには「ファイナリティが存在しない」ともいわれ、堅牢な金融システムを構築する上での課題となっています。

10-1-2 分散システムにおける合意形成

ファイナリティの課題を分散システムの文脈で捉え直すと、「ブロックチェーン技術を用いて合意形成が実現できるか？」と言い換えることができます。

---

1 https://blockchain.info/ja/charts/n-orphaned-blocks

ここでの合意形成とは、複数のノードで構成される分散システムにおいて、システム全体でただ1つの状態が選択されることを表します[2]。下図ではx=aの状態とx=bの状態が混在しており、この状態では合意形成が為されているとはいえません。ここから、何らかの方法でxの値を全体で一致することができれば、合意形成が成立したといえます。

このとき、分散システムでの厳密な合意の定義に従えば、一度決定した値が後から覆ることがあってはなりません。直感的には、現在のシステムを構成している全ノードが1つの状態について一致していれば、「合意」が得られたと考えがちですが、将来に渡ってその状態が覆らない保証がない限り、分散システムで合意形成が成立したとはいえません。

この直感的な合意のニュアンスと、分散システムにおける合意の定義にギャップがあることも、混乱を招く原因となっています。

図10.1.2.1: 分散システムにおける合意形成

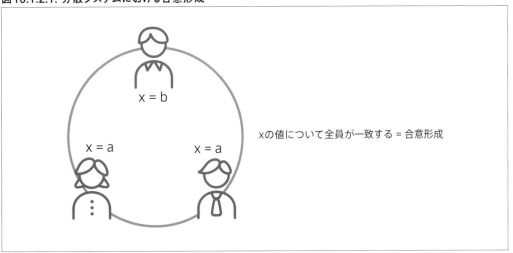

10-1-3 ブロックチェーンにおける合意

ブロックチェーンを用いた分散システムにおいて、何が合意の対象となるかを考えてみましょう。ブロックチェーンシステムでは、世界中の参加者がマイニングを行ない、新しいブロックを生成しています。ブロックのチェーンに対して古いブロックから順にブロック番号を割り当てると、マイニングは、最新のブロック番号の次に続くブロックを生成する作業だといえます。

---

2 Pease, M.; Shostak, R.; Lamport, L. (April 1980). "Reaching Agreement in the Presence of Faults". Journal of the ACM 27 (2): 228–234. http://research.microsoft.com/en-us/um/people/lamport/pubs/reaching.pdf

このとき、同じブロック番号で異なるブロックが同時に生成されることがあり得ます。ブロックにはそのブロックに含まれる取引から計算されるハッシュIDが付与されますが、新しいブロックには、マイニングした人が報酬を得るためのトランザクションが含まれるので、別の人がマイニングしたブロックのハッシュIDは必ず別の値となります。

すなわち、あるブロック番号に対して複数のブロックのハッシュIDが提案され、どれを選択するかというプロセスが、ブロックチェーンにおける「合意」だといえます。

図10.1.3.1: ブロックチェーンシステムにおける合意の対象

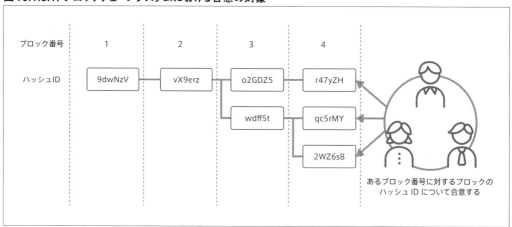

10-1-4 ビザンチン将軍問題

分散システムにおける合意形成の有名な問題として、「ビザンチン将軍問題」を紹介します。

ビザンチン将軍問題とは、n人の将軍が相互にメッセージを送り合うことで、「攻撃」か「撤退」かの作戦に合意する問題で、P2Pネットワークにおける合意形成をモデル化したものです[3]。このとき、n人の将軍のなかに、最大でf人の裏切り者が存在することが分かっています。裏切り者は将軍たちの合意形成を失敗させる動きをします。この制約条件でも、正しく合意形成が可能かどうかを問う問題がビザンチン将軍問題です。

ビザンチン将軍問題における裏切り者は、分散システムでは「故障」ノードを表す存在です。分散システムでは、システムを構成するノードが多くなり、単一システムに比べて故障点が多くなるため、ど

3　Lamport, L.; Shostak, R.; Pease, M. (July 1982). "The Byzantine Generals Problem". ACM Transactions on Programming Languages and Systems 4 (3): 382–401. http://research.microsoft.com/en-us/um/people/lamport/pubs/byz.pdf

こかのノードが故障することを予め考慮したシステム設計が必要となります。

　一般的なノードの故障では、ノードが一時的に応答しなくなる、再起不能になるなどの状況を想定しますが、ビザンチン将軍問題では、故障したノードがどのような挙動をするか、何の前提もない状況を考えます。例えば、故障ノードがデタラメな応答をするだけでなく、システム全体が停止してしまいかねない応答を意図的に行なったり、複数の故障ノードが結託してシステムを停止させる挙動を示す可能性まで考慮します。こうした故障モデルを「ビザンチン障害」と呼ぶこともあります。

図10.1.4.1: ビザンチン将軍問題

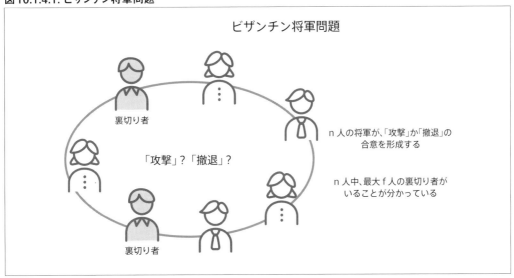

10-1-5 ビザンチン将軍問題の解

　前項で紹介したビザンチン将軍問題は、裏切り者の数fが、全体の3分の1未満（n > 3f）であれば解くことが可能と分かっています。

　次図に、n = 3、f = 1 の場合におけるメッセージの伝達を例示します（図10.1.5.1参照）。ビザンチン将軍問題はすべての将軍が対等である必要はなく、ある将軍が作戦を提案して他の将軍がその作戦を実行する、「司令官と副官」問題に変形できます。

　前提条件として、3人の将軍のうち最大1人が裏切り者であることが分かっているので、副官の1人（副官A）が裏切り者の場合と、司令官が裏切り者の場合に分けて考えます。

図10.1.5.1: n = 3, f = 1の場合、副官Bは攻撃か撤退かを決定できない

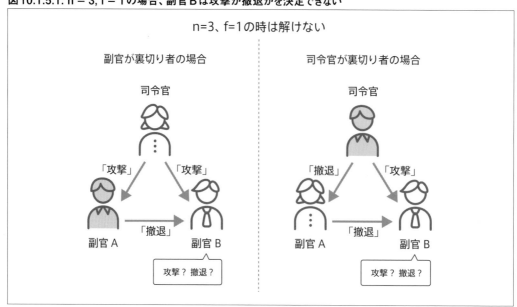

　まず、副官Aが裏切り者の場合、司令官が作戦を発案し、「攻撃」の作戦を副官Aと副官Bに伝えます。
副官Bは、3人のうち1人が裏切り者であることを知っているので、司令官が嘘の作戦を伝えている可能性があると考え、副官Aに対して司令官から受け取ったメッセージを確認します。
　問い合わせに対して、裏切り者である副官Aは合意形成を妨害するため、司令官から受け取ったメッセージとは異なる「撤退」の作戦を副官Bに伝えます。
　副官Bは、司令官と副官Aから受け取ったメッセージがそれぞれ異なるため、どちらの作戦を実行すればよいか分からなくなります。

　続いて、司令官が裏切り者の場合を考えてみましょう。裏切り者の司令官は合意形成を妨害するため、副官Aには「撤退」、副官Bには「攻撃」と、それぞれ異なる作戦を伝えます。副官Bは先ほどと同様に、副官Aに対して司令官から受け取ったメッセージを確認します。
　問い合わせに対して、副官Aは司令官から「撤退」のメッセージを受け取っているので、そのまま副官Bに「撤退」の作戦を伝えます。

　上記のいずれの場合も、副官Bは司令官と副官Aから異なるメッセージを受け取り、どちらの作戦を実行すればよいか分かりません。また、副官Bからは、司令官が裏切り者の場合と副官Aが裏切り者の場合とで、受け取るメッセージの内容は同じで、どちらが裏切り者であるかを区別できません。

　この状況は、裏切り者でない副官がもう1人参加することで解消できます。次図に、f = 1 かつ n = 4 におけるメッセージの伝達を示します（図10.1.5.2参照）。

図10.1.5.2: f = 1のとき n = 4以上であれば、合意形成できる

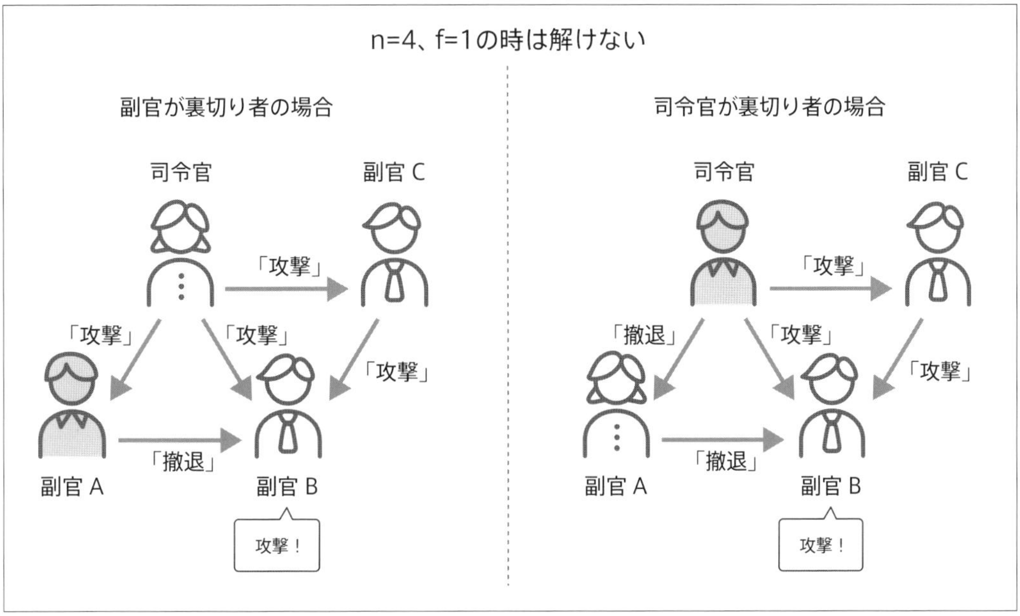

まず、副官Aが裏切り者の場合、司令官は副官A、副官B、副官Cに対して「攻撃」の作戦を伝えます。

副官Bは、司令官が裏切り者である場合に備えて、副官Aと副官Cに対してメッセージを確認します。副官Aは合意形成を妨害するために、司令官から受け取ったメッセージとは異なる「撤退」の作戦を副官Bに伝えますが、副官Bは副官Cからもメッセージを受け取ります。副官Cは裏切り者ではないので、司令官から受け取った「攻撃」の作戦をそのまま副官Bに伝えます。

結果として、副官Bは攻撃のメッセージを2人から受け取り、撤退のメッセージを1人から受け取ることになり、多数決によって「攻撃」の作戦に合意できます。

続いて、司令官が裏切り者の場合、裏切り者の司令官は合意形成を妨害するため、各副官に異なる作戦を伝えます。例えば、副官Aには「撤退」、副官Bと副官Cには「攻撃」の作戦を伝えます。

副官Bは、副官Aと副官Cに受け取ったメッセージを確認し、「攻撃」のメッセージを2人、「撤退」のメッセージを1人から受け取り、多数決で「攻撃」の作戦に合意できます。

なお、裏切り者の司令官がメッセージをいつまでも副官に伝えなかったり、「攻撃」と「撤退」以外のメッセージを送って混乱させる状況もあり得ますが、その場合は副官の多数決アルゴリズムにデフォルトの作戦を予め設定しておくことで、合意を形成できます。

裏切り者が2人以上となった場合でも、上記のメッセージ確認の手順を再帰的に実行することで、最終的に全体の合意形成に至ることができます。

10-1-6　オープンなブロックチェーン基盤の制約条件

　前項で説明した通り、ビザンチン将軍問題では、システム全体のノード数（n）に対して、ビザンチン障害が発生するノード数（f）が3分の1未満であれば（n＞3f）、システム全体での合意形成が可能であることが分かります。
　一方、ビットコインやイーサリアムなどのブロックチェーン基盤を含む、オープンなP2Pネットワークでは、このビザンチン将軍問題における前提がそもそも成立しません。

　まず、オープンなP2Pネットワークでは、管理者が存在せず、任意のノードが自由に参加できるため、全体のノード数（n）を事前に把握できません。また、悪意を持った参加者が1人で大量のアカウントを発行[4]することで、不正を働くノードを大量に参加させることが可能なので、不正ノードの最大数（f）に制約を持たせることもできません。
　したがって、これまで発明されたP2P方式のサービスの多くは、不正利用への対応が困難であり、P2P方式のサービス普及が進展しなかった原因の1つでもあります。

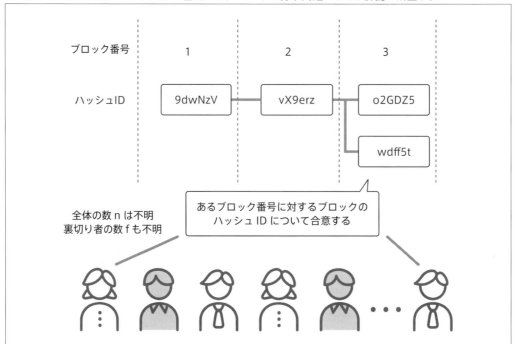

図10.1.6.1: オープンなブロックチェーン基盤では、ビザンチン将軍問題における前提が成立しない

4　一般的に、シビル攻撃（Sybil Attack）と呼ばれます

10-1-7 Proof of Workとナカモトコンセンサスによる現実解

サトシ・ナカモトが提案したビットコインのアイデアでは、Proof of Workと「ナカモトコンセンサス」と呼ばれるアルゴリズムによって、オープンなP2Pネットワークにおける合意形成問題に現実的な解をもたらしています。

　前述の「10-1-3 ブロックチェーンにおける合意」で解説した通り、ブロックチェーンにおける合意の対象は、あるブロック番号に対するブロックのハッシュIDを一意に決定することです。
　下図に示す通り、ハッシュID［o2GDZ5］のブロックとハッシュID［wdff5t］のブロックが、ブロック番号3のブロックとして提案されている状況を仮定します（図10.1.7.1参照）。
　このとき、いずれのブロックを選択したかは、ブロック番号4の新しいブロックをブロードキャストすることによって表明されます。すなわち、ブロックチェーンでは、あるブロック番号のブロックを選択する行為と、次のブロック番号のブロックを提案する行為が、同時に行われます。

　ナカモトコンセンサスでは、ブロックチェーンが分岐した場合、チェーンの長さが最も長く続くものを採用するルールとなっています。ブロック番号3の［o2GDZ5］のブロックは、後続に［r47yZH］のブロックが作成されたため、暫定的に正しいブロックとして「選択」されています。

図10.1.7.1: ブロックチェーンにおけるブロックの選択と提案

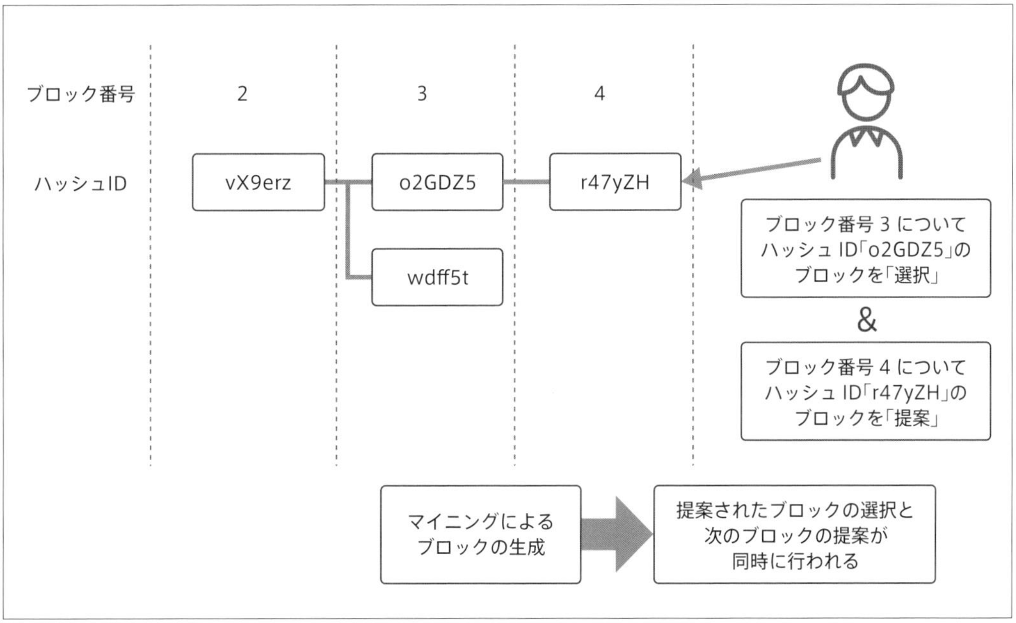

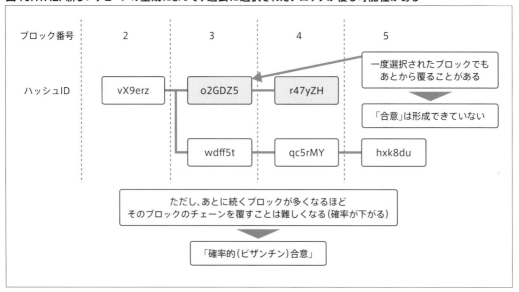

図10.1.7.2: 新しいチェーンの生成によって、過去に選択されたブロックが覆る可能性がある

　しかし、上図に示す通り、ブロック番号3の[wdff5t]の後続に、ブロック番号4とブロック番号5の新たなブロックが作成されれば、そちらの新しいチェーンが採用されるため、ブロック番号3の[o2GDZ5]のブロックは一度選択されたにも関わらず、あとから無効化されてしまうことになります。
　したがって、ブロックチェーンのブロックは、厳密な分散システムにおける意味での合意形成は成立していないことになります。

　ただし、ブロック生成にProof of Workのプロトコルを用いると、ブロック生成が大量の計算リソースを消費するため、ブロックのチェーンが長くなればなるほど、過去のブロックを覆す新しいチェーンが発生する可能性は低くなります。このため、あるブロックに続くブロック数を「承認数」とも呼び、ブロックが否定される確率は承認数が増えるほど下がっていきます。
　イーサリアムの提唱者であるVitalik氏[5]の試算では、仮に全計算リソースの25%が悪意のある参加者で占められた場合、25%の計算リソースだけで、残り75%が生成するチェーンを追い越すことができる確率は、6承認の場合で（0.25 / 0.75）[6] ≅ 0.00137（0.137%）となり、13承認では約百万分の1、162承認で2の256乗分の1の確率となります[6]。

　この通り、厳密に100%の確定ができなくとも、過去の選択を覆すことができる確率が0へと収束していく合意形成を、「確率的合意」もしくは「確率的ビザンチン合意」と呼ぶこともあります。

5　Vitalik Buterin (May 9th, 2016) On Settlement Finality:
6　https://blog.ethereum.org/2016/05/09/on-settlement-finality/

ただし、ここでの「確率」は、単に攻撃するための難易度が上昇することの表現として使われている言葉であり、厳密な意味での確率ではないことに注意してください。実際には、悪意を持った参加者が攻撃の意志を持って大量の計算リソースを投入すれば、過去のブロックを覆すことが可能です。

10-1-8 ファイナリティの追求

ビットコインのブロックチェーンの場合、ブロックが生成される平均間隔が10分であり、ある送金取引の出力を別の取引に使うためには6承認待ち、新しいブロックの生成報酬を取引に使うためには100承認待つルールで、確率的ビザンチン合意に基づく送金システムとして実用的に動作しています。

一方、確率的にゼロへ収束するとはいえ、非決定的なトランザクションを決済手段に用いることが受け入れがたいケースや、複数の承認を得るまでは次の取引に使用できないデメリットが問題となるケースもあります。

こうしたケースには、トランザクションが確定的なファイナリティのあるシステムを、パーミッションドなブロックチェーン基盤として構築することも可能です。パーミッションドなブロックチェーン基盤に関しては、「4-3 エンタープライズプラットフォーム」を参照してください。

ただし、ファイナリティのあるシステムの構築は、システムを構成するノード数や信頼性に制限が必要であり、それらの管理コストやシステムの中央集権化などのデメリットとトレードオフであることには注意が必要です。

Chapter 10 | 技術的課題と解決案

10-2

Proof of Workプロトコルの拡張

　Proof of Workプロトコルを用いた確率的合意に基づく送金システムは、ビットコインで初めて運用され、その実用性が証明されています。一方、実運用では、Proof of Workプロトコルのさまざまな課題が浮き彫りとなり、課題を解決する拡張や代替手段も数多く提案されています。本節では、ブロックチェーン技術におけるProof of Workプロトコルの拡張を紹介します。

10-2-1 Proof of Workの課題

　ビットコインのProof of Workに用いているアルゴリズムは、SHA-256と呼ばれる暗号学的ハッシュ関数を用いて、新しいブロックのハッシュ値がある値以下になるブロックを発見する、というものです。ここで利用されているSHA-256関数は、Secure Hash Algorithmシリーズの暗号学的ハッシュ関数であり、インターネット上のセキュアな通信や、デジタル署名などの汎用的な目的のために作成されたアルゴリズムです。したがって、計算コストが掛からない設計であり、Proof of Workにおける作業として、計算リソースを投入したことの証明に用いるには不向きな関数といえます。

　SHA-256は単純なシフト演算を繰り返すことで実現でき、複雑な条件分岐が必要とされないため、CPUよりも高速なGPUを用いて実現可能です。
　GPUは、グラフィック処理に用いられるハードウェアで、画像や動画などのベクトルデータを並列で処理可能です。GPUには、CPUとは比較にならないほど大量のコアが搭載されており、1つのユニットに数百ものコアが搭載されています。その代わり、1つのコアで処理できる命令には制限があり、複雑な分岐処理などはできませんが、行列計算など大量のデータに対して単純な計算を繰り返す処理に適しています。GPUは元来、グラフィック処理を目的とするハードウェアですが、グラフィック処理と同様の特徴を持つ、自然科学のシミュレーション計算や機械学習での学習計算などに応用されています。

　GPUを用いてビットコインのマイニングを高速化できることは、ビットコイン登場当初から指摘されていましたが、リリース当初はまだビットコイン自体にそれほど価値がなく、GPUでマイニングするほどのモチベーションはありませんでした。しかし、ビットコインの価値が上がり、その価格が上昇すると、ビットコインのマイニングで利益を生み出そうと、GPUでマイニングされ始めました。
　2013年初頭には、ビットコインのマイニング専用に開発されたハードウェアを販売する業者が登場し、専用ハードウェアによるマイニングの時代となります。特定の計算処理に特化して高速化を図る集

280

積回路はASICと呼ばれますが、ビットコインのマイニングに必要なSHA-256の計算は、ASICによる実装が比較的簡単なため、またたく間に普及します。

また、ASIC BOOSTと呼ばれる、SHA-256とビットコインのブロックデータ構造に最適化した手法を用いることで、さらなるマイニングの高速化も可能となりました[1]。

ASICによるマイニング競争が始まることで、さまざまな問題が露呈します。

まず、専用のハードウェアによるマイニングが前提となることで、一般的な利用者がマイニングに参加するハードルが高くなり、マイニング参加者の偏りが生じます。特にビットコインでは、マイニングに大量の電力を消費するため、電気代が安く多くの資本を持つ中国に集中しています[2]。マイニングの偏りは、P2P方式による非中央集権的なシステムを目指す暗号通貨の思想にも反するため、多くのコミュニティが専用ハードウェアによるマイニングが課題だと考えています。

また、専用ハードウェアによるマイニングが主流となると、システムのアップデートに関する合意が困難になるデメリットがあります。2017年7月にアクティベートされたビットコインの仕様変更SegWitは脆弱性を解消する修正ですが、承認に1年以上の期間を要しています。

その原因の1つは、SegWitの適用でブロックの仕様が変更されると、古いブロックの仕様に最適化されているASIC BOOSTを用いたマイニングができなくなるため、一部のマイナーたちが採用を拒み続けたのではないかといわれています[3]。

10-2-2 Proof of Workアルゴリズムの拡張

ビットコインのマイニングに関わる課題の多くは、Proof of Workのアルゴリズムに汎用的な暗号学的ハッシュ関数SHA-256を流用していることに起因しています。そのため、SHA-256以外のアルゴリズムを用いるProof of Workの仕組みが数多く提案され、ビットコイン以外のアルトコインで採用されています。次表に、代表的なProof of Workアルゴリズムと、採用している代表的なコインを示します（表10.2.2.1）。

SHA-256以外のアルゴリズムでは、専用ハードウェアによる高速化を不可能とするための工夫が多く取り入れられています。例えば、Litecoinが採用しているScryptやEthereumが採用しているEthashなどは、ハッシュ計算に多くのメモリを必要とするアルゴリズムを使用しています。専用ハードウェアの計算速度に追従できる高速なメモリを大量に搭載すると、ハードウェアそのものの単価が高騰し、事実上マイニング用途として割に合わなくする戦略です。

---

1 https://arxiv.org/ftp/arxiv/papers/1604/1604.00575.pdf
2 2018年1月、中国当局よりビットコインのマイニング活動の停止命令が出されるなど、中国での規制が強化されています。
3 https://medium.com/@jimmysong/884f11652b89

Chapter 10 | 技術的課題と解決案

　しかし、残念ながら、Scryptの場合は比較的安価な専用ハードウェアが開発されたため、当初の目的を達成できなくなりました。そのため、リリース当初Scryptを採用していたMonacoinは、専用ハードウェア耐性を持つ、Lyra2REv2にアルゴリズムを変更しています。

　EthashやLyra2REv2は、GPUによるマイニングが最もコストパフォーマンスが高くなるアルゴリズムですが、CPUによるマイニングが適したアルゴリズムもあります。Moneroで採用されているCryptoNightは、CPUとGPUによるマイニング効率がほぼ同等であり、事実上CPUによるマイニングが主流となっています。
　一見、CPUに最適化されたアルゴリズムが、これまで露呈した課題を解決できそうですが、CPUによるマイニングは、特定のWebサイト上にマイニングプログラムを設置し、サイトを訪問したユーザーのコンピュータリソースを勝手に利用してマイニングを行うボットとして悪用されやすい、デメリットもあります。ブラウザ上で動作するプログラムとしてマイニングを行うCoinHive[4]などは、Webサイトの収益源として、広告の代替となるとも期待されていますが、悪用をどのように防ぐかは未だ解決されていません。

　また、DASHに採用されているX11は、複数のハッシュ関数を組み合わせてセキュリティを向上させる目的で提案されたアルゴリズムです。実際、SHAシリーズのSHA-1アルゴリズムは、現在では脆弱性が発見され、利用は非推奨となっています。今後、現在利用されているハッシュ関数に脆弱性が発見され、セキュリティリスクが発生する可能性もあります。X11では、11種類のハッシュ関数を組み合わることで、1つのハッシュ関数アルゴリズムが破られても、セキュリティを担保できる仕組みとなっています。

表10.2.2.1: 代表的なProof of Workアルゴリズムと採用コイン

Proof of Work アルゴリズム	特徴	代表的なコイン
SHA-256	一般的なハッシュ関数であり、計算アルゴリズムが単純なため、専用ハードウェアによる高速化が可能	Bitcoin
Scrypt (エス・クリプト)	多くのメモリを必要とすることで専用ハードウェア耐性をもたせようとしたが、現在では専用ハードウェアが登場	Litecoin
Ethash (イーサハッシュ)	DAGと呼ばれる構造のデータをメモリ上に展開するため、専用ハードウェアの作成が困難。GPUによるマイニングが主流	Ethereum
X11	11種類のハッシュ関数を組み合わせてセキュリティを強化	DASH
Lyra2REv2	複数のハッシュ関数を組み合わせ、多くのメモリを使用するため、専用ハードウェアの作成が困難。GPUによるマイニングが主流	Monacoin
CryptoNight	大量のメモリアクセスを必要とするため、専用ハードウェアの作成が困難であり、CPUとGPUによるマイニング効率が比較的同等	Monero

---

4　https://coinhive.com/

282

10-2-3 Proof of Stake

前項までProof of Workに用いるアルゴリズムの改良を紹介しましたが、Proof of Workプロトコル自体が抱える課題も指摘されており、その代替手段として提案されているものがProof of Stakeです。

Proof of Workプロトコル自体が抱える課題とは、マイニングに用いる計算リソースを無限に投入できてしまうため、際限のないマイニング競争に陥ってしまうことです。

下図にProof of Workにおけるマイニング競争の課題を示します（図10.2.3.1参照）。Proof of Workプロトコルでは、すべての参加者が同じ難易度の作業を大量に行い、最初に新しいブロックを生成して承認されるかを競います。このとき、ブロックの生成は1つの作業につき、同じ確率で成功しますが、ブロックが生成できるまでの平均的な作業量を10と仮定すると、その作業を誰が一番早く終わらせられるかの競争と言い換えられます。

作業するハードウェアや計算リソース量に制限は設けられていないため、他よりも早く作業を終わるには、より多くの計算リソースを投入したり、GPUやASICなどハードウェアに投資するなど、作業速度をあげようとします。

図10.2.3.1: Proof of Workプロトコルにおける際限のないマイニング競争

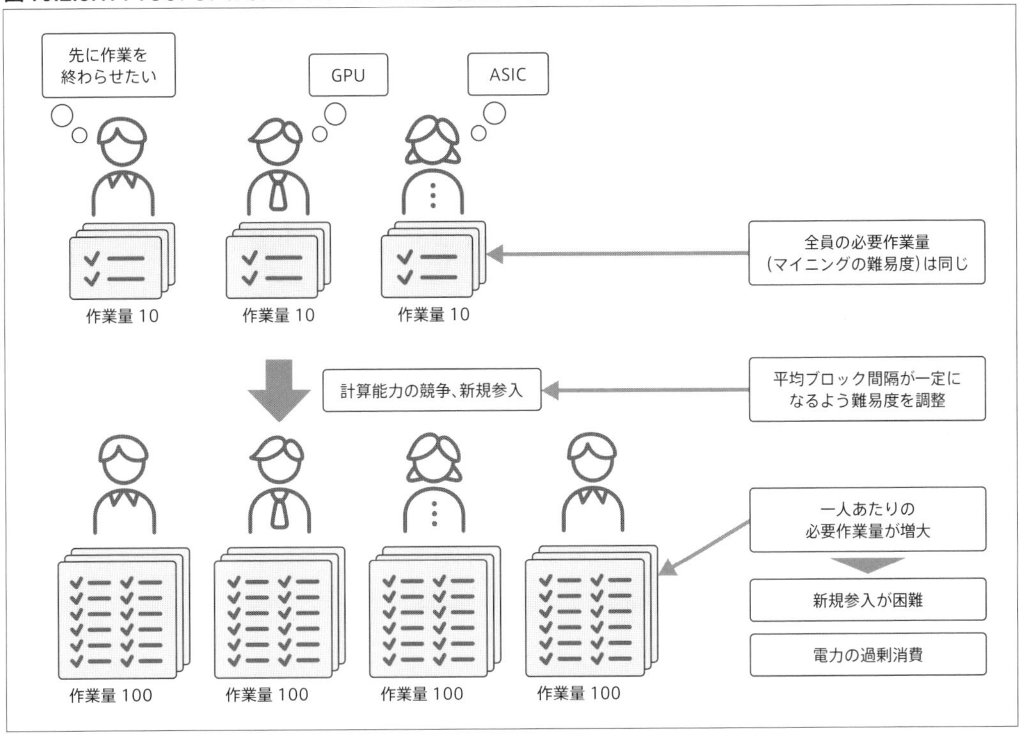

マイニング競争で参加者全員の計算リソースが向上すると、ブロックの平均的な生成間隔を維持するため、作業の難易度が自動的に調整されます。つまり、新しいブロックを生成するために必要な作業量が増大します。しかも、その作業量はすべての参加者にとって同じだけ必要なため、必要な作業量が増えれば増えるほど、新規参入の障壁が高くなります。

また、システムが消費するエネルギーは作業量×マイニング参加者であるため、より多くの参加者がより多くの計算リソースを投入することで、システム全体で消費するエネルギーが飛躍的に増加します。消費されるエネルギーは、化石燃料や原子力など限られた資源によって賄われており、過剰な資源の消費は持続可能なシステムの構築では、大きな問題となります。

Proof of Workの根本的な技術的課題は、マイニングの難易度が全利用者で不変であることといえます。そこで、Proof of Stakeと呼ばれるプロトコルでは、マイニング参加者ごとにマイニングの難易度を調整し、過度な計算リソースの競争を抑制しようとします。

下図に、Proof of Stakeにおける動的な難易度調整のイメージを示します（図10.2.3.2参照）。すべての参加者の作業量は最低単位の1に固定され、その作業の難易度が参加者ごとに動的に設定されます。この難易度調整によって、新規参加者が増えても必要な作業量が爆発的に増えることなく、システム全体のエネルギー消費を抑えることが可能です。

図10.2.3.2: Proof of Stakeプロトコルにおける動的な難易度調整

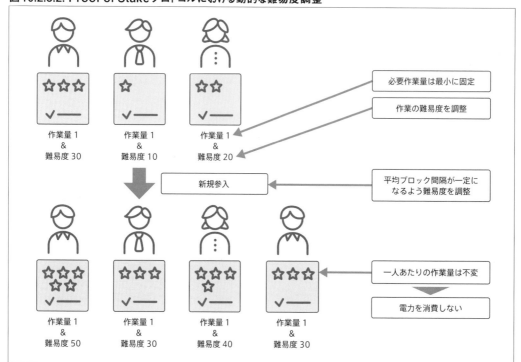

参加者ごとの難易度調整には不正が行われないよう、改竄不可能な値として設定される必要があります。シンプルなProof of Stakeプロトコルでは、参加者の現在保持しているコイン量とその保持期間を乗算して求める「Coin Age」を用いて、Coin Ageが高い参加者ほど新しいブロックを生成しやすくなるアルゴリズムが提案されています。

ちなみに、Proof of Stakeを採用したブロックチェーンでは、新しいブロックを生成する行為はマイニングではなく、鋳造（ForgingやMintingなど）とも呼ばれます。

なお、シンプルなコインの保持量だけで鋳造の難易度を調整するProof of Stakeでは、実運用に向けていくつかの課題があることが指摘されており、実運用されるProof of Stakeでは、それぞれのシステムで独自の工夫が施されていることが多々あります。

10-2-4 Proof of Stakeのコイン流動性

Proof of Stakeの課題としてまず直感的に考えられるのが、コインの流動性の問題です。多くのコインを長時間保持するほど、手数料やマイニング報酬を得られる可能性が高まるため、多くの参加者がコインを溜め込み、決済手段として利用されない問題です。

この問題に対しては、保持期間が古いコインの重みを下げるProof of Stake Velocityや、アカウントが消費したコイン量が多いほど高くなる「重要度」を指標とするProof of Importanceなど、Proof of Stakeの発展系が提案されています。

下図に、Proof of Workと比較した場合の、Proof of Stake系の難易度計算方法の分類を示します（図10.2.4.1参照）。

図10.2.4.1: Proof of WorkとProof of Stakeにおけるマイニング難易度の分類

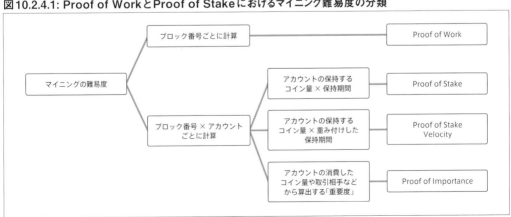

10-2-5 Nothing at Stake問題

Proof of Workの場合はマイニングに投入できる計算リソースには限りがあるため、ブロックが複数に分岐したときは、どちらかのブロックを選択してマイニングを行う必要があります。また、マイニングしていたブロック以外のブロックに後続ブロックが生成されたとき、マイニングしていたブロックは破棄される可能性が高いため、即座に新しいブロックからマイニングを開始することがが合理的な行動となります。

一方、Proof of Stakeでは、新しいブロックの計算にほとんどリソースを消費しないため、複数のブロックが分岐した場合でも、すべてのブロックに対してマイニングを行うことが可能です。結果として、ブロックが分岐した場合に、分岐を1つに絞り込むインセンティブがなく、ブロックが無限に分岐していく懸念があります。この問題はNothing at Stakeと呼ばれます。

この問題に対処するため、あらかじめProof of Stakeの中に、採用されなかったブロックのマイニングを行った場合のペナルティを課すプロトコルなどが提案されています[5]。

10-2-6 Proof of Stakeの改竄リスク

Proof of Stakeではブロック生成に大量のハッシュ計算が必要ないため、過去の時点から遡ってブロックを生成し直すことが比較的簡単に実現可能です。極端な例では、最初のブロックを生成した時点では、そのブロックを生成したアカウントが100%のコインを保持していることになるため、次のブロックはそのアカウントが自由に生成できることになります。その後、どれだけ長くチェーンが続いていても、最初のブロックを生成したアカウントが、最初のブロックから新しいチェーンをいつでも生成し直すことができてしまいます。

このため、イーサリアムなど段階的にProof of Stakeに移行する方針を採用しているコインでは、リリース時にはProof of Workなどの方法を用いてコインを分散させ、世界中にコインがある程度分散されたタイミングでProof of Stakeに移行することで、コインの集中による改竄リスクを解消しようと試みています。

また、初めて100% Proof of Stakeの仕組みを導入しているNxtでは、過去720ブロック以前のブロックから新しいチェーンを生成することが禁止されており、過去のブロックから改竄されるリスクを排除しています。

---

5 https://blog.ethereum.org/2014/11/25/proof-stake-learned-love-weak-subjectivity/

10-3

ブロックチェーンの
パフォーマンス課題

　ブロックチェーン技術の活用で最も議論されているのは、パフォーマンスの問題です。本節では、ブロックチェーンを用いたシステムが抱えるパフォーマンス課題を分類し、現在提案されている解決策や事例を紹介します。

10-3-1　求められるパフォーマンス

　現在のオープンな暗号通貨システムが処理できる取引量は、既存の金融システムと比較すればかなり低い水準に留まっています。例えば、1秒間に処理できる平均的な取引量は、2018年2月現在の仕様で、ビットコインの場合で3〜7トランザクション、イーサリアムでは10〜20トランザクションとされています。

　クレジットカードVISAでの秒間平均である約1,700トランザクションや、PayPalの約200トランザクション[1]と、この数値を比較すれば、国際的な取引でオープンな暗号通貨が用いられるには、かなりのパフォーマンス向上が必要とされることが分かります。

ブロックの仕様上の制約

　ブロックチェーンを用いたシステムのボトルネックとして第一にあげられるのは、ブロック仕様による制約です。ビットコインブロックチェーンの場合、ブロックの上限サイズが1MBまでと決められており、ブロック生成は平均で10分に1回行われます。1トランザクションを250バイトと見積もれば、最大取引量は秒間7トランザクションとなります。

　この上限を引き上げるには、ブロックサイズを拡張するかブロック間隔を短くする、またはトランザクションサイズを小さくするかのいずれかが必要となります。

　ただし、この制約をクリアしただけでは、パフォーマンスを劇的に向上させることはできません。実際、イーサリアムのブロックサイズに上限はありませんが、現在の処理能力では秒間10〜20トランザクション程度に留まっています。これは、ブロックチェーンの仕組みがすべてのノードで同じ処理を実行する構成であり、スケーラビリティに乏しい仕組みであるからです。

1　http://www.altcointoday.com/bitcoin-ethereum-vs-visa-paypal-transactions-per-second/

スケーラビリティ問題

　スケーラビリティとは、システムが処理すべきタスク量の増大に対応可能かどうかを示す特性です。スケーラビリティを実現するアプローチとしては、下図に示す通り、スケールアップとスケールアウトのアプローチがあります（図10.3.1.1参照）。スケールアップはサーバの処理能力を向上させる方法で、スケールアウトは複数のサーバを用いてタスクを分散処理する方法です。

　ただし、スケールアップによる性能向上は物理的な限界があるため、分散システムではスケールアウトでパフォーマンスを向上できるアーキテクチャを採用することが一般的です。

　ブロックチェーンを用いたシステムもP2Pネットワークにおける分散システムの1つですが、現在のブロックチェーン技術の仕様では、すべてのノードが同じ状態を持ち（State Replicated）、同じ処理をします。したがって、ブロックチェーンに参加するノードが2倍に増えても、1ノードが処理するタスクは減らず、スケールアウトによる性能向上は実現できません。

図10.3.1.1: スケールアップとスケールアウトによる性能向上

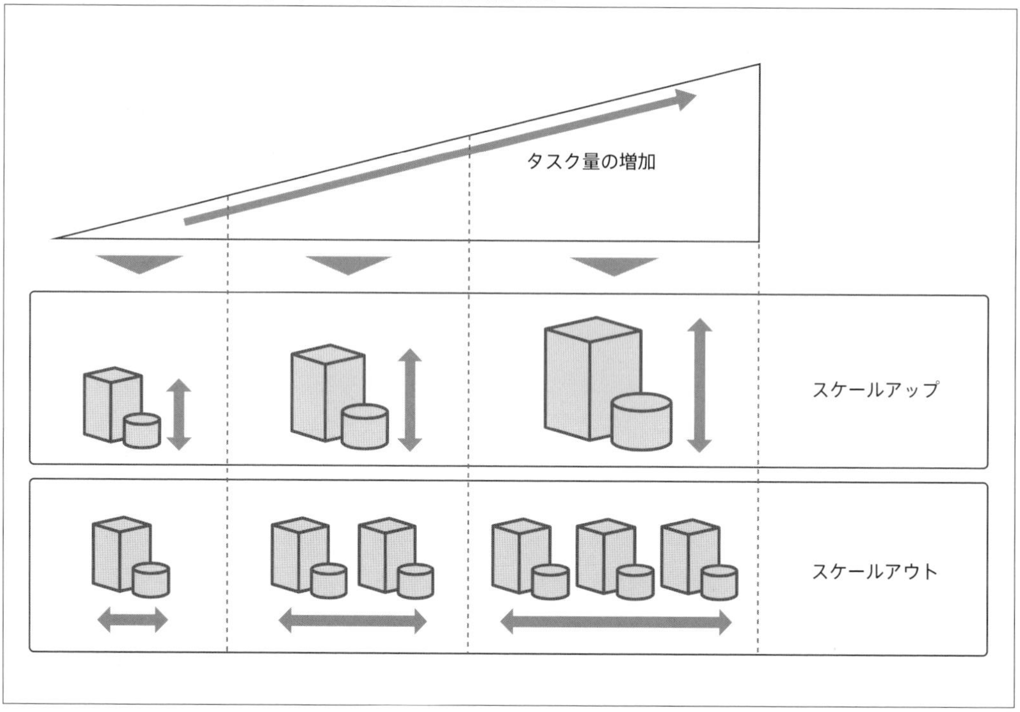

10-3-2 データ構造の最適化によるパフォーマンス向上

　本項では、ビットコインやイーサリアムを中心に、パフォーマンス課題を解決するソリューションとして提案されているソリューションを紹介します。まずは、現在のブロックやトランザクションなどのデータ構造を最適化することで、1ブロックで処理可能なトランザクションを向上させるソリューションを見ていきましょう。

ブロックサイズの拡張

　ブロックサイズの上限が設定されているビットコインブロックチェーンでは、ブロックサイズを1MBから2MBや8MB、もしくは無制限に拡張する提案がされています。この拡張は、過去のブロックの仕様と互換性のないハードフォークが発生するため、ビットコインに参加するコミュニティの合意が得られなければ実現できません。

　また、ブロックサイズを拡張するとマイニング時の報酬が相対的に下がる懸念もあり、コミュニティの合意を取ることが難しく、ビットコイン自体の仕様変更は難航しています。

　そこで、ビットコインブロックチェーンの途中から、独自仕様の新しいビットコインをハードフォークさせる動きが、2017年の夏以降に活発化しています。ビットコインからのフォークコインに関しては、「4-1 ビットコインとオルトコイン」を参照してください。

トランザクションのデータサイズ削減

　ビットコインのトランザクションデータサイズを削減する手段として、SegWitとMASTを下記に紹介します。

SegWit

　SegWit（Segregated Witness）[2]とは、ビットコインブロックチェーンのセキュリティ的なバグを解消する修正ですが、副次的効果として、ブロックのデータサイズが削減され、1ブロックに取り込めるトランザクション数が増える効果があり、ビットコインのパフォーマンス向上の文脈でも語られることがあります。

　もともとのビットコインのトランザクションでは、トランザクションを発行した主体を保証するためにデジタル署名を用いていますが、署名データそのものをトランザクションに含める形式であるため、トランザクションの一部に電子署名が掛かっていない箇所が存在し、その部分がセキュリティリスクとなっていました。

2　https://github.com/bitcoin/bips/blob/master/bip-0141.mediawiki

SegWitでは、取引情報を記述する部分と署名データを保持する部分を分割することで、このリスクを解消しましたが、署名データが取引データから取り除かれたことで、副次的に取引データの容量が減り、1ブロックに収められるトランザクション量が増加しています。

SegWitの変更は、過去のブロック仕様と互換性がある変更であり、新旧バージョンのクライアントが混在可能なソフトフォークとして実装されています。そのため、SegWitの有効化はスムーズに実施されると想定されていました。しかし、マイニング報酬の低下を懸念したと思われるマイナーの反発や、ブロックサイズ拡張によるパフォーマンス向上を目指すコミュニティとの対立のため、提案から2年近く経って、ようやく2017年7月に有効化されました。

MAST

MAST（Merkelized Abstract Syntax Tree）[3] とは、ビットコインのトランザクション記述に用いられるスクリプト言語のコードをマークルツリーの木構造に変換することで、スクリプトコードのサイズを圧縮し、パフォーマンスやセキュリティの向上を実現する提案です。

現在のビットコインのスクリプト言語では、OR条件を含む複雑なトランザクションを記述することが可能です。例えば、「アリスが自分の資産をボブ宛にデポジットし、アリスはその資産をいつでも引き出せるが、ボブは3ヶ月以降でなければその資産を引き出せない」といったトランザクションを発行できます。このとき、このトランザクションの次に実行されるアクションは、アリスが資産を引き出すか、ボブが3ヶ月以降に資産を引き出すかのどちらかです。しかし、現状のスクリプト言語では、この処理を記述したスクリプトをすべてブロックチェーン上に登録するため、実際には片方しか実行されないコードであっても、両方をブロック上に保持することになり、データ容量を無駄に使用していることになります。

MASTでは、スクリプトで記述された取引処理を木構造に分割し、ダイジェストのみをブロックに保持します。そして、その取引処理の出力が入力として利用されるときに、必要な部分のみを読み込んでブロックに記述します。

あらかじめ記述されているものの、実際には実行されないスクリプトをブロックに取り込む必要がなくなり、トランザクションのサイズを削減できます。また、複雑な条件を記述したスクリプトは、従来はトランザクションサイズの肥大化を招きますが、MASTを用いると、実際に実行される箇所のみがブロックに取り込まれるため、複雑な処理を記述するコストが下がります。

さらに、実行されないスクリプトはブロックに取り込まれないため、取引内容の一部を秘匿化することができ、プライバシーの保護にも応用できます。

執筆時（2018年2月）、MASTは提案段階の技術ですが、今後ビットコインや他の暗号通貨に採用されることになれば、パフォーマンス課題を解消する1つの解決策となるでしょう。

3　https://github.com/bitcoin/bips/blob/master/bip-0114.mediawiki
　　https://bitcointechtalk.com/33fdf2da5e2f

10-3-3 オフチェーン技術によるパフォーマンス向上

　前項で紹介した提案は、ブロックチェーン上で処理できる取引量を増やすソリューションですが、そもそもブロックチェーン上で処理しなければならない取引自体を減らすアイデアがオフチェーン技術です。最低限ブロックチェーン上に記載しなければならないデータのみをブロックチェーン上に保持し、それ以外の取引はブロックチェーン以外（オフチェーン）の場所で処理するものです。オフチェーンでの処理は、ブロックチェーンのデータ構造による制約がないため、スケーラブルな構成が可能であり、ブロックチェーンを用いるシステム全体のパフォーマンスを大きく向上させる技術として注目が高まっています。

　ただし、あくまでもブロックチェーン上で処理すべき取引を減らすことで性能向上を図る技術のため、ブロックチェーン自体のスケーラビリティを解決するものではなく、ブロックチェーン上に記録される取引は、依然としてブロックチェーン上の制約を受けることには注意が必要です。

ペイメントチャネル

　ペイメントチャネルは、特定のアカウント間でオフチェーンの「チャネル」を開設し、チャネル内で取引を完結させることで、ブロックチェーンへの取引の記述を大幅に減らすことを目指す技術です。

　例えば、1分単位で課金される動画配信サービスを考えたとき、1分ごとに少額の決済取引を発行して毎回ブロックチェーンに書き込むと、取引手数料が嵩むだけでなく、ブロックチェーン自体のパフォーマンス上限にも引っかかる可能性があります。

　継続的に取引する関係者間で、あらかじめデポジットされた資金を自由に送金できるチャネルを開設します。ペイメントチャネルの技術的な仕組みは、ビットコインとイーサリアムで残高を表現するデータ構造が異なるため、いくつかの違いがありますが、基本的な発想は同じです。

　次図に、イーサリアムにおけるペイメントチャネルによる取引例を示します（図10.3.3.1参照）。イーサリアムでは、イーサリアム上で発行したトークンを対象とするペイメントチャネルが一般的です。

　まず、アリスとボブが、お互いに10トークンずつチャネルにデポジットし、その記録をブロックチェーン上に記述します。このトランザクションはopen_channelと呼ばれ、通常のブロックチェーン上の取引と同じ時間を要します。

　チャネルが開設されると、アリスとボブの間では、10トークンずつのデポジットがチャネル内に残高として存在し、アリスとボブの間の取引は、残高のバランスを変化させることで実現できます。例えば、アリスからボブに3トークンを送付すると、アリスの残高は7、ボブの残高は13となるトランザクションが作成されます。ただし、このトランザクションはブロックチェーン上には記録せず、アリスとボブの間だけで保持します。そのため、トランザクションの手数料は発生せず、ブロックに取り込まれる時間も必要ありません。

図10.3.3.1: イーサリアムにおけるペイメントチャネルによるオフチェーン取引

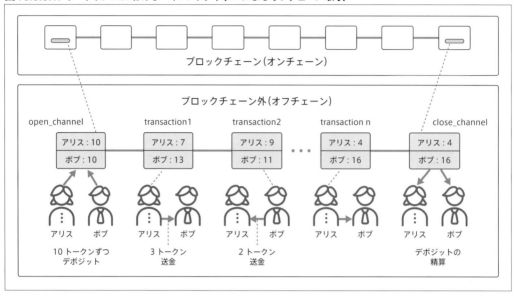

　この通り、オフチェーンでの取引を繰り返し、最終的な残高を確定させたい場合に、close_channelのトランザクションをブロックチェーン上に記録します。この処理にはopen_channelと同じく、ブロックチェーン上の取引と同様の時間と手数料が掛かります。このトランザクションが記録されると、最終的な残高に対応するトークンが、アリスとボブ宛に精算されることになります。

ライトニングネットワーク

　前述のペイメントチャネルでは、あらかじめ取引相手とのチャネルを開設する必要がありますが、チャネル開設にはデポジットが必要であり、多くの取引相手とチャネルを開設すると、実際に支払に必要な量以上のトークンが、デポジットとしてロックされ、実用上の課題があります。
　そこで、既に開設されている第三者とのチャネルを経由して、直接チャネルを開いていない相手ともオフチェーンでの取引を実現可能にしたものが、ライトニングネットワーク[4]です。

　次図にライトニングネットワークによるオフチェーン取引のイメージを示します（図10.3.3.2参照）。アリスとボブの間に直接チャネルが開設されていなくとも、第三者とのチャネルを経由することで、オフチェーンでの支払を実現します。
　ライトニングネットワークでは、ブロックチェーンに記録されない取引を第三者を経由して行うため、経由する第三者が信用できる相手でなくとも、正常に取引が完了する仕組みを整える必要があります。

---

[4] https://lightning.network/

図10.3.3.2: ライトニングネットワークによるオフチェーン取引

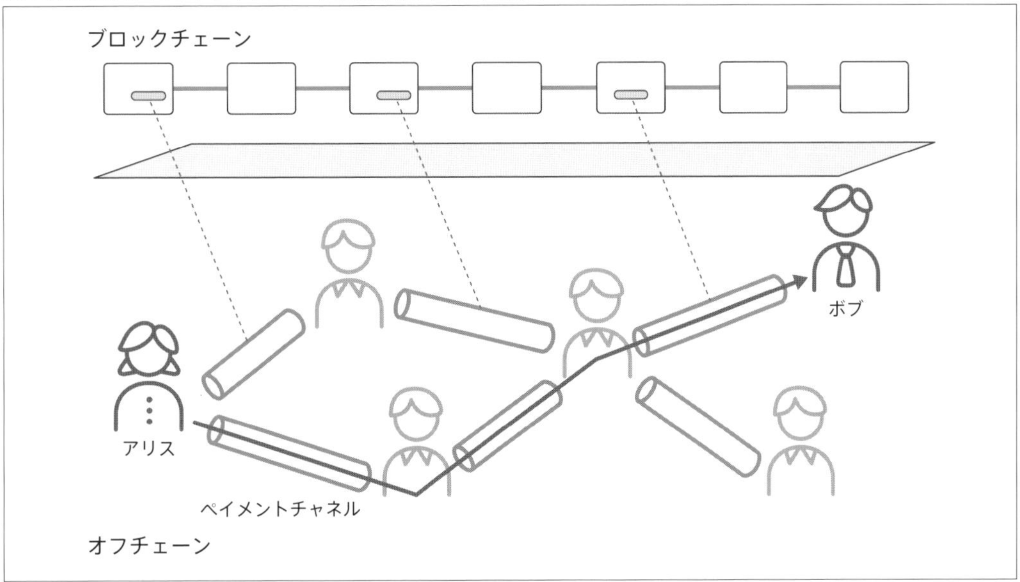

ブロックチェーン

ボブ

アリス

ペイメントチャネル

オフチェーン

　ライトニングネットワークでは、HTLC（Hashed TimeLock Contract）と呼ばれる技術を用いて、アリスからボブへ確実に送金するパスが繋がったことを確認してから、実際の取引が実行される仕組みです。なお、ペイメントチャネルによる取引では、チャネル内での取引手数料は発生しませんでしたが、ライトニングネットワークでは、取引を中継する第三者に対して、中継に対するインセンティブとして、いくらかの手数料を設定するのが一般的です。

Raiden Network

　ライトニングネットワークはビットコインブロックチェーンで提案された技術ですが、イーサリアムに移植したプロジェクトがRaiden Network[5]です。Raiden Networkでは、イーサリアム上に実装されたERC20準拠のトークンをオフチェーンで取引するためのインフラ構築を目指しています。

　Raiden Networkプロジェクトでは、第三者を介さないペイメントチャネルのフレームワークであるμRaiden（Micro Raiden）が先行してリリースされ、2017年11月末からイーサリアムのメインネットで実証実験が行われています[6]。

5　https://raiden.network/
6　https://medium.com/@raiden_network/63ea847035a2

Chapter 10 | 技術的課題と解決案

10-3-4 スケーラビリティソリューション

本項では、ブロックチェーン上のタスクを分散処理し、真にスケーラビリティを持つプラットフォームとしてブロックチェーンを再構築する取り組みを紹介します。

Plasma

Plasma[7]は、イーサリアム上のスマートコントラクトをスケーラブルに実行するための基盤構築を目的とするプロジェクトです。Raiden Networkがイーサリアム上のトークンの取引を高速化していたのに対し、Plasmaはより汎用的なスマートコントラクトの高速化を図ります。

Plasmaでは、イーサリアムのブロックチェーンの中に、プラズマブロックチェーンと呼ばれる子供のブロックチェーンを複数作成し、複数のプラズマブロックチェーンで分散処理を行うことで、システムのスループットを向上させます（図10.3.4.1参照）。プラズマブロックチェーン上でスマートコントラクトを分散処理するために、MapReduceと呼ばれる分散処理アルゴリズムを応用します。

図10.3.4.1: Plasmaによる分散スマートコントラクトの実現

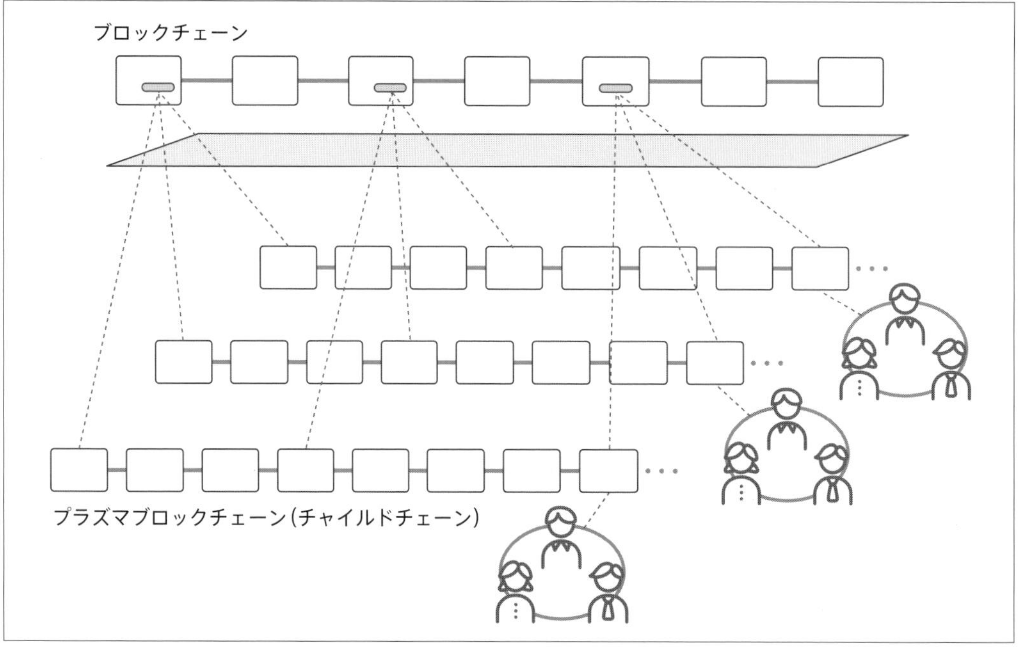

---

7 https://plasma.io/

ちなみに、2017年8月に提案されたばかりの新しい技術であり、執筆時現在では、実現可能性や実装の検討が進められている段階です（2018年2月）。

シャーディング

シャーディングとは、データを複数グループに分割して管理することで、スケールアウトによるスケーラビリティの向上を実現する技術です。前述のライトニングネットワークやPlasmaが、既存ブロックチェーンの外部に新しいレイヤーを構築する技術（セカンドレイヤー技術）であるのに対して、シャーディングはブロックチェーンのデータ構造自体をスケーラブルなものにする技術です。

シャーディングの発想自体は、キーバリューストアの分散データベースなどでは広く利用されているアイデアであり、イーサリアムブロックチェーンの場合[8]は、アカウントのステート情報をシャードに分割し、同一シャード内の取引処理をシャード内で完結させることで、分散処理の実現を試みています（図10.3.4.2参照）。

図10.3.4.2: イーサリアムブロックチェーンにおけるアカウントのシャーディング

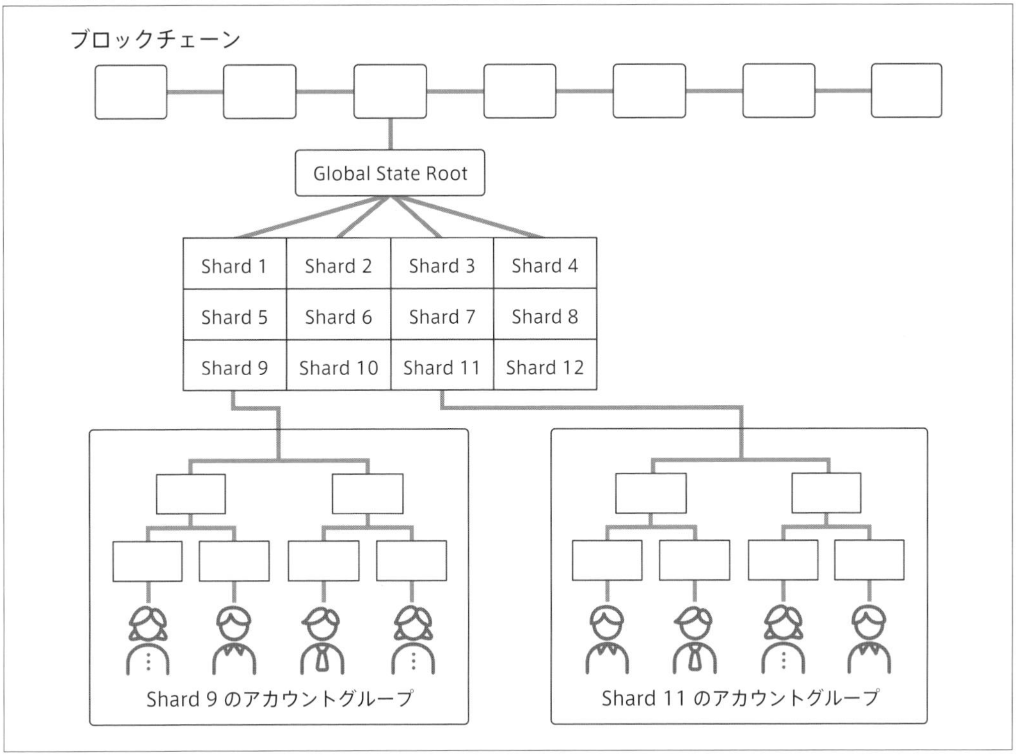

8　https://github.com/ethereum/wiki/wiki/Sharding-FAQ

サイドチェーン技術

サイドチェーン[9]とは、異なるブロックチェーン同士で互いに通貨を取引するため、Adam Backらによって提案された技術ですが、スマートコントラクトの文脈では、特定スマートコントラクトを実行するために新しいブロックチェーンを作成して、作成されたブロックチェーン内でスマートコントラクトを完結させることで、擬似的な分散処理を実現する目的で応用されることがあります。

JavaScriptでスマートコントラクトを記述できるLISKでは、サイドチェーンを用いてメインチェーンからスマートコントラクトのチェーンを切り離すことで、パフォーマンスの向上やスマートコントラクトの柔軟性を担保しています。同様に、ビットコイン上でイーサリアム互換のスマートコントラクトを実現するRootstockでも、サイドチェーン技術が用いられています。

また、Raidenの次世代バージョンであるRaidos（Raiden 2.0）では、トークンの取引だけでなく汎用的なスマートコントラクトを実行するスケーラブルな基盤の構築を目指していますが、そこでもサイドチェーン技術の利用が想定されています[10]。

---

9 Adam Back, Matt Corallo, Luke Dashjr, Mark Friedenbach, Gregory Maxwell, Andrew Miller, Andrew Poelstra, Jorge Timón, and Pieter Wuille. (Oct. 2014) Enabling Blockchain Innovations with Pegged Sidechains: https://www.blockstream.com/sidechains.pdf

10 https://raiden.network/faq.html

Chapter 11

ブロックチェーン技術の未来

本書はブロックチェーン技術の基礎知識から
ブロックチェーンアプリケーションを実装するための具体的な方法、
今後の課題などを紹介しています。
本章では暗号通貨やブロックチェーン技術が
今後どのような変化を社会にもたらすか、
そして、どのように付き合って行けばよいかを検討します。

Chapter 11 | ブロックチェーン技術の未来

11-1

歴史から考える未来

近年、暗号通貨技術が急速に注目を集め、暗号通貨全体の時価総額は2018年2月現在で約46兆円に達しています。しかし、この価値の上昇は主に投機的な期待感で支えられており、実際の店舗で通貨として利用されたり、スマートコントラクトが実用的なサービスとして取り入れられている事例は、まだそれほど多くはありません。本節では、暗号通貨技術が将来的にどのように社会で利用されうるか、過去の技術革新の歴史と対比しながら検討します。

11-1-1 電子マネーと暗号通貨の歴史的相違

暗号通貨はデジタル化された通貨の一種であるため、交通系ICカードなどの電子マネーと比較されがちです。国内では、電車やバスなどの公共交通機関やコンビニエンスストアなどの実店舗での支払で、電子マネーが普及しつつあり、日常的に現金よりも電子マネーによる支払が多くを占める人も増えてきています。

既に既存インフラとして電子マネーが普及していると、新たに暗号通貨による決済手段が登場しても、電子マネーと比較した場合のデメリットが目立つなど、新しい技術を採用するメリットが感じられない場合もあります。実際、既存の電子マネーに比べると、現時点での暗号通貨技術では実現できることはまだ限定的であるため、すぐさま電子マネーのシェアを奪うことには繋がらないかもしれません。しかし、日本においても、現金より電子マネーでの決済を好む人々は増加しつつあり、通貨の電子化による恩恵は、一般的に理解されつつある状況だと考えられます。

そこで、本項では電子マネーの例として交通系ICカードを取り上げ、その歴史や適用例を暗号通貨と対比しながら考えてみましょう。

駅の券売機モデル

日本では電車や地下鉄、バスなどに代表される公共交通機関が発達しており、公共交通機関で利用できる電子マネーも広く普及しています。全世界での駅別乗降車ランキングでも、上位の駅のほとんどを日本の駅が占めるほど、多くの人々が公共交通機関を利用しています。これだけ多くの人々が改札を通過するためには、電子マネーの導入による改札の効率化がなければ難しかったでしょう。

交通系ICカードによる電子マネーが登場する前は、電車の運賃は券売機や窓口に並んで、乗車券や回数券を購入することで支払っていました。券売機で乗車券を購入するために、行先の駅を地図で確認して運賃を計算し、運賃に対応する乗車券を現金で購入する、乗車券購入の行為は、電子マネーによる決済と比較すれば、相応の手間が掛かってしまうといえます。

　この手間を回避する方法は、あらかじめ10枚綴りなどの回数券を購入しておき、乗車のたびに券売機に並ぶ手間を省いたり、通勤や通学などで同一区間を頻繁に利用するのであれば、定期券を購入することなどです。そうすることで、指定期間内であれば改札を素通りして乗車できます。

　この券売機のモデルは、下図に示す通り、現在のWebサービスにおける課金モデルと対比して考えることが可能です（図11.1.1.1参照）。

図11.1.1.1: 交通系ICカードとWebサービスでの暗号通貨適用の対比

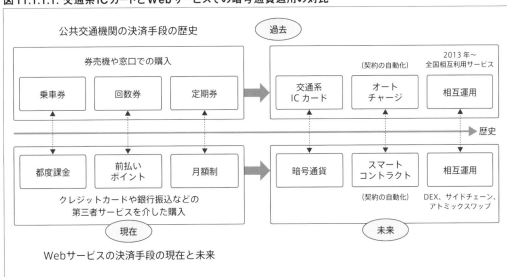

　例えば、Webサービスで商品を購入する場合に、毎回クレジットカードなどで決済するモデルは、券売機で乗車券を毎回購入するパターンに例えられます。また、比較的頻繁に利用するサービスであれば、そのサービス内で利用できる前払い式のポイントを購入しておき、サービスを利用するときにはそのポイントを消費するモデルは、券売機で回数券を購入するパターンに該当します。

　そして、近年は動画配信サービスや電子書籍サービスなどで、一定の月額料金を支払うことでサービスが無制限に利用できる月額課金モデルが成功を収めていますが、これは定期券の購入に近いモデルといえます。

交通系ICカードの登場

前述の駅の券売機モデルでは、2001年頃から乗車券の電子化が進み、交通系ICカードによる電子マネーが登場しています。電子マネーでは、あらかじめICカードにお金をデポジットしておけば、券売機に並ぶことなく駅の改札を通過できます。

ICカードの多くには非接触型の読み取り技術が採用されており、ICカードを財布から取り出すことなく改札機で読み取り可能です。運賃の計算も乗客が行う必要はなく、降車駅の改札を通過するタイミングで自動的に運賃が計算され、ICカードの残高から差し引かれます。

交通系ICカードによる乗車券の電子化は、券売機に並ぶ手間を省き、効率的に交通機関を利用可能になっただけではなく、さまざまな恩恵やイノベーションを引き起こしています。

まず、通貨の電子化で物理的な制約が取り払われた結果、より柔軟な金額の決済が可能となっています。日本では、2014年に消費税が5%から8%に引き上げられたことにより、交通機関の運賃も値上げが実施されましたが、券売機で1円単位の乗車券を販売して、1円単位のおつりを返すことが現実的ではなく、券売機で発売する乗車券の金額は10円単位で丸められています。

一方、電子マネーによる支払は、お釣りが発生することによる物理的な手間がないため、1円単位での料金設定が可能です。現在、電子マネーは日本円とのペッグが行われているため、1円が最小の単位ですが、電子マネーの設計次第では0.1円などの小数点以下の単位での決済も可能となるでしょう。

また、通貨の電子化により電子マネーの管理も自動化することが可能となり、オートチャージのサービスも開始されています。オートチャージとはICカードのチャージ残高が一定額以下になると、あらかじめ連携しているクレジットカードなどから自動的に設定金額がチャージされるものです。このオートチャージは、決済ルールをあらかじめ合意しておき、その条件が満たされたら自動的に決済が実行される点で、一般的なスマートコントラクトの実例といえます。

なお、交通系ICカードの登場当初は、さまざまな地域や交通機関で独自の電子マネーが発行され、特定地域や交通機関ごとに個別のICカードを持つ必要がありましたが、2013年の全国相互利用サービスの開始によって、特定の交通系ICカードで他の地域や他交通機関の決済も可能となり、利便性が向上しています。この歴史的な流れも、暗号通貨でさまざまな通貨が乱立しており、それらを相互運用するための技術検証が行われている現在と類似する点があります。

現在では、交通系ICカードの利用範囲は運賃の支払だけに留まるのではなく、駅構内の売店やコンビニエンスストアなどでの決済に用いられ、一般的な商店やオンラインでの決済にも利用され始めています。また、支払手段としてだけではなく、個人を特定するためのキーとしても活用されはじめ、駅構内のコインロッカーの鍵として利用されたり、オンラインの自転車シェアリングサービスでは、自転車の鍵を自身のICカードに一時的に付与する、といった応用も可能となっています。

また、現在では多くのスマートフォンにICカードとしての機能が搭載され、新しく物理的なICカー

ドを発行せずとも、手持ちのスマートフォンにアプリケーションをインストールして、新たなICカードとして利用することが可能になっています。

　この通り、もともとは乗車券の電子化を目的に開発された交通系ICカードが、当初の想定を超えて、さまざまなサービスを利用するためのインフラとして成立しつつあります。

暗号通貨の登場

　現在のWebサービスに注目してみると、オンライン決済の主役は、クレジットカードや銀行振込、コンビニ支払などを用いた都度課金やポイント購入、月額課金サービスです。前述の券売機モデルとの対比でいえば、オンラインサービスはいまだに券売機や窓口で、乗車券や回数券、定期券を購入している状況に近いといえます。
　この現状で登場したのが、クレジットカード会社や銀行などの金融機関を介さない、P2Pネットワークによる直接送金を可能とする暗号通貨です。

　暗号通貨を利用することで、これまで第三者の決済サービスを使用していたことによる制限が取り払われ、利用者とサービス提供者の間でダイレクトな取引が可能になります。そして、暗号通貨による決済が可能なWebサービスが増加しつつあります。
　暗号通貨は、特定の管理者が存在しない非中央集権的なアプリケーションとして動作するため、通貨の流通量や取引のルール、付加機能などを誰でも自由にアレンジして、独自の暗号通貨を発行できます。そのため、さまざまな特徴を持つ独自通貨が暗号通貨として登場し、決済手段に限らずさまざまなイノベーションをもたらすことが期待できます。

　本書でも詳しく紹介したスマートコントラクトは、暗号通貨で表現される資産を自動的に移転させるプログラムです。暗号通貨は、交通系ICカードにおけるオートチャージなどの機能を実現できる、より汎用的なプラットフォームとなり得ます。
　また、独自に発行された暗号通貨は、分散取引所やサイドチェーン技術、アトミックスワップ技術などが実用化され普及すれば、交通系ICカードの例と同様に、相互に運用可能なインフラが必然的に整えられることでしょう。
　そして、暗号通貨を支えるブロックチェーン基盤は、交通系ICカードの例と同様に、単なる決済のためだけでなく、金融や法律、不動産、エンターテインメント、シェアリングエコノミーなど、さまざまな分野における革新をもたらすインフラとなり得ると考えられます。

11-1-2 キーテクノロジー登場による変革

前項で紹介した通り、交通系ICカードや暗号通貨などの新たな技術は、登場当初の想定を超えてさまざまな分野で応用されるキーテクノロジーとなる可能性があります。近年では、インターネットの登場やディープラーニングなども、同様のキーテクノロジーと呼べるでしょう。

カンブリア爆発と技術イノベーション

東京大学教授の松尾豊氏は、ディープラーニングの登場を、生物史における「眼」の誕生に例えています[1]。生物が眼を獲得したのは、今から約5億年前のカンブリア期だといわれていますが、その頃、生物の多様性が爆発的に増大する「カンブリア爆発」がありました。

カンブリア爆発が起こった原因は特定されていませんが、一説では、生物が眼を獲得したことで、他の生物を捕食してエネルギーを得る捕食者が発生し、その捕食者から身を守るための進化と、より効率的に他の生物を捕食するための進化の競争が促進されたためではないか、といわれています。

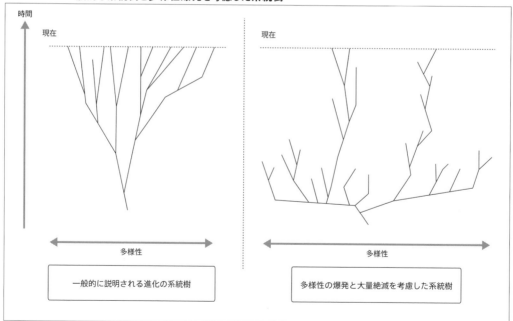

図11.1.2.1: 一般的な系統樹と多様性爆発を考慮した系統樹

---

1 松尾豊(著): 人工知能は人間を超えるか ディープラーニングの先にあるもの. KADOKAWA/中経出版, 2015.

ディープラーニングによる技術革新は、画像解析の分野で最初の成果を上げ、以降はさまざまな分野での応用が爆発的に研究されるなど、まさに眼の誕生に例えられる技術革新だといえます。

ところで、生物史では、カンブリア爆発のあとに、半数以上の種の生物が絶滅するカンブリア期の大絶滅があります。カンブリア期の生物研究の第一人者であるハリー・ウィッティントンらの研究によると、この時期に絶滅した生物の多くは、現在の生物の特徴とはまったく一致しない、独自のデザインを持つ生物だったといわれています。カンブリア期の生物として有名な「アノマロカリス」や「オパビニア」などは、現在の生物のどれとも似ていない独特の形状をしていましたが、カンブリア期に絶滅し、その形状を受け継ぐ子孫は現代では存在しないといわれています。

進化生物学者のスティーヴン・ジェイ・グールドは、生物の進化は突発的な多様性の爆発で実現されるとの断続平衡説を唱えました。前図に、生物進化の説明としてよく用いられる系統樹と、グールドによって提唱された系統樹を示します（図11.1.2.1）。一般的な系統樹では、過去に発生した原始的な生物が枝分かれを繰り返し、現在の多様性を持つさまざまな生物に進化したと説明されます。
一方、生物史における大量絶滅を考慮すると、生物の多様性は初期の段階で最大まで爆発し、そのうちのごく少数だけが生き残り、生き残った生物のデザインに最小限の変更を加えたバリエーションのものだけが、現在の生物であると考えられます[2]。

多様性爆発と大量絶滅による進化モデル

カンブリア期に絶滅した生物が、現代の生物とまったく異なるデザインを有していたかどうかは諸説がありますが、前述のグールドが提唱する系統樹のモデルは、生物史以外でも一般的に観察されます。

例えば、インターネットが登場した直後も、数多くのインターネット関連企業やインターネットサービスが立ち上がりましたが、現在ではそのほとんどが閉鎖されています。その中でごく一部の成功したモデルのみが生き残り、現代のサービスはその成功例を踏襲して、最小限の変更を加えたものに過ぎないという見方もできます。また、現在主流となっているクライアントサーバ方式によるサービス提供や、広告による収益モデルは、インターネット黎明期に発生した大量の試行錯誤の一部に過ぎないものです。

ディープラーニングを活用したビジネスやサービスも、現在では数多く施行されていますが、この大量絶滅モデルに当てはめてみれば、その多くは失敗に終わり、ごく少数の成功例が未来の社会での主流になるのではないか、と考えられます。
暗号通貨やブロックチェーンアプリケーションも同様に、登場から数年で爆発的にその種類やサービスを増やしていますが、そのほとんどが消えてしまう運命にあるかもしれません。

---

2 スティーヴン・ジェイ・グールド（著）、渡辺政隆（訳）：ワンダフル・ライフ―バージェス頁岩と生物進化の物語. 早川書房, 2000.

グールドの系統樹で指摘されている重要な点は、多様性爆発後の大量絶滅を凌いで生き残る種は、特別に優れている特長があるとは限らず、環境や運などの偶然による要素が強いと考えられていることです。カンブリア期を生き残った生物は脊椎の原型を持つ「ピカイア」と呼ばれる生物で、現在の脊椎動物の共通の祖先といわれていますが、もう一度カンブリア期を繰り返したとき、同じようにピカイアが生き残る保証はなく、そのときはまったく新しい生物の進化がなされる可能性があるといわれています。

このことは技術イノベーションでも同様で、デファクトスタンダードとなる技術は技術自体の特長よりは、政治的な理由やタイミングなどに左右されることが多く、表舞台から消えてしまった技術のほうが優れた特徴を持つことも少なくありません。

生物の場合は、絶滅してしまった種を生き返らせることはできませんが、技術は過去に採用されなかったものも含めてデータベース化し、人類共通の知識として活用することが可能です。現に人工知能の分野で一時期は停滞していたニューラルネットワークが、ディープラーニングとして主流となったり、インターネットでは下火となっていたP2P技術が、ブロックチェーンで再び脚光を浴びるなどの事例があります。

現在、暗号通貨やブロックチェーン技術の歴史は、新しい技術革新によってさまざまな試行錯誤が繰り返される、多様性爆発の段階にあると考えられます。近い未来には、ごく少数のモデルに収束すると考えられますが、そのときには、生物史でのカンブリア期が終わり、次のステージに移行したのと同様、新たな世界の歴史が始まるといえます。

そのとき、採用されなかった試行錯誤の歴史が無駄にならないように、しっかりと知識や経験を次の世代に継承していく必要があるでしょう。

図11.1.2.2: 技術革新による多様性爆発の歴史

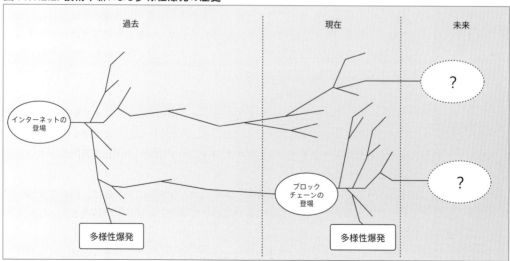

11-2

ブロックチェーンで実現される未来

インターネットの登場以降、約30年で私たちの生活は大きく変化しています。現代社会の変化のスピードを考えると、約20年後にはブロックチェーン技術によって、インターネットによる変革に匹敵するかそれ以上の変化が訪れるかもしれません。本節では、ブロックチェーン技術で実現される20年後の世界と、その世界に向けて私たちに課せられる責務を考察します。

11-2-1 ブロックチェーン技術で登場した概念

ブロックチェーン技術の登場により、これまでの社会には存在しなかった新しい概念がいくつも登場しています。代表的なものは、本書のテーマとしても取り上げている暗号通貨とスマートコントラクトです。暗号通貨とスマートコントラクトが登場したことによって、私たちの社会がどのような影響を受けるか考えてみましょう。

暗号通貨

暗号通貨の登場以前、通貨といえば日本円や米ドルなどの法定通貨を意味しました。しかし、ビットコインをはじめとする暗号通貨の登場によって、国家による価値の保証のない通貨が支払手段として流通し始めることで、既存の法定通貨の概念が相対化されつつあります。暗号通貨界隈では、法定通貨のことを「フィアット通貨」もしくは単に「フィアット」と呼びますが、これは従来は単に通貨やお金と呼んでいたものが「フィアット通貨」として再発見されたともいえます。

ビットコインやアルトコインの価格が上昇していると報道されるニュースをはじめて聞くと、多くの人は「なぜ実体がないデータにそこまでの価値が付くのだろう」と不思議に思うはずです。しかし、改めて私たちが普段使っている法定通貨を考えてみると、なぜ単なる紙である紙幣に1万円もの価値があるのか、説明できないことに気付きます。

この通り、それまで当たり前だと捉えていた概念を改めて考えて相対化することは、私たちが価値観を転換する上でとても重要な過程です。社会を変革させるのは技術ではなく、その技術を用いて社会を形成する私たち自身であり、私たちの価値観が変わることで社会が変わっていくからです。

現在の多くの暗号通貨は、既存の法定通貨や貴金属などの延長線上にあるデジタルな資産であり、まだまだ現代の通貨に対する価値観を変革させるほどの力は持っていません。しかし、暗号通貨に触れる

Chapter 11 | ブロックチェーン技術の未来

ことで、人々が通貨の役割とは何か、良貨や悪貨とは何かをより深く考えていくことで、通貨の概念そのものが変化していくでしょう。

　将来的に20年後には、通貨の概念そのものが相対化され、日常的に通貨を使用する機会はなくなっているかもしれません。現代でも、オートチャージ機能付きの交通系ICカードを使って交通機関を使っているとき、お金を支払っている感覚はほとんど失われているのではないでしょうか。将来、通貨による支払いがユビキタス化され、あらゆる決済が自動的に行われるようになれば、日常生活では明確にお金を意識することがほとんどない社会になっているかもしれません。

契約の自動化

　現代のブロックチェーン基盤上のスマートコントラクトは、暗号通貨としてデジタル化された資産の移転を自動的に実行することしかできませんが、今後さまざまな資産がデジタル化可能となれば、あらゆる契約がプログラムとして記述できる世界が到来するでしょう。これは、人間が契約のための新しい言語を手に入れたことと同義だといえます。

　私たちの現代社会は、ほとんどが契約（コントラクト）によって成立しています。会社に行って働くことも、学校に通って勉強することも、国家の一員として納税することも、すべて契約によって成立しています。人間が社会的存在である以上、何の契約もせずに一生を終えることは難しいでしょう。
　現代の契約は、自然言語で記述された契約書を交わすことがほとんどです。しかし、自然言語が持つ曖昧さを原因に、契約書の解釈が異なり争いごとに発展したり、そもそも履行するつもりがない契約を交わし、実際は契約を破棄するといったことも発生しています。
　しかし、契約をプログラムとして記述可能になれば、誰が実行しても同じ結果となるプログラムを契約として交わすことができ、解釈による齟齬などが起こる余地がありません。また、一度締結した契約をプログラムとしてブロックチェーン上に記録しておけば、誰であっても契約をなかったことにはできません。

　現代における1つの大きな社会の単位は「国」ですが、国の在り方は憲法という形で自然言語によって規定されています。そして、国に定められた法律に従うことで、私たちの社会の秩序を維持しています。もし、現在の社会に不満や提案があれば、政治家として立候補して法律を変えるか、法律を変えてくれる政治家に投票することで、民主的に実現されることになっています。しかし、現在ほど国家が巨大化した社会では、どこまで有効に動作するかは疑問が残ります。
　スマートコントラクトによる契約の自動化は、こうした法律を自然言語ではなくプログラムとして規定し、解釈の揺れが発生する余地もなく、誰にも否定できない仕組みとして運用することを実現できる可能性があります。もちろん、すべてがプログラムとして記述される社会になると断定できませんが、契約の記述手段として自然言語以外に、新たな手段として「プログラム」を手に入れたことは、人類にとって大きな力になるでしょう。

11-2-2 ブロックチェーン技術で増幅される変革

　ブロックチェーン技術は突如として発生したものではなく、従来の暗号技術やインターネット技術の延長線上に成り立つ技術です。したがって、前提としている技術、とりわけインターネットがもたらしてきた変化を、より増強する働きをすると考えられます。

インターネット登場以来の価値観の変化

　前述の「Chapter 1 ブロックチェーンとは」でも紹介した通り、インターネット登場以来、私たちの社会では「所有から共有へ」と価値観の転換が進行しつつあります。モノや空間を共有するシェアリングエコノミーなどがその代表です。そして、個人や法人による「所有」の重要度が下がるにつれ、現代の資本主義社会や消費社会自体が変化していく可能性もあります。

　現代の消費社会では、娯楽や嗜好品だけでなく食料や住居などの生活必需品も含め、すべての財やサービスが消費の対象となっています。その財やサービスを消費するためには、対価としてのお金が必要であるため、現代はお金がなければ生活が困難な社会となっています。そして、そのお金を得るために、多くの人々は労働をしなければなりません。
　仮に、全人類の衣食住を賄うだけの財を生産するシステムが自動化されたとしても、そのシステムを利用するためには対価が必要であり、その対価を稼ぐためには労働し続けなければならない社会システムであることが、現代の消費社会の構造的な問題です。

　インターネットによる世界規模の通信技術によって、ある資源が不足している人と余っている人とを効率的にマッチングすることが可能です。さらに、ブロックチェーン技術に代表される分散台帳で、モノやサービスの貸し借りの履歴をいつでも参照可能な形で管理可能となれば、交換の媒介として用いられている通貨の存在は不要となり、生活のためにお金が必須ではなくなる社会の到来が予想できます。
　生活のためにお金が必須でなくなる社会が実現できれば、人々はお金を稼ぐための労働から解放され、より高次の目的のため自分の能力や時間を使える社会が実現できます。そんな社会は現代からは想像もできないかもしれませんが、人類史的に生活のためにお金が必須である社会は、近代以降の数百年程度の歴史しかない、ごく例外的な社会に過ぎません。現代の消費社会があと数十年程度で大きく変化する可能性は、それほど非現実的な話ではありません。

人工知能技術とのシナジー

　ブロックチェーン技術は、同時期に爆発的に発展したディープラーニングをはじめとする人工知能技術と親和性の高い技術です。ブロックチェーン技術と人工知能技術が、お互いの弱点を補完しあいながら発展していく可能性は高いと考えられます。

Chapter 11 | ブロックチェーン技術の未来

ディープラーニングをはじめとするニューラルネットワークは、大量の学習データから「知能」となるモデルを学習しますが、そのモデルを観ただけでは、どのような学習が行われたモデルなのかを知ることはできません。

仮に人事の採用試験に人工知能が用いられ、そのロジックに特定の宗教や家族の職業などを差別するバイアスが掛かっていたとしても、モデルからその有無を判断することができません。自動運転や医療診断など、生死に関わる判断を人工知能に任せるには、どのような学習データを用いて構築されたモデルなのか、誰もが知ることができる透明性を必要とします。

ブロックチェーン技術を用いれば、人工知能のモデルがどのような学習データと学習アルゴリズムを用いて構築され、なおかつ改竄されていないことを証明できます。また、収集に多大な労力が必要となる学習用データセットやと大量の計算リソースを必要とする学習済モデルを、デジタル化された資産として所有権の譲渡や追跡なども可能です。

また、暗号通貨やスマートコントラクトなどのブロックチェーンアプリケーションに対しても、人工知能技術を有効に活用できる場面が多々あります。暗号通貨やスマートコントラクトのプロトコルは、最初に定義されたものを後から変更することは容易ではなく、柔軟性の低いアプリケーションとなりがちです。

例えば、ブロックの生成間隔やマイニング報酬などは、ネットワーク帯域やノード数、暗号通貨の資産価値などを考慮して、動的に最適化された方が良好なケースもあります。しかし、開発当初からあらゆる状況を想定してプログラムを設計することは容易ではありません。人工知能技術を利用すれば、予測不可能な事態に対しても柔軟に対応できるブロックチェーンアプリケーションの実装が実現できる可能性があります。

さらに、人工知能を搭載した家電やセンサーなどのデバイスは、ブロックチェーンアプリケーションの世界と実世界とを結び付ける強力なインターフェイスとなり得ます。現状のブロックチェーンアプリケーションでは、デジタル化された資産の改竄や不正利用を暗号学的に困難にできますが、実世界で改竄された資産がデジタル化されてしまった場合には対処できません。実世界のさまざまな資産を改竄の余地なく自動的にデジタル化するデバイスが実用化されれば、ブロックチェーンアプリケーションの適用分野は大幅に拡大するはずです。

11-2-3 ブロックチェーン技術に対する批判

ブロックチェーン技術への期待が高まる一方で、ブロックチェーン技術に対する懐疑的な意見や批判的意見も数多くあります。ブロックチェーン技術はまだ新しい技術で発展途上にある技術であるため、既存の技術と比較して本質的に苦手とする分野もあれば、まだ解決されていない課題も数多く残されています。

本質的な課題

　ブロックチェーン技術の本質的な課題としてあげられるのは、「10-1 ファイナリティ」で紹介したファイナリティです。ブロックチェーン技術は、オープンなP2Pネットワークで100%の合意を得ることを諦め、時間と共に合意の内容を覆すことが難しくなる確率的合意とすることで、技術的な飛躍を実現しています。したがって、確率的合意を受け入れがたいケースでブロックチェーン技術を用いることは、本質的に難しいことになります。

　しかし、これはブロックチェーンの解決する課題と別の分野の課題を解こうとするケースであり、その場合は、ブロックチェーン以外の技術が適切であることが多々あります。ブロックチェーン技術はある程度の汎用性を持ったコア技術ですが、万能の技術ではありません。ブロックチェーン技術の利用を目的とするのではなく、ブロックチェーン技術の特性を十分に理解して、適切な用途で利用することが重要です。

途上の課題

　ブロックチェーン技術が目指すものに合致している応用分野でも、現状の技術では解決できていない課題も数多く残されています。代表的なものには、「10-3 ブロックチェーンのパフォーマンス課題」で紹介したパフォーマンスの問題をはじめとして、暗号通貨としての価値が安定しないボラティリティの高さなどです。現在の暗号通貨を決済に利用しようと考えても、決済完了まで数十分から数時間待たされることをはじめ、暗号通貨の高騰に伴って手数料が割高になっているなど、実用的な場面では使いにくい点が多いことは事実です。

　ただし、ブロックチェーン技術を用いた暗号通貨やアプリケーションが、既に実社会で実験的にでも検証され、どこに課題があるかまで明確に判明しているため、これらの課題が解消されるのは時間の問題だと考えられます。何が問題になっているか明確でなければ、議論に終始して進展は望めませんが、課題が明確であるのならば、現代では驚くほどのスピードで解決されます。誰もが自由に参加できるインターネットやブロックチェーンのコミュニティが、全世界の人々の試行錯誤を繰り返しながら1つの課題を解決するプラットフォームとなっているからです。

　現在判明しているこれらの課題が無事に解決されたとき、ブロックチェーン技術が社会にどのような変革をもたらすのか、早急に検討しておくことが重要です。TCP/IPによる通信プロトコルも当初は、高品質な通信を実現可能であることに多くの人が懐疑的でしたが、ひとたびインターネットとの形で世に広がると、またたく間にさまざまな課題が解消され、社会を変革するまでの力を持つようになっています。未来に起きることは誰にも断定できませんが、過去の事例をそれぞれ検証しながら、ブロックチェーンの未来を予想していくことが重要です。

11-2-4 エンジニアとしての責務

　2020年から国内の小学校でプログラミング教育が必須化されるなど、プログラミング能力はより一般的になりつつあります。プログラミング言語自体も進化が進み、多言語に対応したプログラミング言語やテキストを用いないビジュアルプログラミングの言語なども登場し、プログラミング能力習得の敷居も下がってきています。

　単にIT人材の不足を補うだけでなく、現代社会では、プログラミング言語自体が自然言語と同レベルの重要性を担いつつあることの象徴だと考えられます。既にソーシャルネットワークサービス上のコミュニティやオンラインゲーム上の仮想世界などでは、実世界に匹敵するほどの複雑な社会が形成されつつあります。今後、暗号通貨やスマートコントラクトの普及により、価値の移転や契約行為のデジタル化が進めば、さらにオンライン上の社会の存在感は増していくでしょう。

　実世界でのコミュニケーションや共同社会のルールは従来、自然言語で記述されてきました。オンライン上の仮想世界ではすべてではないにしろ、多くの場面でプログラミング言語によるコミュニケーションやルールの記述が行われています。その割合は、将来的な技術の発展と共にますます増加していくでしょう。

　仮想世界での生活が私たちにとって存在感を増すにつれ、仮想世界におけるコミュニケーションやルールを理解するリテラシーの重要性も高まります。私たちが現代社会で社会の一員となるために、国語や法律などを学ぶのと同様、プログラミング言語やコンピュータサイエンスを学ぶことが必須となる社会は、目前に迫ってきていると考えられます。

　いまブロックチェーン技術やコンピュータサイエンスを学んでいる私たちは、デジタル化された新しい社会を築いていく担い手です。私たちが作り上げるシステムは、単に私たちの生活を豊かにするためだけではなく、次の世代を担う人々が生活する社会の基盤となっていく重要な分岐点にあると自覚する責任があるのではないでしょうか。

REFERENCES

書籍

Manal El-Dick、Reza Akbarinia、Esther Pacitti: P2P Techniques for Decentralized Applications、Morgan & Claypool Publishers、2012

Siraj Raval: Decentralized Applications、O'Reilly Media, Inc.、2016

吉本 佳生（著）、西田 宗千佳（著）：暗号が通貨になる「ビットコイン」のからくり、講談社、2014

光成 滋生（著）：クラウドを支えるこれからの暗号技術、秀和システム、2015

アンドレアス・M・アントノプロス（著）、今井 崇也（訳）、鳩貝 淳一郎（訳）：ビットコインとブロックチェーン:暗号通貨を支える技術、エヌティティ出版、2016

ナサニエル・ポッパー（著）、土方 奈美（訳）：デジタル・ゴールド ― ビットコイン、その知られざる物語、日本経済新聞出版社、2016

赤羽 喜治（編）、愛敬 真生（編）：ブロックチェーン 仕組みと理論 サンプルで学ぶFinTechのコア技術、リックテレコム、2016

ドン・タプスコット（著）、アレックス・タプスコット（著）、高橋 璃子（訳）：ブロックチェーン・レボリューション ― ビットコインを支える技術はどのようにビジネスと経済、そして世界を変えるのか、ダイヤモンド社、2016

田篭 照博（著）：堅牢なスマートコントラクト開発のためのブロックチェーン［技術］入門、技術評論社、2017

山崎 重一郎（著）、安土 茂亨（著）、田中 俊太郎（著）：ブロックチェーン・プログラミング 仮想通貨入門、講談社、2017

中島 真志（著）：アフター・ビットコイン: 仮想通貨とブロックチェーンの次なる覇者、新潮社、2017

渡辺 篤（著）、松本 雄太（著）、西村 祥一（著）、清水 俊也（著）：はじめてのブロックチェーン・アプリケーション Ethereumによるスマートコントラクト開発入門、翔泳社、2017

アーヴィンド・ナラヤナン（著）、ジョセフ・ボノー（著）、エドワード・W・フェルテン（著）、アンドリュー・ミラー（著）、スティーヴン・ゴールドフェダー（著）、長尾高弘（訳）：仮想通貨の教科書 ビットコインなどの仮想通貨が機能する仕組み、日経BP社、2016

鳥谷部昭寛（著）、加世田敏宏（著）、林田駿弥（著）：スマートコントラクト本格入門—FinTechとブロックチェーンが作り出す近未来がわかる、技術評論社、2017

斉藤賢爾（著）：未来を変える通貨 ビットコイン改革論【新版】、インプレスR&D、2017

石黒尚久（著）河除光瑠（著）:図解入門 最新ブロックチェーンがよーくわかる本、秀和システム、2017

木ノ内敏久（著）：仮想通貨とブロックチェーン、日本経済新聞出版社、2017

REFERENCES

論文

Lamport, L. (1978). "Time, clocks, and the ordering of events in a distributed system".
Communications of the ACM . 21 (7): 558–565.
http://lamport.azurewebsites.net/pubs/time-clocks.pdf

Pease, M.; Shostak, R.; Lamport, L. (April 1980). "Reaching Agreement in the Presence of
Faults". Journal of the ACM 27 (2): 228–234.
http://research.microsoft.com/en-us/um/people/lamport/pubs/reaching.pdf

Lamport, L.; Shostak, R.; Pease, M. (July 1982). "The Byzantine Generals Problem". ACM
Transactions on Programming Languages and Systems 4 (3): 382–401.
http://research.microsoft.com/en-us/um/people/lamport/pubs/byz.pdf

Chaum D. (1983) Blind Signatures for Untraceable Payments. In: Chaum D., Rivest R.L.,
Sherman A.T. (eds) Advances in Cryptology. Springer, Boston, MA

Jakobsson, Markus; Juels, Ari (1999). "Proofs of Work and Bread Pudding Protocols".
Communications and Multimedia Security. Kluwer Academic Publishers: 258–272.

ホワイトペーパー・Web サイト

Satoshi Nakamoto. (Oct. 2008). Bitcoin: A Peer-to-peer Electronic Cash System.
https://bitcoin.org/bitcoin.pdf

Ethereum White Paper:
https://github.com/ethereum/wiki/wiki/White-Paper

Bitcoin Improvement Proposals:
https://github.com/bitcoin/bips

The Ethereum Improvement Proposal:
https://github.com/ethereum/EIPs

Back A, Corallo M, Dashjr L, Friedenbach M, Maxwell G, Miller A, Poelstra A, Timón J, Wuille
P. (Oct. 2014). Enabling Blockchain Innovations with Pegged Sidechains
https://www.blockstream.com/sidechains.pdf

Dr. Timo Hanke. (Mar. 2016). AsicBoost A Speedup for Bitcoin Mining
https://arxiv.org/ftp/arxiv/papers/1604/1604.00575.pdf

Joseph Poon, Thaddeus Dryja. (Jan. 2016). The Bitcoin Lightning Network: Scalable Off-
Chain Instant Payments
https://lightning.network/lightning-network-paper.pdf

Joseph Poon, Vitalik Buterin. (Aug. 2017). Plasma: Scalable Autonomous Smart Contracts
https://plasma.io/plasma.pdf

ETHEREUM: A SECURE DECENTRALISED GENERALISED TRANSACTION LEDGER EIP-150 REVISION (72cc52e - 2018-01-07)

https://ethereum.github.io/yellowpaper/paper.pdf

Ethereum Homestead Docs

http://www.ethdocs.org/en/latest/introduction/index.html

Ethereum Builder's Guide (2015)

https://www.gitbook.com/book/ethereumbuilders/guide/details

Solidity Docs (Revision 0c20b6da)

https://solidity.readthedocs.io/en/develop/

Truffle Tutorial

http://truffleframework.com/docs/

[LIVE] Devcon3 Day 3 Stream - Afternoon

https://www.youtube.com/watch?time_continue=8980&v=FPHXbJPVVaA

Devcon2: Ethereum in 25 Minutes

https://www.youtube.com/watch?v=66SaEDzlmP4

Ethereum Smart Contract Security Best Practices

https://consensys.github.io/smart-contract-best-practices/

Ethereum & the Power of Blockchain

https://wired.jp/special/2017/vitalik-buterin/

Deconstructing theDAO Attack: A Brief Code Tour

http://vessenes.com/deconstructing-thedao-attack-a-brief-code-tour/

Analysis of the DAO exploit / Hacking, Distributed

http://hackingdistributed.com/2016/06/18/analysis-of-the-dao-exploit/

The Parity Wallet Hack Explained / Zeppelin Solutions Medium

https://blog.zeppelin.solutions/on-the-parity-wallet-multisig-hack-405a8c12e8f7

斉藤 賢爾、村井 純: Keio University SFC Global Campus ブロックチェーン (2017年春学期)

http://gc.sfc.keio.ac.jp/cgi/class/class_top.cgi?2017_42469

索引

記号

μRaiden · 293

数字

2Way-Peg · 88

A

Adam Back · 12, 296
Address · 174
Airbnb · 5
AnyTimes · 6
Ardor · 83
ARPANET · 12
ASIC · 15, 73, 281
ASIC BOOST · 281
ASIC耐性 · 73
assert · 191, 202
Augur · 129
AXA · 61

B

balance · 69
bitcoin · 50
Bitcoin Script · 77
Bitcoin Whos Who · 127
bitFlyer · 111, 120
BitTorrent · 23
BlockCAT · 90
Blockchain on Bluemix · · · · · · · · · · · · · · · · · · 96
BlockONE IQ · 267
Booleans · 172
BOSCoin · 89
Brave · 128
BTC · 14, 50
Burrow · 93
Bytes · 176
Byzantium · 66
bマネー · 12

C

Chain Link · 268
codeHash · 70
Coin Age · 285
coincheck · 111
CoinHive · 282
CoinMap · 110
Colored Coin · 77
Condition-Effects-Interactionパターン · · · · · · 261
constant · 205

Constantinople · 66
Corda · 94, 267
Counterparty · · · · · · · · · · · · · · · 17, 87, 106, 116
Cryptocurrency Exchanges · · · · · · · · · · · · · · 119
CryptoKitties · 118, 250
CryptoNight · 282

D

DAG · 73
DApps · VII, 9, 101
Darkcoin · 80
DASH · 80, 125
Decentralized Applications · · · · · · · · · · · · · · · · 9
Decentralized Exchange · · · · · · · · · · · · · 116, 121
DEX · 116, 121
difficulty · 152
DigiCash社 · 12
Directed Acyclic Graph · · · · · · · · · · · · · · · · · · 73
Distributed Ledger Technology · · · · · · · · · · · · 92
DLT · 92
DMM.com · 110, 115
DoS攻撃 · 31
Double SHA-256 · 33
Dropbox · 10

E

Emacs · 162
Enum · 177
EOS · 89
ERC20 · VII, 228
ERC190 · 210
ETH · 17, 52, 64
eth.accounts · 140
Ethash · 73, 281
ether · 67, 189
Ether · 67, 135
EtherDelta · 121
Ethereum · 64
Ethereum Foundation · 64
Ethereum Virtual Machine · · · · · · · · · · · · · 70, 74
Etherparty · 90
eth.getBalance · 143
eth.getBlock · 141
eth.getTransaction · 146
eth.getTransactionReceipt · · · · · · · · · · · · · · · 148
eth.mining · 143
eth.sendTransaction · 144
event修飾子 · 207
Everledger · 132

EVM	70, 74, 261	Intel	93
external	204	IntelliJ	162
eコマース	12	Intel Software Guard Extension	268
		internal	204
F		InterPlanetary File System	266
fabric	92, 132	IPFS	266
fallback関数	207	IPO	104
fiat money	46	Iroha	93
Fixed Point Numbers	174	ISO Currency	9
Flontier	66		
Forging	285	**J**	
FPGA	73	JavaScript VM	166, 169
Function	178		
		K	
G		Kindle Unlimited	112
Ganache	213	Kovan	135, 237
Gas	VII, 67		
gasLimit	152	**L**	
Gas Limit	68, 258	Ledger	268
Gas Price	68	Ledger Nano S	124
Genesis Mining	115	Ledger社	124
Genesisブロック	138	length変数	182
Geth	135	Linux Foundation	17, 92
GitLab	64	LISK	88, 296
GMO	115	Litecoin	79
Gnosis	107, 129	Lyra2REv2	282
Go Ethereum	135		
Golem	117	**M**	
GPU	280	MaidSafe	78
		mapping型	185
H		MapReduce	294
Hashed TimeLock Contract	293	MAST	290
HDウォレット規格	124	Mastercoin	17, 78, 105
Hierarchical Deterministic Wallet	124	memory	179
Homebrew	211	Memorychain	117
Homestead	66	Merkelized Abstract Syntax Tree	290
HTLC	293	MetaCoin	217
Hyperledger	92	MetaMask	237
Hyperledger Project	17	Metropolis	66
		Micro Raiden	293
I		Microsoft Azure	95
IBM	92	Mijin	94
ICO	17, 104, 260	miner.start	142
Indy	94	Minting	285
Infura	242	modifier	204
Initial Coin Offering	17, 104, 260	Monax	93
Initial Public Offering	104	Monero	80
InsurETH	61	Mythril	263
Integers	173		

315

索引

N

Napster	13
NEM	54, 83, 115
NEM Apostille Service	84
NEO	88
Netflix	112
Network-adjusted Time	34
New Liberty Standard	14
newキーワード	199
Nick Szabo	12, 58
nonce	33, 69, 152
Nothing at Stake	286
Nxt	82

O

OMG	111
OmiseGO	111
Omise株式会社	111
Omni	17, 78, 105
OMNI	78
OpenZeppelin	229, 260
Oraclize	268
Orphaned Block	270

P

P2P方式	8
PayPal社	13
Pepecash	118
personal.newAccount	140
personal.unlockAccount	144
Plasma	294
PoET	93
Power Ledger	131
private	204
Proof of Authority	237
Proof of Burn	87, 107
Proof of Elapsed Time	93
Proof of Importance	54, 84, 285
Proof of Stake	66, 82, 283
Proof of Stake Velocity	285
Proof of Work	V, 13, 31, 73, 237, 280
public	204
Pull Payment System	257
pure修飾子	206
Purse.io	128
push関数	183

R

R3コンソーシアム	17

R (右段)

Raiden	107
Raiden 2.0	296
Raiden Network	293
Raidos	296
Remix	90, 162
require	191, 202
revert	191, 202, 257
Rinkeby	135, 237
Ripple Network	51
Rootstock	88, 296
Ropsten	135, 237
RSA暗号	11

S

SALT	130
SatoshiLabs	110, 124
Sawtooth	93
Scrypt	79, 281
Segregated Witness	289
SegWit	281, 289
Serenity	66
Settlement Finality	270
SGX	268
SHA-256	25, 280
Silk Road	15
SingularDTV	130
Skype	23
SmartContract社	268
Solidity	162
Sovrin Foundation	94
State Replicated	288
stateRoot	153
State Tree	69, 158
storage	179
storageRoot	70
Storage Tree	70
Storj	10, 116
Suica	59
Swarm	266
Sybil Attack	276

T

target	33
TCP/IP	4
The DAO事件	85
throw	202
TLSNotary	268
TOD	254
Town Crier	268

Transaction Order Dependence	254
TREZOR	124
Truffle	210
Truffle Boxes	217

U

Uber	5
Ubiq	87
Uncleブロック	72
UNIXタイムスタンプ	26
Unspent Transaction Output	41, 70
UTXO	41, 70

V

Vanity Address	126
Veridium	55
version pragma	164
view修飾子	206
Vim	162
Vitalik Buterin	64, 278

W

Waves	84
web3.fromWei	144
Web3 Provider	169
web3.toWei	144
Wei Dai	12
wei	67, 189
WikiLeaks	15
Windows 95	12
Winny	23
WordPress	114

X

X11	282
XCP	87
XEM	54
XRP	51

Z

Z.com Cloud	96
Zaif	120
Zcash	80
Zeppelin	90

あ

アーキテクチャ	98
アービトラージ	115
アカウント型	71

アカウント構造	68
アカウントベース	37
アクサ	61
アセット	V
アトミックスワップ	18, 301
アドレス	V
アドレス関数	192
アルトコイン	55, 79
暗号学的ハッシュ関数	12, 25
暗号関数	192
暗号通貨	IV, 45, 46, 305
暗号通貨取引所	119
アンロックオプション	145

い

イーサリアム	VII, 17, 52, 64, 116, 134
イーサリアムクラシック	85
イノベーション	302
インターネット	3, 302
インターネットバブル	12

う

ウェブウォレット	122
ウォレット	V, 121, 125

え

エスクロー	52
エラーハンドリング	191

お

オーバーフロー	256
オープンソース	5, 101
オフチェーン	291
重いチェーン	73
オラクル	267
オルトコイン	79
オルトチェーン	82
オンライン送金	111

か

カーシェアリング	62
回線交換方式	4
階層的決定性ウォレット	124
外部アカウント	69
外部関数	197
確率的合意	278
確率的ビザンチン合意	278
仮想通貨	IV, 46, 108
仮想通貨取引所	119

317

索引

型変換	188
貨幣	46
関数型	178
カンブリア爆発	302

き

企業通貨	46
寄付	62
キャッシュローン	130
共通鍵暗号方式	11
勤怠管理	63

く

クライアントサーバ方式	8
クラウドファンディング	104
クラウドマイニング	114

け

継承	208
系統樹	302
決済	108
決済完了性	270

こ

コイン	V
コイン識別方式	38
コインチェック	120
コインベース	43
コインベースアカウント	140
合意形成	270
公開鍵暗号方式	11, 42
攻撃	250
構造体	184
コール	74
コールドウォレット	122
固定小数点数型	174
固定配列	180
孤立ブロック	270
コンセンサス	VII
コンソーシアム型ブロックチェーン	10
コントラクトアカウント	69
コントラクト関数	193
コントラクト生成トランザクション	160

さ

財産分与	60
裁定取引	115
サイドチェーン	88, 296, 301
再入可能	250

削除演算子	187
サトシ・ナカモト	14
残高確認	143
残高記録	37

し

シェアリングエコノミー	5
時間軸	20
資金決済法	108
時刻単位	190
市場規模	18
自動販売機	59
シニョリッジ	100
シビル攻撃	276
シャーディング	295
修正ゴーストプロトコル	73
出力パラメータ	195
承認	VII
承認数	278
承認速度	71
所有から共有へ	6, 307
自律分散型アプリケーション	9
進化モデル	303
人工知能	307

す

数学関数	192
数独	32
スーパーノード	115
スケーラビリティ	288
スコープ	200
ストレージ	264
スパムメール	31
スマートコントラクト	VII, 58, 250, 306
スメラギ	93

せ

脆弱性	86
整数オーバーフロー	256
整数型	173
制約	287
セキュリティ	260
ゼロ知識証明	80
専用チップ	15

そ

送金	108, 144
ソーシャルレンディング	105
ソラミツ株式会社	93

ソロマイニング ・・・・・・・・・・・・・・・・・・・・・・・・・・ 114

た

ダイジェスト ・・・・・・・・・・・・・・・・・・・・・・・・ V, 25
代入演算子 ・・・・・・・・・・・・・・・・・・・・・・・・・・・ 186
タイムスタンプ ・・・・・・・・・・・・・・・・・・・・・ VII, 20
タイムスタンプ依存 ・・・・・・・・・・・・・・・・・・・ 256
タイムスタンプサーバ ・・・・・・・・・・・・・・・・・・ 20
兌換紙幣 ・・・・・・・・・・・・・・・・・・・・・・・・・・・・・・ 48
ダッチオークション ・・・・・・・・・・・・・・・・・・ 107
多様性爆発 ・・・・・・・・・・・・・・・・・・・・・・・・・・・ 303

ち

地域通貨 ・・・・・・・・・・・・・・・・・・・・・・・・・・・・・・ 46
チェーンコード ・・・・・・・・・・・・・・・・・・・・・・・・ 92
中央集権的 ・・・・・・・・・・・・・・・・・・・・・・・・・・・・ 22
鋳造 ・・・・・・・・・・・・・・・・・・・・・・・・・・・・・・・・・ 285
チューリング完全 ・・・・・・・・・・・・・・・・・・・・・・ 68

つ

通貨 ・・・・・・・・・・・・・・・・・・・・・・・・・・・・・・・・・・ 46

て

ディープラーニング ・・・・・・・・・・・・・・ 302, 307
データベース ・・・・・・・・・・・・・・・・・・・・・・・・・ 265
デザインペーパー ・・・・・・・・・・・・・・・ 11, 14, 20
デジタル署名 ・・・・・・・・・・・・・・・・・・・・・・・・・・ 11
デジタル通貨 ・・・・・・・・・・・・・・・・・・・・・・ 12, 46
手数料 ・・・・・・・・・・・・・・・・・・・・・・・・・・・・・・・・ 43
デスクトップウォレット ・・・・・・・・・・・・・・・ 122
テストネット ・・・・・・・・・・・・・・・ VII, 135, 237
テックビューロ株式会社 ・・・・・・・・・・・・・・・・ 94
デビットカード ・・・・・・・・・・・・・・・・・・・・・・・ 125
電子署名 ・・・・・・・・・・・・・・・・・・・・・・・・・・・・・・ 42
電子投票 ・・・・・・・・・・・・・・・・・・・・・・・・・・・・・・ 63
電子マネー ・・・・・・・・・・・・・・・・・・ 46, 109, 298

と

動画配信 ・・・・・・・・・・・・・・・・・・・・・・・・・・・・・ 130
動的配列 ・・・・・・・・・・・・・・・・・・・・・・・・・・・・・ 180
匿名関数 ・・・・・・・・・・・・・・・・・・・・・・・・・・・・・ 198
トークン ・・・・・・・・・・・・・・・・・・・・・・・・・・・・・・・ V
トップハッシュ ・・・・・・・・・・・・・・・・・・・・・・・・ 28
トムソン・ロイター社 ・・・・・・・・・・・・・・・・・ 267
トランザクション ・・・・・・・・ VI, 74, 146, 154
トランザクションオーダー依存 ・・・・・・・・・ 254
トランザクションレシート ・・・・・・・・ 148, 156
トリュフ ・・・・・・・・・・・・・・・・・・・・・・・・・・・・・ 210
トレーサビリティ ・・・・・・・・・・・・・・・・・・・・・・ 63

な

内部関数 ・・・・・・・・・・・・・・・・・・・・・・・・・・・・・ 196
ナカモトコンセンサス ・・・・・・・・・・・・・ 35, 277

に

ニーモニック ・・・・・・・・・・・・・・・・・・・・・・・・・ 240
二重送金 ・・・・・・・・・・・・・・・・・・・・・・・・・・・・・・ 35
入力パラメータ ・・・・・・・・・・・・・・・・・・・・・・・ 194

ね

ネームコイン ・・・・・・・・・・・・・・・・・・・・・・・・・・ 17
ネットワーク調整時刻 ・・・・・・・・・・・・・・・・・・ 34

は

バージョンプラグマ ・・・・・・・・・・・・・・・・・・・ 164
ハードウェアウォレット ・・・・・・・・・・・・・・・ 122
ハードフォーク ・・・・・・・・・・・・・・・ 17, 65, 81
ハーベスティング ・・・・・・・・・・・・・・・・・・・・・ 115
パーミッションドブロックチェーン ・・・・・・ 92
バイト配列型 ・・・・・・・・・・・・・・・・・・・・・・・・・ 176
配列リテラル ・・・・・・・・・・・・・・・・・・・・・・・・・ 182
ハッシュ木 ・・・・・・・・・・・・・・・・・・・・・・・・ 11, 27
ハッシュキャッシュ ・・・・・・・・・・・・・・・・・・・・ 12
ハッシュ値 ・・・・・・・・・・・・・・・・・・・・・・・・・ V, 25
ハッシュチェーン ・・・・・・・・・・・・・・・・・・ 11, 25
ハッシュツリー ・・・・・・・・・・・・・・・・・・・・・・・・ 27
ハッシュレート ・・・・・・・・・・・・・・・・・・・・・・・・ 15
パトリシアツリー ・・・・・・・・・・・・・・・・・・・・・・ 69
パフォーマンス ・・・・・・・・・・・・・・・・・・・・・・・ 287
販売所 ・・・・・・・・・・・・・・・・・・・・・・・・・・・・・・・ 120

ひ

ビザンチン障害 ・・・・・・・・・・・・・・・・・・・・・・・ 273
ビザンチン将軍問題 ・・・・・・・・・・・・・・・・・・・ 272
非中央集権アプリケーション ・・・・・・・・・・・・・ 9
非中央集権的 ・・・・・・・・・・・・・・・・・・・・・・・・・・ 23
ビックカメラ ・・・・・・・・・・・・・・・・・・・・・・・・・ 110
ビットコイン ・・・・・・・・・・・・・ IV, 14, 50, 76
ビットコイン2.0 ・・・・・・・・・・・・・・・・・・・・・・ 77
ビットコインキャッシュ ・・・・・・・・・・・・ 18, 81
ビットゴールド ・・・・・・・・・・・・・・・・・・・・ 12, 58
秘密鍵 ・・・・・・・・・・・・・・・・・・・・・・・・・・・・・・・・ 42

ふ

ファイナリティ ・・・・・・・・・・・・・・・・・・ 270, 309
フィアット通貨 ・・・・・・・・・・・・・・ IV, 46, 305
プールマイニング ・・・・・・・・・・・・・・・・・・・・・ 114
フォークコイン ・・・・・・・・・・・・・・・・・・・・・・・・ 81
不換紙幣 ・・・・・・・・・・・・・・・・・・・・・・・・・・・・・・ 48

索引

不正防止プロトコル · · · · · · · · · · · · · · · · · · 13
プライベートネット · · · · · · · · · · · · · 135, 234
ブラインド署名 · 12
ブラックリスト · 127
フルノード · 154
ブレインウォレット · · · · · · · · · · · · · · · · 122
ブロック · VI, 29
ブロック間隔 · 34
ブロック構造 · 150
ブロックサイズ · · · · · · · · · · · · · · · · · · · 289
ブロック生成速度 · · · · · · · · · · · · · · · · · · 71
ブロックタイムスタンプ · · · · · · · · · · · · · 34
ブロック高 · · · · · · · · · · · · · · · · · · · VI, 141
ブロックチェーン · · · · · · · · · · IV, 2, 20, 27
ブロックチェーン2.0 · · · · · · · · · · · · · · · · 2
ブロックチェーンアプリケーション · · · · VII, 9
ブロックヘッダ · · · · · · · · · · · · · · · · · · · 151
フロントランニング · · · · · · · · · · · · · · · 256
分岐 · 17
分散コンピューティング · · · · · · · · · · · · · 52
分散取引所 · 301
分散ファイルストレージ · · · · · · · · · · · · 265
分散型暗号通貨取引所 · · · · · · · · · · · · · · 116
分散型取引所 · 121
分散台帳技術 · 92

へ

ペイメントチャネル · · · · · · · · · · · · · · · 291
ペーパーウォレット · · · · · · · · · · · · · · · 122
ペッグ通貨 · 84
ベンチャーキャピタル · · · · · · · · · · · · · 106

ほ

法定通貨 · 46
募金 · 62
ホットウォレット · · · · · · · · · · · · · · · · · 122

ま

マークルツリー · · · · · · · · · · · · 27, 29, 69
マークルパトリシアツリー · · · · · · · · · · · 69
マークルルート · 28
マイグレーション · · · · · · · · · · · · · · · · · 216
マイナー · V, 33
マイニング · · · · · · · · · · V, 15, 33, 43, 114, 142
マウントゴックス取引所 · · · · · · · · · 15, 121
マッチングサービス · · · · · · · · · · · · · · · 127

み

ミキシングサービス · · · · · · · · · · · · · · · 125
ミューテックス · · · · · · · · · · · · · · · · · · · 254

む

無限ループ · 68

め

メインネット · · · · · · · · · · · · · · · · · VII, 135
メッセージ · 74
メッセージコールトランザクション · · · · · 159

も

モザイク · 84
モバイルウォレット · · · · · · · · · · · · · · · 122

ゆ

有向非巡回グラフ · · · · · · · · · · · · · · · · · · 73

よ

預金通貨 · 46
予測市場 · 63, 129

ら

ライトコイン · 17
ライトニングネットワーク · · · · · · · · 18, 292
ライブネットワーク · · · · · · · · · · · · · · · 214
ラルフ・マークル · · · · · · · · · · · · · · · · · · 27
ランポート · 25

り

リエントラント · · · · · · · · · · · · · · · · · · · 250
リップル · 51

れ

列挙型 · 177

ろ

ローカルストレージ · · · · · · · · · · · · · · · 265
ロードマップ · 66
論理型 · 172
論理タイムスタンプ · · · · · · · · · · · · · · · · 25

わ

ワールドコンピュータ · · · · · · · · · · · · · · 65
ワンタイムパスワード · · · · · · · · · · · · · · · 11

謝辞

　本書を執筆するにあたり、多くの方々のご協力をいただきました。編集の丸山弘詩氏には企画段階から常に適切なアドバイスと多大なサポートをしていただきました。

　深澤充子氏には素敵な表紙カバーと本文デザインを用意していただき、荻野博章氏にはすばらしいイラストで理解しやすい紙面にしていただきました。また、川畑雄補氏には企画提案ならび情報提供を頂戴し、田宮直人氏には執筆陣のさまざまなサポート、藤岡華子氏には査読や文献整理にご協力いただきました。株式会社イーサセキュリティ、加門昭平氏には、NEMその他諸々の暗号通貨プラットフォームの紹介、暗号通貨を取り巻く環境の情報提供を頂戴し、多様な専門家を紹介いただきました。その他、本書を執筆するにあたって、数多くの方々のご協力をいただきました。

　最後に、執筆に集中できる環境を用意してくれ、常に支えてくれた家族・同僚に感謝します。家族・同僚の理解があったからこそ、本書の執筆に専念できました。皆様には、この場をお借りして感謝の気持ちを伝えたいと思います。

著者プロフィール

加嵜 長門（カサキ ナガト）

株式会社DMM.comラボ・スマートコントラクト事業部エバンジェリスト。慶應義塾大学大学院 政策・メディア研究科修士課程修了。ビッグデータ活用基盤の構築に携わり、SparkやSQL on Hadoopを用いた分散処理技術やブロックチェーン技術の研究開発、事業提案などを担当。 共著に『詳解Apache Spark』（技術評論社）、『ビッグデータ分析・活用のためのSQLレシピ』（マイナビ出版）。

篠原 航（シノハラ ワタル）

株式会社DMM.comラボ・スマートコントラクト事業部テックリード。株式会社ネクストカレンシー所属ブロックチェーンエンジニア。サーバサイドの設計・実装やビッグデータ基盤の構築に従事、計算リソースの効率化や継続的デリバリ、デプロイなどの開発支援に携わる。暗号通貨関連ではウォレット周りの実装を担当。得意な分野は分散システムやシステムの高可用性など。

編集者プロフィール

丸山 弘詩（マルヤマ ヒロシ）

書籍編集者。早稲田大学政治経済学部経済学科中退。国立大学大学院博士後期課程(システム生産科学専攻)編入、単位取得の上で満期退学。大手広告代理店勤務を経て、現在は書籍編集に加え、さまざまな分野のコンサルティング、プロダクトディレクション、開発マネージメントなどを手掛ける。著書は『スマートフォンアプリマーケティング 現場の教科書』（マイナビ出版刊）など多数。

協力

川畑 雄輔（情報提供・企画提案）
田宮 直人（執筆サポート）
藤岡 華子（査読・文献整理）

STAFF

編集：丸山 弘詩
イラスト：荻野 博章
ブックデザイン：Concent, Inc.（深澤 充子）
DTP：Hecula, Inc.
編集部担当：角竹 輝紀
カバー写真：アフロ

ブロックチェーンアプリケーション開発の教科書

2018年1月31日　初版第1刷発行
2018年2月17日　初版第2刷発行

著　　　者　加嵜長門、篠原航
発　行　者　滝口 直樹
発　行　所　株式会社マイナビ出版
　　　　　　　〒101-0003　東京都千代田区一ツ橋2-6-3 一ツ橋ビル 2F
　　　　　　　☎ 0480-38-6872（注文専用ダイヤル）
　　　　　　　☎ 03-3556-2731（販売）
　　　　　　　☎ 03-3556-2736（編集）
　　　　　　　✉ pc-books@mynavi.jp
　　　　　　　URL：http://book.mynavi.jp
印刷・製本　株式会社ルナテック

©2018 Nagato Kasaki , Wataru Shinohara , Hecula.inc , Printed in Japan
ISBN978-4-8399-6513-6

●定価はカバーに記載してあります。
●乱丁・落丁についてのお問い合わせは、TEL：0480-38-6872（注文専用ダイヤル）、
　電子メール：sas@mynavi.jpまでお願いいたします。
●本書掲載内容の無断転載を禁じます。
●本書は著作権法上の保護を受けています。本書の無断複写・複製（コピー、スキャン、
　デジタル化等）は、著作権法上の例外を除き、禁じられています。
●本書についてご質問等ございましたら、マイナビ出版の下記URLよりお問い合わせ
　ください。お電話でのご質問は受け付けておりません。また、本書の内容以外のご
　質問についてもご対応できません。
　https://book.mynavi.jp/inquiry_list/